U0328063

注册建造师继续教育必修课教材

# 矿业工程

（适用于一、二级）

注册建造师继续教育必修课教材编写委员会　编写

中国建筑工业出版社

**图书在版编目（CIP）数据**

矿业工程/注册建造师继续教育必修课教材编写委员会编写．—北京：中国建筑工业出版社，2012.1
（注册建造师继续教育必修课教材）
ISBN 978-7-112-13854-8

Ⅰ.①矿… Ⅱ.①注… Ⅲ.①建筑师-继续教育-教材②矿业工程-继续教育-教材 Ⅳ.①TU②TD

中国版本图书馆 CIP 数据核字（2011）第 254584 号

本书为《注册建造师继续教育必修课教材》中的一本，是矿业工程专业一、二级注册建造师参加继续教育学习的参考教材。全书共分 6 章内容，包括：矿业工程项目管理及其发展；矿业工程项目管理新理论；矿业工程技术；矿业工程项目管理案例；建造师职业道德和执业相关制度；矿业工程法律、法规与标准、规范。本书可供矿业工程专业一、二级注册建造师作为继续教育学习教材，也可供矿业工程技术人员和管理人员参考使用。

责任编辑：刘　江　岳建光
责任设计：叶延春
责任校对：王誉欣　赵　颖

注册建造师继续教育必修课教材
**矿　业　工　程**
（适用于一、二级）
注册建造师继续教育必修课教材编写委员会　编写
*
中国建筑工业出版社出版、发行（北京西郊百万庄）
各地新华书店、建筑书店经销
北京红光制版公司制版
廊坊市海涛印刷有限公司印刷
*
开本：787×1092 毫米　1/16　印张：13¾　字数：339 千字
2012 年 1 月第一版　2015 年 6 月第三次印刷
定价：**34.00** 元
ISBN 978-7-112-13854-8
（21909）
如有印装质量问题，可寄本社退换
（邮政编码　100037）

# 序

为进一步提高注册建造师职业素质，提高建设工程项目管理水平，保证工程质量安全，促进建设行业发展，根据《注册建造师管理规定》（建设部令第153号），住房和城乡建设部制定了《注册建造师继续教育管理暂行办法》（建市［2010］192号），按规定参加继续教育，是注册建造师应履行的义务，也是申请延续注册的必要条件。注册建造师应通过继续教育，掌握工程建设有关法律法规、标准规范，增强职业道德和诚信守法意识，熟悉工程建设项目管理新方法、新技术，总结工作中的经验教训，不断提高综合素质和执业能力。

按照《注册建造师继续教育管理暂行办法》的规定，本编委会组织全国具有较高理论水平和丰富实践经验的专家、学者，制定了《一级注册建造师继续教育必修课教学大纲》，并坚持“以提高综合素质和执业能力为基础，以工程实例内容为主导”的编写原则，编写了《注册建造师继续教育必修课教材》（以下简称《教材》），共11册，分别为《综合科目》、《建筑工程》、《公路工程》、《铁路工程》、《民航机场工程》、《港口与航道工程》、《水利水电工程》、《矿业工程》、《机电工程》、《市政公用工程》、《通信与广电工程》，本套教材作为全国一级注册建造师继续教育学习用书，以注册建造师的工作需求为出发点和立足点，结合工程实际情况，收录了大量工程实例。其中《综合科目》、《建筑工程》、《公路工程》、《水利水电工程》、《矿业工程》、《机电工程》、《市政公用工程》也同时适用于二级建造师继续教育，在培训中各省级住房和城乡建设主管部门可根据地方实际情况适当调整部分内容。

《教材》编撰者为大专院校、行政管理、行业协会和施工企业等方面管理专家和学者。在此，谨向他们表示衷心感谢。

在《教材》编写过程中，虽经反复推敲核证，仍难免有不妥甚至疏漏之处，恳请广大读者提出宝贵意见。

注册建造师继续教育必修课教材编写委员会

2011年12月

《矿业工程》

# 编 写 小 组

**组　　长：**贺永年

**副 组 长：**李慧民　刘志强

**编写人员：**（按姓氏笔画排序）

王鹏越　刘长安　刘志强　李红辉　李慧民

汪履伟　张宗清　胡德铨　贺永年　黄　莺

储祥辉

# 前　言

本书由中国煤炭建设协会、中国冶金建筑协会、中国有色金属建设协会、中国建材工程建设协会、中国核工业建设集团、中国化学工程总公司、中国黄金协会等七家行业协会（集团公司）组织多名工程技术与管理专家、教师，依据矿业工程专业一级注册建造师继续教育必修课教学大纲的要求编写而成。

根据建造师的工作性质及其继续教育的特点，本书的编写充分注意了与建造师管理职责相结合、与工程建设发展需要相结合、与国际工程承包惯例相结合、与建筑业发展趋势相结合的要求，以注册建造师实际需求为出发点和立足点，密切结合工程实际，以案说法，以案施教，以达到提升注册建造师的组织和协调的综合管理能力，以及建造师的工程项目经济管理能力。根据注册建造师继续教育大纲要求，本书介绍了矿业工程及其项目建设的管理和承包模式的演化、发展与现状，包括一些典型的矿区、矿井项目建设实例、建设过程中出现的一些重大安全与质量事故案例；介绍了矿业工程技术的最新进展及其实际应用，包括近期发展较快的立井施工新技术以及应用越来越多的斜井和平硐施工内容；本书还对有关矿业工程领域近期颁发的一些新的法律法规内容，进行了必要的要点解读；介绍了职业道德方面的内容并提出了建造师及其在从事矿业工程专业工作中应有的诚信要求等内容。

为使本书介绍的内容更翔实可靠、且具有指导意义，本书作者在编写过程中参阅了较多的文献，引用了许多项目建设的实际资料和事故案例记录；与此同时，通过一些项目直接参与者的工作，本书对部分案例进行了详细恳实的剖析，力求使本书做到内容先进应时，案例分析清晰，相信本书能满足矿业工程专业建造师的继续教育要求。

本书的应时性和实例性特点，对现在从事矿业工程专业的工程技术人员及相关专业的教师学生也会有所帮助，故本书也可作为矿业工程技术及管理人员的工作和学习的参考，也可作为大专院校相关专业的教学参考用书。

本书在编写过程中，得到了中国煤炭建设协会陈建平秘书长等七家行业协会（集团公司）领导的支持和帮助，有的还亲自参与了编写和文稿的修改工作；中国矿业大学、西安建筑科技大学的相关学院直接为本书撰写作出了贡献，矿业工程专业的一些资深专家、管理人员对本书也给予了支持，在此一并表示感谢。

本书编写经过了多次变更修改，历时较长，现虽已完成，但总因水平等原因，难免会有不足之处，殷切希望读者提出宝贵意见，以待进一步完善。

# 目　　录


**1　矿业工程项目管理及其发展** ………………………………………… 1

1.1　矿业工程项目管理机制 ………………………………………… 1
1.2　矿业工程建设的可持续发展 ………………………………… 5
1.3　矿业工程建设发展趋势及其可行性分析……………………… 11

**2　矿业工程项目管理新理论**……………………………………………… 18

2.1　矿业工程项目管理模式概述…………………………………… 18
2.2　矿业工程项目管理的传统模式………………………………… 20
2.3　矿业工程项目管理的一体化模式……………………………… 27
2.4　矿业工程项目管理的设计施工协调模式……………………… 35

**3　矿业工程技术**…………………………………………………………… 40

3.1　立井快速施工新技术…………………………………………… 40
3.2　斜井快速施工新技术…………………………………………… 54
3.3　平硐与平巷快速施工新技术…………………………………… 59

**4　矿业工程项目管理案例**………………………………………………… 68

4.1　矿业工程项目建设与管理案例………………………………… 68
4.2　矿业工程质量及安全生产管理案例…………………………… 98

**5　建造师职业道德和执业相关制度** …………………………………… 130

5.1　注册建造师职业道德行为准则 ……………………………… 130
5.2　注册建造师诚信制度 ………………………………………… 136
5.3　矿业工程注册建造师执业相关制度 ………………………… 148

**6　矿业工程法律、法规与标准、规范** ………………………………… 169

6.1 《矿山建设工程安全监督实施办法》要点解读 ………………… 169
6.2 《矿山事故应急预案和预防抢险》要点解读 …………………… 171
6.3 《金属非金属矿山安全标准化规范》要点解读 ………………… 177
6.4 《煤矿安全规程》要点解读 ……………………………………… 184
6.5 《煤矿井巷工程施工规范》要点解读 …………………………… 192
6.6 《煤矿井巷工程质量验收规范》要点解读 ……………………… 197
6.7 《矿业工程费用定额及管理办法》要点解读 …………………… 205

# 1 矿业工程项目管理及其发展

## 1.1 矿业工程项目管理机制

一、我国建设工程项目管理机制的演变

（一）我国建设工程项目管理体制的演变

1. 新中国成立以来到“改革开放”初期

“改革开放”前，我国建设项目管理体制大体经历了三个阶段。

第一阶段：新中国建国初期，以建设单位自营方式为主。所谓自营方式就是建设单位自己组织设计人员、施工人员，自己招募工人和购置施工机械、采购材料，自行组织工程项目建设。

第二阶段，1953～1965 年，采用苏联的模式。此阶段是实行以建设单位为主的甲、乙、丙三方制，甲方（建设单位）由政府主管部门负责组建，乙方（设计单位）和丙方（施工单位）分别由各自的主管部门进行管理。建设单位自行负责建设项目全过程的具体管理。由政府主管部门下达设计、施工任务，并由政府有关部门协调和负责解决项目过程的问题。

第三阶段，1965～1984 年，工程项目以工程指挥部方式为主。此时国家将管理建设与管理生产的职能分开，建设指挥部负责建设期间的管理。项目建成后移交给生产管理机构负责运营，建设指挥部即完成历史使命。

2. 新时期的发展

“改革开放”以来，特别是我国确立建设社会主义市场经济体制的政策后，经过了改革的探索、扩大、深化和进一步深化发展等阶段的过程，国家对建筑业和基本建设领域的体制和管理模式进行了一系列重大改革，通过这些新体制、新模式、新管理方式的建设和完善，使我国基本建设面貌发生了重大变化，建筑行业的发展踏上了全新的进程，可以说，这是我国工程建设管理机制改变的第四个阶段。

（二）新时期建设工程项目管理机制变革的内容

1. 建筑行业体制向适应市场机制的转变

1979 年，国家对基本建设行业试行了合同制、设计单位实行企业化管理等工作。1981 年，国有施工企业试行经济责任制；1982 年试行工程招投标制度；1983 年开始对基本建设项目试行“包干经济责任制”，实施建设前期工作“项目经理制”等，都是国家在基本建设领域实施改革的探索性措施。

1984 年，国家把转变经济体制作为改革的重点，在建筑领域有关体制改革的重要政策性文件也相继出台。当年 9 月，国务院在颁布了《关于改革建筑业和基本建设管理体制的若干问题的暂行规定》等相关文件，明确提出“组建若干个具有法人地位、独立经营、自负盈亏的工程承包公司，并使之逐步成为组织项目建设的主要形式”，要求勘察设计单位“向企业化、社会化方向发展”，并允许了集体和个人兴办建筑业，竞标承包施工任务或联合承包。1992年国家计委颁布了《关于建设项目实行业主责任制的暂行规定》，进一步明确了项目法人负责制。在这些原则指导下，国家对相关企业实行转制，将部门所属企业转变为独立公司；并在国家机构撤部转制的基础上，组建了若干大型承包公司；同时又明确了勘察设计单位转变为企业建制的规定。

1993年，国家颁发《公司法》；1997年又出台《建筑法》，这些法律明确规定了公司的性质，及其在满足市场准入制的要求下参与市场活动，规定了公司在市场经营活动中的地位和要接受政府和社会监督、承担社会和市场的责任的要求。这样，通过国家法律保障，这些具有独立法人地位、独立经营、自负盈亏的公司企业构成了与市场经济体制相适应，并可在建筑市场上独立运行的主体。

2. 建筑项目投资体制和投资管理方式的转变

投资领域的改革首先是以提高政府建设投资效益为目标开始的。1979年8月，国务院批准了《关于基本建设投资试行贷款办法的报告》，开始在基本建设领域进行"拨改贷"的试点，1984年《关于改革建筑业和基本建设管理体制的若干问题的暂行规定》的文件规定了除教育等领域外，全部基建投资由拨款改贷款，打破了以往政府财政无偿拨款、投资效益由政府兜底的计划经济模式。

2003年中共十六届三中全会通过的《中共中央关于完善社会主义市场经济体制若干问题的决定》，明确提出了投资体制的改革方向，"进一步确立企业的投资主体地位，实行谁投资、谁决策、谁受益、谁承担风险"的政策。根据这一精神，2004年，发布了《国务院关于投资体制改革的决定》，规定投资体制改革的目标是要"建立市场引导投资、企业自主决策、银行独立审贷、融资方式多样、中介服务规范、宏观调控有效的新型投资体制"。

为确立企业的投资地位，《投资体制改革的决定》的政策文件规定，除政府投资建设的项目由政府审批外，其他项目仅根据不同情况实行核准制和备案制，改变由政府（通过审批）的决策为真正的企业自主投资；同时还相应地提出了放宽社会资本的投资领域、发展多层次资本市场、拓宽企业融资渠道的政策，包括扩大地方对基础设施和基础产业地方项目的审批权限，提高地方在投资领域的积极性。除此之外，为开辟新的资金来源渠道，还采取从1980年开始起建设特区，允许外资直接进入国内项目建设（包括能源领域），以及利用部分国债用于基本建设，建立国家能源重点建设基金和建筑税，用于国家能源等重点内容的建设等。

为适应市场机制，国家还在投资管理领域实施了许多有力的宏观调控措施，包括通过界定投资范围、规范投资管理、加强项目管理、引入市场机制以及价格和税收等措施规范政府管理行为，引导社会投资，规范投资行为等。

3. 市场运行机制的建立

经过改革的探索阶段后，我国在规范市场运作机制方面推行了一系列制度和相关法规，为规范市场行为和正常秩序建立了框架。

首先是规范了招标投标行为。从20世纪80年代国家计委、建设部联合颁发的《工程设计招标投标暂行办法》开始，到2000年1月1日，《中华人民共和国招标投标法》实行，招投标工作经过了试行、推广和全面执行的过程。相关文件详细规定了重大项目必须进行招标投标，以及项目法人在招标过程中的主导地位，招投标的具体实施要求等内容。

2002年以后，国家相关部门为严格招投标行为，还针对建筑领域的不良倾向和问题提出了规范措施。

确立合同制度是调整市场行为主体关系的一项基本法律。从1981年起，我国就颁发了我国第一部专门的合同法律，到1999年国家正式发布统一的《中华人民共和国合同法》，标志着我国合同立法开创了一个新的历史时期，对促进我国社会主义商品经济的发展起到了重要作用。《合同法》的发布，是我国在合同立法上的一个里程碑，它在国家市场机制中起到保护合同当事人的合法权益、维护稳定和正常的社会经济秩序，以及规范市场交易行为的良好作用，从而促进市场机制的发展，进而促进了我国经济发展和国家的现代化建设。合同法的分则中有专门的建设工程合同，是规范建筑市场的主要依据。

规范建筑市场秩序是保证建筑市场正常运行的一项基本条件。这主要指《建筑法》的颁发与实施。《建筑法》从三方面规定了建筑市场运行的基本规则，即：市场进入规则、市场竞争规则、市场交易规则。这就是相应资质等级证书要求、招标发包的市场（公开、公正和公平等）竞争规则以及合同约定的原则。《建筑法》还有加强建筑活动的监督和管理、保障工程质量和安全，促进建筑业健康发展的规定。

4. 加强对建筑活动的监督和管理

为规范市场行为，从20世纪80年代开始，国家和相关部委就陆续以法律法规和规程的形式，对工程项目施工提出了一系列质量、安全、标准化、环保等方面的要求以及相应的监督管理条例，明确了国家对工程项日实施监督、管理的依据和要求，保障了建筑业健康发展。

（1）改革陈旧的工程项目管理模式、推进企业和项目的现代化管理方式建设，也是新时期体制改革的重要内容和必然结果。推行监理制度就是其中的一项重要举措。1988年，根据建筑市场发展需要，在国内世界银行贷款项目及一些先进的工程项目管理经验的基础上，建设部颁布《关于开展建设监理工作的通知》，试行监理制度，5年后全面推行，通过近10年的工作，监理制度被列入《建筑法》内容。监理制度对协助建设单位做好项目管理工作、降低合同成本、提高建设水平和投资效益，起到了明显的作用。

（2）为提高建筑企业从业水平，1984年国家计委、建设部印发了《工程承包公司暂行办法》，之后又对组建工程建设总承包企业，及其资质和运行管理方面，连续发布了若干指导性文件；1999年8月，建设部印发了《大型设计单位创建国际型工程公司的指导意见》，2000年5月六部委制定的《关于大力发展对外承包工程的意见》发布，明确提出了要建立与市场经济体制相适应、为固定资产投资全过程提供技术与管理内容进行工程咨询、设计、施工服务体系的总体目标，以及建设与国际接轨的国际型现代化建筑企业的要求，并且要求国内承包公司要开发占领国际工程市场，从政治的高度，贯彻中央使建筑业“走出去”的战略步骤。

（3）为提高从业人员的管理水平，在引进一系列国际先进的工程项目管理方法的同时，开展了较大范围的培训工作，包括国际工程公司的组织结构、项目管理形式、系统和方法，以及FIDIC条款等方面的专业知识，培育了一批专门的项目管理人才；2002年国家推行的建造师制度，使项目管理人员也和技术人员一样，走上自主注册、执业的市场化道路。

至今，我国基本建设和建筑业发展已经基本形成了现代化模式的框架，建筑业在国际上也具有了一定的地位和影响。这些巨大成果，就是我国积极推行建设项目管理体制改革，以及努力推进工程管理现代化进程，实施管理模式与国际接轨等措施的必然结果。

二、矿业工程建设管理体制的发展

（一）20世纪80年代前的管理体制

1. 新中国建国初期

新中国建国初期，国内经济以恢复、生产为主，国家建设包括矿业开发建设工作开展较少，除局部老矿区尚遗存少数机构以外，新的建设管理机构和管理制度均无建立。

2. “一五”期间

国家急需快速发展经济使矿产资源的需要剧增，矿业开发任务繁重。中央先后设立了部，包括地质局、设计局、基本建设方面的各种局或总局，开展矿业工程相关业务，并分区建立了各地的勘探、设计、施工建设队伍。

3. 1957年后到80年代

“一五”后期，国家积累了一些建设管理的经验，管理工作开始走上系统化，各主管部委以及相关的专门司局机构成立，省市地方也建立了对应的管理部门。60年代，根据形势需要，一些部门和地方组建了一批集团式的直属设计、施工队伍，为国家的资源基地建设作出了贡献。1973年开始，部分管理系统经历了被反复调整、重组过程，但是国家对大型矿山的开发管理工作，始终没有松懈。

80年代开始国家对某些重要资源（主要指煤炭）允许个人开采，可以自行出资、组织、生产、出售，形成原始的自然经济。1994国家为规范乡镇小煤矿，提出了“扶持、整顿、改造、联合、提高”的方针，一直延续到近期国家经济体制的改革。

（二）20世纪80年代后期至今

在向市场经济转制过程中，矿业工程管理机制与国家基本建设及建筑业体制改革同步，一直处在改革和完善过程中。尽管机构改革有反复，但是由计划体制向市场体制的转变一直在发展，政府的直管形式已经向行政监督功能转化，形成了若干大型国企公司，以及省辖工程公司、局辖自营公司的三个层次运营和管理的模式；同时，也允许了集体或个体形式的矿业工程队伍参与建设工作。

结合管理体制的变化，国家对矿山工程项目的投资模式也发生重大变化。自80年代开始，国家对基本建设投资实行“贷款”制，并同时进行了多渠道投资的试点，如建设银行贷款、发行建设债券、国外贷款或世行贷款等，目的是实现资金有偿使用。1994年后，国家组建开发银行实行借贷制度，企业与银行建立贷款关系，使矿业工程项目投资纳入市场机制。银行对项目决策具有选择和参与权，并通过一系列措施控制企业责任，保证投资资金的效率。

当前，国家在严格实行产业准入制、规范开发秩序、分级管理矿井建设核准制度的基础上，通过向企业转让二级探矿权和采矿权，使企业成为资源开发的直接参与者。在国家的“资源有偿使用”和“谁投资、谁受益、谁承担风险”的原则下，本行业大型企业及其他行业的大型企业通过企业自筹资金（企业维简费、转产发展资金以及企业积累等）、社会集资（上市、筹资等）、银行贷款、合股开发等途径筹资开发建设矿业工程项目，使它们成为了矿业开发的主体。

## 1.2 矿业工程建设的可持续发展

一、循环经济在资源开发领域中的应用

(一) 循环经济的特点及其观念

1. 可持续发展与循环经济

《里约热内卢环境与发展宣言》定义的可持续发展，就是：既符合当代人的需求，又不致损害后代人满足其需求能力的发展。发展循环经济、建立循环型社会是实施可持续发展战略的重要途径和实现方式，这一点已经在许多国家得到证实。

所谓循环经济，本质上是一种生态经济，它要求运用生态学规律而不是机械论规律来指导人类社会的经济活动。传统经济是一种由“资源—产品—污染排放”单向流动的线性经济，其特征是高开采、低利用、高排放，整个过程是通过对资源的利用，把资源持续不断地变成为废物。与此不同，循环经济是一种倡导与环境和谐的经济发展模式，它的经济活动过程是“资源—产品—再生资源”的反馈式流程，表现为低开采、高利用、低排放的特征；“减量化（Reduce)、再利用（Reuse)、再循环（Recycle)”的 3R 原则体现了循环经济的最基本的实际操作原则。循环经济为从根本上消解长期以来环境与发展之间的尖锐冲突，提供了一个与工业化以来的传统经济不同的全新经济模式，为经济的可持续发展提供了战略性的理论基础。

2. 循环经济模式

目前，已经提出有三个不同层面上的循环经济形式，即 1）微观：企业层面（小循环)；2）中观：区域层面（中循环)；3）宏观：社会层面（大循环)。

(1) 小循环：企业层面上的循环经济

小循环是指局限于单个企业内部的循环经济模式，包括 1）将流失的物料回收后作为原料返回原来的工序中；2）将生产过程中形成的废料（或下脚料)，经处理后重新作为原料或原料替代物返回原生产流程中，或返回厂内其他生产过程。

(2) 中循环：区域（工业生态园区）层面上的循环经济

区域（生态工业园区）的循环经济就是把不同的工厂联结起来，形成共享资源和互换副产品的产业共生组合，使得区域内的废气、余热、废水、废弃物成为区域一些厂家的原料和能源。中循环是更大范围的循环经济，能够模拟自然生态系统的“生产者—消费者—分解者”的循环途径，实现经济循环的目标。

(3) 大循环：社会层面上的循环经济

大循环是关系到社会经济层面的循环经济内容，通常指国内一些大区域，或者关系全国性的若干大的生态循环体系，主要由政府主导，且往往具有地区性或者整个社会性层面。它以“资源—产品—资源再生利用”为核心形成产业循环链，是实现资源的社会“大循环”的重要环节。

3. 循环经济的理念

循环经济发展模式，不仅只是一种生产或者经济发展的形式，同时也催生了一些新的伦理关系，甚至提出了诸多与传统观念不同的新的伦理观念与道德要求。

(1) 新的系统观

循环是指在一定系统内的运动或者是运转过程，循环经济的系统是由人、自然资源和科学技术等要素构成的大系统。循环经济观要求将人同时置身于生产和消费这一大系统之内，将自己作为这个大系统的一部分来研究符合客观规律的经济原则。

（2）新的经济观

传统工业经济以机械工程学规律来指导经济活动，在其各要素中，资本在循环，劳动力在循环，而唯独自然资源没有形成循环。循环经济观要求运用生态学规律，不仅要考虑工程承载能力，还要考虑生态承载能力。在生态系统中，只有在资源承载能力之内的良性循环，才能使生态系统平衡地发展。

（3）新的价值观

循环经济观不再像传统工业经济那样将自然作为“索取对象”和“垃圾堆放场地”，而是将其作为人类赖以生存的基础，是需要维持良性循环的生态系统的基础部分；不仅考虑科学对自然的开发能力，而是更要注重它对生态系统的修复能力，使之成为有益于环境的科学和技术；人类的能力不仅表现在对自然的征服能力，更应体现在人与自然和谐相处的能力。

（4）新的生产观

循环经济的生产观念是要在充分考虑自然生态系统的承载能力基础上，尽可能地节约自然资源，提高自然资源的利用效率，循环使用资源，创造良性的社会财富。在生产过程中，循环经济观要求遵循资源利用的减量化（Reduce）、产品的再使用性（Reuse）、废弃物的再循环能力（Recycle）的“3R”原则，使生产合理地依托在自然生态循环之上，以达到经济、社会与生态的和谐统一，使人类在良好的环境中生产生活。

（5）新的消费观

循环经济观要求走出传统工业经济“拼命生产、拼命消费”的误区，提倡物质的适度消费、层次消费，在消费的同时就考虑到废弃物的资源化，建立与循环生产相联系的消费观念，包括限制以不可再生资源为原料的生产与消费。循环经济的消费观还与预防消费对环境污染的影响联系在一起，提前采取预防措施，在消费前、消费过程中以及消费后消除、减少和控制消费对环境的污染。

（二）资源开发中的循环经济问题

1. 循环经济中的矿产资源基本属性与特点

矿产资源的属性特点决定了矿业经济在循环经济过程中的特点，说明矿业经济实现循环经济所存在的可能性及其困难。

（1）不可再生性

矿产资源由地质成矿作用形成，在地下经历了长期的地质年代过程。除极个别矿产外，它不可再生。尽管地球仍然在运转，矿产资源可能会被再造，但是它们对现实社会的经济不存在丝毫意义。现有的矿产资源经过消费后，不可能返回到原来的状态，也不能进入其再造过程。因此说，绝大部分矿产资源具有不可再生性。

（2）矿产资源的共生性和同一性

大量不同的矿种是由若干有限的矿物或元素构成，或者说，许多不同的矿种会有相同的矿物或元素成分，甚至仅仅由于结构不同而可以形成不同的矿种。这种同一性在资源形成过程又具有相似的条件下，往往使得许多不同的矿种共生于一起，成为共生或伴生矿物。于是，一个矿产资源地，可能同时存在有主、次不同的几种矿种资源，它们或者是仅仅含量有差异，或者是形成了次矿种的参杂伴生形态。

(3) 与工业制品在成分上的一致性

实际上，许多工业制品都可以视为人造矿物。这些人造矿物与天然矿物在成分和结构上都有一致性，或者性能的相近特点，只是人造矿物经过加工后可能成分更纯，结构更完整，例如某些氧化物、盐类化合物、颜料等。由于天然矿物与人工矿物成分与结构基本一致，使得其相互间具有亲和关系，甚至可以改善由单一成分构成的人工矿物的性能，例如增强、抗老化性等。

(4) 地下埋藏的特点

一般矿物都埋藏于地下，或者从地表开始延伸到地下一定深度。因此采矿业或者矿业工程一般都要破坏地表，并开挖到地下。矿物开发和开采必然造成对地层原有的赋存状态和平衡性的破坏。

2. 矿产资源消费特点与循环经济要求的关系

(1) 循环闭合问题

由于矿产资源的自然性特点和不可再生性，因此资源经济自身难以形成闭合循环，而成为一次性消费过程。因此在循环经济中，资源消费的“减量化”具有特别重要的地位。

(2) 资源经济循环中的局部循环

因为资源的不可再生性，因此资源本身的直接消费就难以实现闭性循环。为实现循环经济的宗旨，可以部分改变资源的直接消费性质，实现其消费的局部阶段的循环。这些局部循环往往是通过资源的新产品，实现新产品的消费循环。例如，在消费煤的过程中形成化工产品，实现该化工产品的循环。

(3) 资源经济的联动循环

所谓联动循环是使资源消费过程中的副产品，或者废弃物，由其他工业部门开发或直接利用，实现多领域的联动循环。这一循环往往需要在区域层面上或是更高层面上的循环来实现。

(三) 资源消费纳入循环经济的模式和内容

根据以上分析看出，在实现循环经济的过程中，资源消费具有一些自身的特点。

1. 小循环在资源消费过程中的地位

(1) 由于资源消费多数属于一次性消费，因此循环经济中的“减量化”原则就具有了特别重要的地位。“减量化”的概念并非完全指减少资源的产出，而是指资源的少消费。因此，对于采矿企业自身而言，保护资源，减少资源浪费是落实“减量化”的一个重要关键，这就是开采工作的科学化，以及采矿的“回采率”、选矿的“回收率”等问题在资源消费的循环经济中的重要地位。仅仅关注只和产量挂钩的经济效益，显然是一种违背循环经济宗旨的行为。

(2) 伴生矿物的共采是节约资源的一个重要手段。伴生矿物的种类很多，如我国含煤地层中的共生硫铁矿占各类硫铁矿保有储量的33.9%；煤层中还有镓、锗、铀、钍、钒等微量元素和稀土金属元素；含煤地层的基底和盖层中有石灰岩、大理岩、岩盐、矿泉水和泥炭等，计有30多种有用成分，而在煤层中同时开采煤层气（瓦斯）已经是煤矿变害为宝的一项重要成果。

(3) 矿山企业不能像有些行业那样“近台楼水先得月”，应从获取资源开始到消耗资源的过程中首先走上节约资源的轨道。那些“靠山吃山，靠水吃水”的观念，显然与循环经济的要求不符。

2. 企业内的环境工作

由于资源的属性特点，矿山企业自身在小循环经济层面上的工作就显得更有意义，尤其是环境保护与环境恢复工作，这些工作还包括有：

(1) 通过开采方法减少对土地的破坏（如，采空区回填），对开采塌陷和破坏的良田进行恢复或复垦，建立矿山公园等。

(2) 选厂尾矿及采场废石和矿山矸石处理，包括尽量回收矿物以及保护好有用的尾矿，利用废石、矸石，保证尾矿和矸石设施的安全可靠，避免尾矿和矸石的污染。

(3) 减少或者避免因环境受采矿影响而引起的水资源破坏（污染、水位跌落），节省用水，选矿厂实现废水循环利用。

(4) 环境保护，这方面包括做好环境保护设施的建设工作，同时应避免或减少生产和施工对现场环境的污染，避免或减少环境污染造成的职业病危害；等等。

3. 矿山企业外的延伸

矿山企业的外延伸包括改变矿山单一性面貌为综合性，以及在区域范围内组织产业群体。改单一性为综合型是目前实施较多的内容，例如煤—电、煤—焦、煤—化工等一体化企业的形成。特别要提到的是，形成如煤转乙醇、煤转油等内容的煤炭—能源化工一体化的新兴产业，将在中国能源的可持续利用中扮演重要的角色，是今后20年的重要发展方向，这对于中国减轻燃煤造成的环境污染、降低中国对进口石油的依赖均有着重大意义。

4. 国家法律保证条件

国内采取政策上的限制与鼓励的倾斜措施，也是一种使资源资本纳入循环经济的方法。对矿山企业而言，这方面内容包括有勘探、采矿的准入制和勘探权、采矿权的有偿取得制等。从事矿山领域的企业将承担起矿业权成本、矿山环境治理和生态恢复的成本以及安全生产的成本为主的获取国家资源的完全成本。

二、绿色矿山观念

(一) 绿色矿山的含义及其建设的意义

1. 绿色矿山的含义

绿色矿山指矿山开发的全过程，既要严格实施科学有序开采，又要对矿山及其周边环境的扰动控制在环境的可控制范围之内；对于必须扰动的部分，应当通过科学设计、先进合理的技术措施，确保矿山的存在、发展直至终结，始终成为一个与周边环境协调，并融合在社会可持续发展轨道中的一个崭新的矿业形象。

2. 建设绿色矿山的意义

(1) 建设绿色矿山是贯彻落实科学发展观，推动经济发展方式转变的必然选择。

我国经济的迅速发展，资源需求急速上升，资源环境压力日益增大。促进资源开发与经济社会全面协调可持续发展，必须将资源开发与保护放到经济社会发展的战略高度；必须通过开源节流、高效利用、创新体制机制，来改变矿业发展方式，推动矿业经济发展向主要依靠提高资源利用效率带动转变。发展绿色矿业、建设绿色矿山，既是立足国内提高能源资源保障能力的现实选择，也是转变发展方式的必然要求，具有十分重要的现实意义和深远的战略意义。

（2）建设绿色矿山是加快转变矿业发展方式的现实途径。

发展绿色矿业、建设绿色矿山，以资源合理利用、节能减排、保护生态环境和促进矿区和谐为主要目标，以开采方式科学化、资源利用高效化、企业管理规范化、生产工艺环保化、矿山环境生态化为基本要求，将绿色矿业理念贯穿于矿产资源开发利用全过程，推行循环经济发展模式，实现资源开发的经济效益、生态效益和社会效益协调统一，为转变单纯以消耗资源、破坏生态为代价的开发利用方式提供了现实途径。

（3）建设绿色矿山是落实企业责任、加强行业自律、保证矿业健康发展的重要手段。

发展绿色矿业、建设绿色矿山，关键在于充分调动矿山企业的积极性，加强行业自律，促进矿山企业依法办矿，规范管理，加强科技创新，建设企业文化，使矿山企业将高效利用资源、保护环境、促进矿区和谐的外在要求转化为企业发展的内在动力，自觉承担起节约利用资源、节能减排、环境重建、土地复垦、带动地方经济社会发展的企业责任。建设绿色矿山，是矿山企业经营管理方式的一次变革，对于完善矿产资源管理共同责任机制，全面规范矿产资源开发秩序，加快构建保障和促进科学发展新机制具有重要意义。

（二）绿色矿山的建设思路、原则

1. 总体思路

深入贯彻落实科学发展观，按照国家转变经济增长方式的战略要求，将发展绿色矿业、建设绿色矿山作为保障矿业健康可持续发展的重要抓手，认真落实全国矿产资源规划提出的目标任务和部署要求，坚持规划统筹、政策配套，试点先行、整体推进，通过绿色矿山建设促进矿业发展方式的转变，努力构建规范矿产资源开发利用秩序的长效机制。

2. 基本原则

（1）坚持政府引导。强化政策激励，积极引导，组织做好试点示范，建立健全绿色矿山建设标准体系，有序推进。

（2）落实企业责任。鼓励矿山企业树立科学发展理念、严格规范管理、推进科技创新、加强文化建设，落实节约资源、节能减排、保护环境、促进矿区和谐等社会责任。

（3）加强行业自律。充分发挥行业协会桥梁和纽带作用，密切联系矿山企业，加强宣传，扩大共识，加强行业自律。

（4）搞好政策配套。充分运用经济、行政等多种手段，制定有利于促进资源合理利用、环境保护等方面的政策措施，建立完善制度，推动绿色矿山建设。

（三）国土资源部关于国家级绿色矿山的基本条件的规定

1. 依法办矿

（1）严格遵守《矿产资源法》等法律法规，合法经营，证照齐全，遵纪守法。

（2）矿产资源开发利用活动符合矿产资源规划的要求和规定，符合国家产业政策。

（3）认真执行《矿产资源开发利用方案》、《矿山地质环境保护与治理恢复方案》、《矿山土地复垦方案》等。

（4）三年内未受到相关的行政处罚，未发生严重违法事件。

2. 规范管理

（1）积极加入并自觉遵守《绿色矿业公约》，制订切实可行的绿色矿山建设规划，目标明确，措施得当，责任到位，成效显著。

（2）具有健全完善的矿产资源开发利用、环境保护、土地复垦、生态重建、安全生产等规章制度和保障措施。

（3）推行企业健康、安全、环保认证和产品质量体系认证，实现矿山管理的科学化、制度化和规范化。

3. 综合利用

（1）按照矿产资源开发规划与设计，较好地完成了资源开发与综合利用指标，技术经济水平居国内同类矿山先进行列。

（2）资源利用率达到矿产资源规划要求，矿山开发利用工艺、技术和设备符合矿产资源节约与综合利用的鼓励、限制、淘汰技术目录的要求，“三率”指标达到或超过国家规定标准。

（3）节约资源，保护资源，大力开展矿产资源综合利用，资源利用达国内同行业先进水平。

4. 技术创新

（1）积极开展科技创新和技术革新，矿山企业每年用于科技创新的资金投入不低于矿山企业总产值的1%。

（2）不断改进和优化工艺流程，淘汰落后工艺与产能，生产技术居国内同类矿山先进水平。

（3）重视科技进步，发展循环经济，矿山企业的社会、经济和环境效益显著。

5. 节能减排

（1）积极开展节能降耗、节能减排工作，节能降耗达国家规定指标。

（2）采用无废或少废工艺，成果突出。“三废”排放达标。矿山选矿废水重复利用率达到90%以上或实现零排放，矿山固体废弃物综合利用率达到国内同类矿山先进水平。

6. 环境保护

（1）认真落实矿山环境恢复治理保证金制度，严格执行环境保护“三同时”制度，矿区及周边自然环境得到有效保护。

（2）制定矿山环境保护与治理恢复方案，目的明确，措施得当，矿山地质环境恢复治理水平明显高于矿产资源规划确定的本区域平均水平。重视矿山地质灾害防治工作，近三年内未发生重大地质灾害。

（3）矿区环境优美，绿化覆盖率达到可绿化区域面积的80%以上。

7. 土地复垦

（1）矿山企业在矿产资源开发设计、开采各阶段中，有切实可行的矿山土地保护和土地复垦方案与措施，并严格实施。

（2）坚持“边开采，边复垦”，土地复垦技术先进，资金到位，对矿山压占、损毁而可复垦的土地应得到全面复垦利用，因地制宜，尽可能优先复垦为耕地或农用地。

8. 社区和谐

（1）履行矿山企业社会责任，具有良好的企业形象。

（2）矿山在生产过程中，及时调整影响社区生活的生产作业，共同应对损害公共利益的重大事件。

（3）与当地社区建立磋商和协作机制，及时妥善解决各类矛盾，社区关系和谐。

9. 企业文化

（1）企业文化是企业的灵魂。企业应创建有一套符合企业特点和推进实现企业发展战略目标的企业文化。

（2）拥有一个团结战斗、锐意进取、求真务实的企业领导班子和一支高素质的职工队伍。

（3）企业职工文明建设和职工技术培训体系健全，职工物质、体育、文化生活丰富。

## 1.3 矿业工程建设发展趋势及其可行性分析

一、矿业工程项目管理的新趋势

（一）全面深化矿产资源管理体制改革

1. 统一管理机构。1950～1981 年，矿产资源的管理职能由原地质部和有关工业管理部门分别承担，1982 年矿产资源开发监督管理和地质勘察行业管理明确归为地质矿产部；到 1998 年政府机构改革，原国家计委和煤炭、冶金等有关工业部门的矿产资源管理职能全部转移到国土资源部，实现了全国矿产资源的统一管理。

2. 改革探矿权采矿权管理制度。近年来，国家依据矿产资源属于国家所有的法律规定，明确了探矿权、采矿权的财产权属性，确立了探矿权、采矿权的有偿取得和依法转让制度。探矿权采矿权可以通过招标、拍卖、挂牌等竞争的方式有偿取得；转让探矿权采矿权，应当遵循市场规则并得到政府部门的许可，依法办理转让手续。通过合理安排勘查开发项目，控制建设节奏，通过探矿权、采矿权的有偿取得和依法转让制度，进一步培育和规范探矿权采矿权市场，加强对市场运行的监管。

3. 健全矿产资源有偿使用制度。1994 年起对采矿权人征收矿产资源补偿费，从而结束了无偿开采矿产资源的历史；从 1998 年起对探矿权人、采矿权人收取探矿权使用费、采矿权使用费和国家出资勘察形成的探矿权价款、采矿权价款。这一制度的完善，将进一步促进矿产资源保护和合理利用的经济激励机制的建立。

（二）坚持市场经济体制改革方向

1. 国家调控和市场运作的协调机制更加明确。国家在产业政策与规划的引导下，充分发挥市场在矿产资源配置中的基础性作用，建立政府宏观调控与市场运作相结合的资源优化配置机制。加强对矿产资源开发总量的调控，培育和规范探矿权采矿权市场，促进矿产资源勘察开发投资多元化和经营规范化，切实维护国家所有者和探矿权采矿权人的合法权益。

2. 加强政府调控、管理和引导作用。政府将通过规划和相关制度的建立，加强对国民经济的宏观控制作用、矿产资源管理作用和对企业的指导、监管作用。根据国民经济和社会发展规划总体部署，按照矿产资源规划、行业发展规划、生产开发规划、安全生产规划、矿区总体规划，形成矿产资源开发、利用的合理有序发展。

3. 推进市场化运作。推进市场化改革，完善矿产资源的市场价格形成机制，加强矿业生产、运输、需求的衔接，促进总量平衡，形成机制健全、统一开放、竞争有序的现代矿产市场体系。

（三）拓宽和培育新的投资渠道，引导企业发展

近几年来，通过拓宽和培育矿产基地建设新的投资渠道，引导企业发展，建设大型矿

产资源基地。

1. 努力扩大对外开放与合作。坚持改善投资环境，鼓励和吸引国外投资者勘查开发矿产资源。按照世界贸易组织规则和国际通行做法，开展矿产资源的国际合作，实现资源互补互利。

2. 大型矿业集团开始成为优化矿业结构的主体、基地开发建设的主体、平衡国内矿产市场的主体和参与国际市场竞争的主体。

3. 支持下游产业参与矿产资源开发（特别是电力企业开发建设煤矿），形成一体化企业集团。发挥核心企业在人才、管理、市场和融资方面的优势，做强主业，延伸产业链，使大型企业集团真正成为优化资源产业结构的主体。

4. 严格建设项目核准审批制度，限制小规模、低水平、高耗能的新矿井或改扩建矿山建设。坚持矿山建设准入制度和逐级审批制度。规定新井建设必须有足够的资源配置，严格设计规定，不得以小建大。

（四）深化企业改革，提高企业竞争能力

1. 推进制度创新，建立现代企业制度，培育发展现代化企业。打破地域、行业和所有制界限，以资源、资产为纽带，通过强强联合和兼并、重组中小型企业，发展大型矿山企业集团；以大型矿产基地建设为契机，促进大型骨干企业的形成；以大型矿山企业的扩张，带动中小企业的资源整合，形成以大型矿山企业集团为主体、中小型公司企业协调发展的产业组织结构；鼓励发展矿山、电力、铁路、港口等一体化经营的具有国际竞争力的大型企业集团；鼓励行业间大型企业的联营。

2. 以大型骨干企业为主体，加快建设以大中型矿产资源为主的基地建设，优先建设一体化项目。坚持一个矿区原则上由一个主体开发，一个主体可以开发多个矿区的集中开发模式；大型矿产基地建设要与培育骨干企业并举。

3. 鼓励企业进一步完善法人治理结构，理顺各级法人之间的关系，集团公司内部形成层级法人结构，各级法人都是相对独立的法人实体，按市场经济规律办事。按照现代企业制度要求积极推进股份制改造，转换经营机制，提高治理水平。

4. 坚持依靠科技进步的发展道路。鼓励发展应用现代勘探技术、施工技术、新材料技术，发展自动控制、集中控制的技术和装备。推进企业信息化建设，利用现代控制技术、矿井通信技术，实现生产过程自动化、数字化，促进矿产资源勘查与开发由传统产业向现代产业、由劳动密集型向技术密集型、由粗放经营向集约经营的转变。推进技术创新体系建设，支持企业建立技术开发中心，增强自主创新能力。建立健全以市场为导向、企业为主体、产学研相结合的科技创新机制，形成一批具有自主知识产权的行业重大要害技术。强调安全设施和环保设施建设，建立矿区开发环境承载能力评估制度和评价指标体系。

（五）提高矿业工程企业管理水平

1. 推广工程项目现代化管理方法

矿业工程项目现代化管理包括建立现代化管理思想，组织现代化管理机构，管理程序的科学化，采用现代化管理方法，利用现代化管理手段。这就是要求树立市场观念、效益观念、竞争观念、质量观念、信誉观念、信息观念等思想，把管理工作放在先进的管理理念上；就是建立和组织适合于高效、高质、责权利清晰的现代企业运作机制和机构；就是按照科学规律运作项目过程，按照法律、法规和规程实施项目管理；就是在项目管理工作中充分运用先进的科技成果和管理理论，高质、高效进行项目建设活动；就是采用计算机和其他现代技术手段实施工程项目的辅助管理、决策和运行。国内许多企业通过这些方面的卓有成效的工作，使企业上到了一个更高的层次。

2. 培养高水平职业管理人员

我国从20世纪90年代开始，为规范管理人员素质，制定了许多制度和政策，规范了各类注册工程师的执业要求，包括2002年推行的注册建造师制度等；同时又为培养高水平职业管理人员采取了大量具体措施，使我国形成了一批高水平的职业管理人员的队伍。为提高执业人员的水平，政府和地方各类管理人员的培训层出不穷，包括与美国联合的PMP项目管理人员培训、各种项目管理培训、企业选送的短期出国培养，国家还推行了注册工程师国家考试制度等措施。这些工作取得了显著的成效，今后这些工作仍将坚持下去，包括各类继续教育工作。

二、矿业工程发展的可行性分析——风险管理问题简析

（一）资源开发和矿业工程项目建设风险的基本特点

1. 资源开发和矿业工程项目建设风险的基本状况

应该说，资源开发投资项目的风险主要取决于资源开发的重要地位影响，以及建设周期长、投资规模大、涉及范围广，自然条件复杂，对环境危害严重等当前我国资源开发所遇到的基本状况；它反映在从国家一系列政策开始，到资源项日勘查、矿业工程项目建设和企业经营等整个过程中。一般来说，这种风险由多方面因素组成，主要表现在资源本身、市场、金融和技术风险方面等。

矿业活动的对象是埋藏在地下的矿产资源，由于地质环境的多样性和复杂性，造成了矿业具有不完全等同于其他工业部类的特殊性质，这些特殊性质既带来了矿业活动的高投入、高风险性特点，也给投资者创造了机会，成功的矿业投资项目和项目的建成往往具有较高的投资回报。

2. 矿业工程项目建设的风险特点

（1）地质工作对资源开发与矿业工程项目建设风险的抑制性

实践证明，地质工作是整个资源开发和矿业工程项目成功的基础。探矿本身就是地质工作，探矿成功的基础也是地质工作，称为基础地质工作。基础地质工作进行程度高的地区，找矿成功率就高，反之就低；建矿、采矿更是如此。地质工作基础是造成整个资源开发生产链高风险的根源之一，做好地质工作对平抑资源勘探、矿业工程项目建设和采矿企业生产风险，具有至关重要的意义。

（2）风险的阶段性

从整体上看，一个风险常常贯穿于项目的始终，但是，各个阶段的风险大小不同。评价项目风险的大小是其各阶段的风险比例乘积。如勘探的普查成功概率为0.782；详查成功概率为0.17；精细勘探成功概率为0.611。总的成功概率为$0.17\times0.782\times0.611=0.081$。井巷通过了破碎带、穿越过含水层，都是这一阶段该风险的暂时结束。

（3）风险的延展性

矿业工程项目的延续性突出，同样的风险或类同的风险有时会贯穿在勘探、施工、生产阶段，因此这种风险就得以在不同阶段延续。延续性就是表现这些风险在不同阶段的主

次地位不同而已。一般说，矿井越深，风险越大，其中一个原因就是浅部的风险延展，或说是隐患的积累。如若浅部含水层被深部（如断层）导通，即使浅部通过，到深部也会形成更大的涌水压力。因此，资源开发到项目建设，到企业生产，必须考虑前期风险对后期的影响（风险的延展性）。

（4）风险的转换

受资源不可再生性的影响，当可采资源被大量勘探出来后，后续的找矿成功率会逐步减少，等深部开采开拓技术形成后，因为可以进一步在深部找矿，其成功率又会突然增加。这是风险在数量上的变化。风险转换的又一种情况是其类型的转变。抢进度虽然能平抑进度风险，但是可能会变成质量风险、安全风险。因此，对风险转换的程度和时间要有充分的估计，不失时机地实行决策转换，这是降低风险的重要手段。

（5）矿山的维简风险

所谓矿山维简风险，即矿山为维持再生产，必须连续对矿山基本建设进行投入，而这种投入却使得进一步形成资源枯竭的风险。例如形成资源型城市以及枯竭矿山的转产困难，就是这种维简风险的结果。在矿业项目投资效益测算时，除考虑使用维简费外，还要考虑一定的更新改造资金，这样才能接近生产实际指标，有效地降低项目的投资风险。在矿山生产中，充分利用好国家给予矿业的维简费提取政策，加强维简计划管理，提足用好维简费，使矿业生产能够持续稳定进行，使矿业走上可持续发展之路。

（二）地质条件风险及其控制

1. 地质风险因素分析

（1）勘察风险

勘察风险是矿业项目所固有的，发现一座经济可采矿床的概率非常低，反之，从发现到探明一个经济可采矿床的平均成本相当高，勘察与生产之间还存在着较长时间的准备期。有限数量的勘察投资并不能保证成功地发现矿床，因此勘察矿产的投资具有极高的风险。对不愿承担勘察风险而又致力于矿产资源开发的投资者来说，直接购买采矿权是规避勘察风险的最好方式。当然，购买采矿权实际包含了探矿风险损失以及后续的风险，这也是资源开发项目风险大的一个原因。

（2）对矿业工程项目风险的影响

地质条件不明或变化造成施工困难。当前的地质勘探水平还不能百分之百地保证勘探的准确性，所以在进行矿业工程项目建设时存在较多的地质和水文地质条件不确定性和风险。为了规避这些风险，在施建矿山前总要采取一些措施。如，地质钻孔探测、井筒检查钻孔，安全规程中为预防水害，要求"有疑必探"，此"疑"就是不确定，就有风险，"探"就是规避"风险"所必要。在"矿业工程费用构成"中有许多这种性质的内容，虽然这些措施会增加项目的投资费用，但却是非常必要的，它构成了矿业工程项目的高风险和高投入。

（3）储量风险

从一定意义上讲，所有类型的工业项目都普遍具有不确定性，但这一点在矿业领域更为突出。矿产资源赋存隐蔽，成分复杂多变，因而对它的寻找、探明以至开采的过程中，必然伴随着不同程度的或然性。如原国家储量委员会对储量误差的规定为A级储量允许误差±20%，B级储量允许误差±30%，C级储量允许误差±45%。也就是说，即使经过地质精查的矿床，在开采时的储量也有可能减少 1/3 以上。有的矿井根据储量设计确定为大型，建设完成后因为储量和开采条件与原勘探结果不符，只有降低为中型矿井，甚至被迫完全放弃。

2. 资源风险的控制对策

（1）直接取得采矿权或申请探矿权并投资勘探

规避资源风险的有效对策就是在进行矿业开发前，直接取得采矿权。直接获得采矿权能减少投资建矿者的探矿的风险损失（转移给探矿者）；或者可以先申请并投资勘探，然后获取一定的采矿权。这种做法要求有较强的专业判断能力，以能选择风险相对小的条件，并要在风险出现时能及时控制及收回投资。

（2）尽量多地控制优质资源

矿业开采的超额利润往往或者是由矿床的天然禀赋条件造成的，或者是在矿产品价格周期性上升期间所产生的。掌握优质资源，就能够减少资源开发的投入，有效地规避市场风险，延长矿山寿命，取得好的投资收益。我国资源开发重点西移就是这一反映。

（3）足够的地质勘察工作

尽可能准确地掌握地质情况，是规避矿山建设和资源开采风险至关重要的条件。尽管加强地质勘察工作会增加资金投入，但是一旦出现因为地质条件不清而造成的后果，有时是不堪设想的，不仅要承担资金损失，还要承担甚至是法律责任。因此，选择一个资源开发项目或是一项矿业工程建设项目，必须考虑为规避地质风险所必要的投入，这时如采取“节约”的策略，则一旦“风险”变危险，后果可能不堪设想。

（4）严格执行有关规定和规章制度

有关矿业工程建设或者资源开发的各种管理规定、施工和安全规程的内容，常常是针对地质条件不确定性而制定的一些应对措施。它不仅仅只是一种规程要求或技术问题、安全问题，而是长期规律或经验的提炼；违反这些规定，实际就是将自己置入多种的高风险之中。因此严格执行这些制度是控制、规避风险的有效方法。

（三）安全风险分析与控制

1. 安全风险分析

矿业活动的另外一个特点是容易发生各类安全事故。大部分矿山都需要爆破作业，使用大量的爆破器材，特别是煤炭开采多有瓦斯、煤尘、水、火、顶板冒落等灾害，因此，煤炭行业安全上的风险要远远高于其他行业。2003 年，煤矿事故死亡人数占全国矿山事故死亡人数的近 80%。据资料，2003 年美国 Mt 煤炭的死亡率仅为中国的 1/10。事故发生率低的原因就是煤炭开采准入门槛高，安全措施投资到位，发生事故赔付金额高（平均死亡 1 人赔偿金近 60 万美元）。

2. 安全风险控制对策

在矿业投资项目中，增加一定量的安全措施和设备设施的投入，虽然增加了项目投资，但可以有效地降低项目安全方面的风险。在矿山项目建设和矿山生产中，安全风险的控制对策应考虑以下几个方面的工作：

（1）提高工程质量与设备质量，强化安全生产的基础工作；

（2）采用先进技术，提高开采技术水平，落实防止重大事故的综合治理措施；

（3）完善矿井通风设备，控制瓦斯煤尘灾害；

(4) 强化执行操作规程和安全规程，坚持事故隐患排查制度，及时消除隐患；

(5) 加强安全技术培训工作，提高职工队伍素质，增强安全生产意识；

(6) 完善行之有效的安全管理机制，建立安全生产责任制度；

(7) 实施现代化的监控手段，对瓦斯、煤尘、水害、顶板等进行及时的检测，有效提高安全监控水平。

(四) 市场风险、政策风险与环境风险因素分析

1. 矿业工程的市场风险因素分析

(1) 经济周期的影响

矿业作为国民经济的基础性行业，经济发展的周期性决定了市场价格具有明显的周期性特征。因此，国民经济的周期变化对企业的经营业绩会造成明显的影响。我国1995年到2004年最近的一个经济周期内，2000～2001年，铁精矿价格最低跌至每吨200元左右，炼焦精煤价格不到每吨300元；而在2003～2004年，铁精矿高达每吨1000元，炼焦精煤价格达到每吨700多元。

(2) 市场发达程度的制约

目前，我国的矿产品市场的发育尚未成熟，有资源的无序开采，有恶性竞争，也有地方保护主义。虽然我国目前的铁矿石（原矿）、煤炭、有色金属矿和非金属矿产量均居世界第一，但是至今我国在国际矿产品市场上的话语权很低。这一结果给正规开采的矿业企业带来了巨大的市场风险。

2. 政策风险因素分析

(1) 产业政策的风险

矿业为国家重点扶持的基础产业，在我国国民经济的运行中处于重要的地位。因此国家必然要对资源勘探、矿山建设、资源开采、产品运销等诸多方面形成政策方面的约束。

(2) 政府和投资者目标的协调

政府的政策是决定投资环境的重要因素。因此，政府的政策调整及其与投资者目标的协调，是影响项目风险的一个重要因素。矿业投资项目不同于其他工业项目之处还在于其地域的可选性小，地方政府的影响就相对更大。但是，目前中国被国际矿业界公认为矿业投资环境最差的国家之一，外资进入很少就是证明。因此，稳定的政策，以及清晰而可预见的、同时能够实现政府和投资者双赢的矿业税收制度，是减少政策风险的重要内容。

(3) 税收制度的风险

矿业税收制度是矿业投资环境的重要决定因素之一，目前我国矿山企业承担的主要税费种类相对比较多，也较高，其中冶金矿山税费负担率为15%～25%、煤炭为12%、有色金属矿山为8.5%，而机械行业为6%。1994年国家实行的税制改革，矿山企业的产品税改为资源税，并按销售收入额加收资源补偿费。税制是任何国家都采用的一种制度，因此到国外从事矿业项目，同样应对其税收制度充分了解，否则必将造成难以挽回的损失。

(4) 政策风险的控制

国家保持矿业政策的稳定和合理的资源税收制度，是降低资源开发投资者风险的一方面；从作为项目合同的一方，无论谁都必须在合同中加强对政策调整等合同条款审查工作，尽可能争取在政策调整中能保证灵活调整的主动权，以规避政策调整可能带来的风险，以获得最大利润。

3. 环境风险因素分析

(1) 环境风险因素分析

矿业活动另一显著的特点是对环境和生态造成了严重的破坏。如地表塌陷，地下水位下降，土地荒漠化，矸石、尾矿或废矿石堆放和污染，选矿污水排放，以及施工、生产环境对人体健康的危害等。这些恶劣结果都将给社会自然环境造成一定威胁，控制不好这些威胁就会成为灾难。而处理这些问题的投入又比较大。因此必须妥善处理这些风险。

(2) 环境风险控制对策

控制环境风险的办法一靠国家或地方政策，严格执行国家在矿业工程项目费用中规定的环保及环保设施投入的政策；同时应加强环境保护管理，杜绝环境污染事件；第三要加强技术投入，采用新技术、新工艺减少环境污染，控制粉尘和噪声，使得矿业真正走上绿色矿业之路；还要注意在合同中，双方都应充分落实环保所需要的各项设施、费用，以避免施工或生产给环境带来的负面影响。

(五) 项目建设风险与控制对策

1. 项目建设风险分析

矿业工程项目具有投资周期长、建设资金大，以及地质条件不确定因素多的特点。发现一座矿床一般要 2～5 年；矿床圈定一般需 2～5 年；大型矿井建设 3～7 年，中、小矿井 1～3 年。矿业活动的长周期特点，使得矿业投资项目承担了巨大的资金成本，而且投资总额不易控制。我国目前生产的大部分矿山，投资总额都超过预算投资，而且超过预算投资 50%以上的矿山不在少数。这一点再加上矿业活动的周期性特点和矿业项目资本需求大的特点，使得矿业投资项目筹资困难。对于施工者，在了解这些风险、对这些风险有所准备的同时，要特别注意由于地质条件不确定性给施工造成的威胁，控制矿山的建设周期、控制施工过程中的投入。

2. 项目建设风险控制对策

对于矿山工程项目承包方而言，为控制施工过程的建设风险，可以考虑以下几个方面：

(1) 充分利用国家政策，尤其是国家制定的一些承包管理、安全、环保等方面的政策和规程、规范，保证这些规定和措施的落实，杜绝意外事故的发生。

(2) 利用新技术、新工艺保证项目的按时、按质完成，经济而有效地解决地质复杂条件及其他困难条件下的施工内容。

(3) 适当采用分包政策，转嫁部分对己风险大的内容。

(4) 认识矿业工程项目的风险特点，掌握它们的阶段性、延续性、转换性等特点，应用这些知识指导分析、处理施工过程中的一些风险状况，特别是要认识地质条件不确定性对风险影响的严重性，学会规避或减少它们对项目效益损失的影响。

# 2 矿业工程项目管理新理论

## 2.1 矿业工程项目管理模式概述

工程项目管理模式是指一个工程项目建设的基本组织模式以及在完成项目过程中各参与方所扮演的角色及其合同关系。根据业主介入项目管理的深度不同，可以将工程项目管理模式分为三类：传统模式（设计招标施工分离式）、一体化模式（包括设计采购施工模式、建设运营移交模式、设计建造模式、建设移交模式等多种形式）以及设计施工协调模式（包括设计管理、施工管理、项目管理、总承包管理等多种形式）。

工程建设和运行过程由前期策划、规划、勘察、设计、施工、采购（供应）、运行维护、工程管理等工作组成，这些工作还可以细分到各个专业工程的设计、供应、施工、运行维护和各阶段的工程管理工作（图 2.1-1）。这些具体工作不仅需要大量的资源投入，更需要许多企业共同参与，在项目的建设和运行过程中承担不同的建设任务和管理任务。由于项目管理模式确定了工程项目管理的总体框架、项目各参与方的职责、义务和风险分担。因而在很大程度上决定了项目的合同管理方式以及建设速度、工程质量和造价，所以它对项目的成功非常重要。

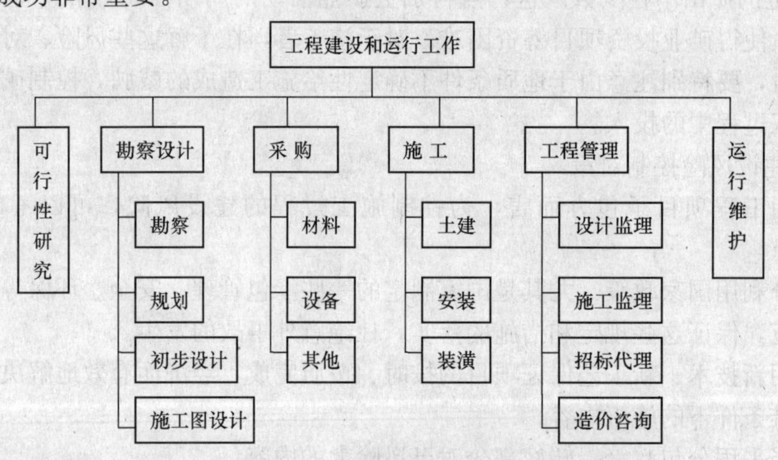


图 2.1-1 工程建设和运行的主要工作内容

在工程建设中，由于各参与单位的工作性质、工作任务和利益不尽相同，因此就形成了代表不同利益方的项目管理。对于业主而言，项目管理模式选定的恰当与否将直接影响到项目的质量、投产时间和效益；对于工程咨询方，了解与熟悉各种项目管理模式才可能为业主做好顾问，协助其做好项目实施过程中的项目管理；对于承包方，了解与熟悉项目管理模式才能在建筑市场处于主动。在业主方、工程咨询方和工程承包方的项目管理中，由于业主方是建设工程项目实施过程（生产过程）的总集成者和建设工程项目生产过程的总组织者，因此对于一个建设工程项目而言，业主方的项目管理往往是该项目的项目管理的核心。

工程项目管理模式的发展经历了否定之否定的螺旋式上升的过程，即由“合”到“分”、由“分”到“合”的演变历程（图 2.1-2）：

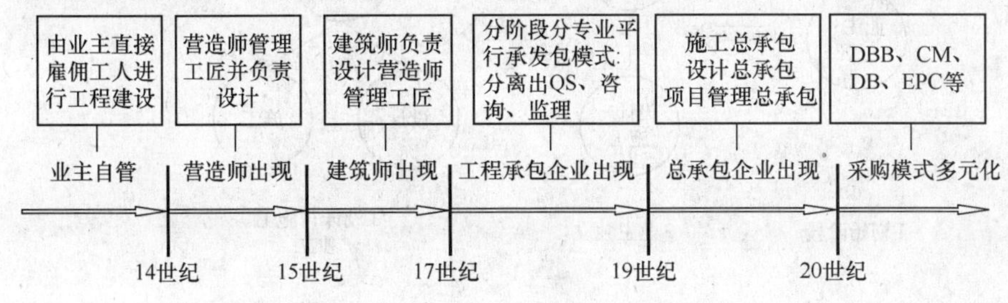


图 2.1-2　工程项目管理模式的演变

第一阶段：在 14 世纪以前，因为当时的建筑工程相对都比较简单，一般都是由业主直接雇佣并组织工匠进行工程营造的，即业主自管方式。

第二阶段：由于建筑工程形体、结构、功能变得比较复杂，加上社会分工及技术的进一步发展，在 14～15 世纪期间，社会上出现了营造师这一职业，它从事工程设计工作，并作为业主的委托人管理工匠的营造工作。

第三阶段：15～17 世纪期间，随着科学技术的进一步发展，建筑工程本身也日益复杂化，社会的进一步分工产生了建筑师这一职业，主要担任设计工作，而营造师则主要是管理业主雇佣的工匠、组织施工。

第四阶段：17～18 世纪期间，出现了承包企业，形成业主（即发包者）、顾问（即建筑师、工程师负责规划调查、设计和施工监督）、承包商（即施工者）三者相互独立又相互协作，用经济合同联系的格局。设计者除担当施工监督外，往往还充当业主与承包商之间纠纷的调解人。

第五阶段：进入 19 世纪以后，随着现代化大工业的日益发展，科学技术的突飞猛进，工程项目越来越复杂且规模变大，社会分工也进一步细化，从事工程设计和管理的除了建筑师、结构工程师外，还有从事水、暖、电等设计的设备工程师以及从事工程测量的服务工程师、合同管理的工料测量师等。而且，从事施工的承包商往往也难以单凭自己的力量去完成一项复杂的工程，所以出现了总包企业下又有分包企业的模式。进入 20 世纪以后，工程的承发包模式不断完善，形成了施工总承包、设计总承包和项目管理总承包等多种经营方式并存的格局。

第六阶段：进入 20 世纪 60 年代以后，科学技术及社会发展更是迅速，工程项目技术复杂化且大型化的趋势也越来越明显，管理科学的理论及管理工具、手段也不断地进步，在西方一些发达国家出现了项目管理理论并应用到了工程项目建设管理中。承包商在项目中的承包范围出现了向前和向后的大幅度拓展，一方面承包商在设计阶段、可行性研究阶段甚至在项目的构思阶段就进入建设项目；另一方面，承包商不仅完成项目的建设任务，而且还可以承担项目的运行管理（物业管理）和维护服务。

可见，项目管理模式的发展从最初的业主建管一体方式发展到专业分包实施方式，再发展为逐步集成化的模式，项目管理实施主体从最初的工程师发展为社会化、专业化的工程公司和项目管理企业（图 2.1-3）。在这一演变过程中，业主的决策权不断被削弱，外部机构由工作责任不独立（为业主提供服务与支持，但不需要承担决策责任）发展为不完

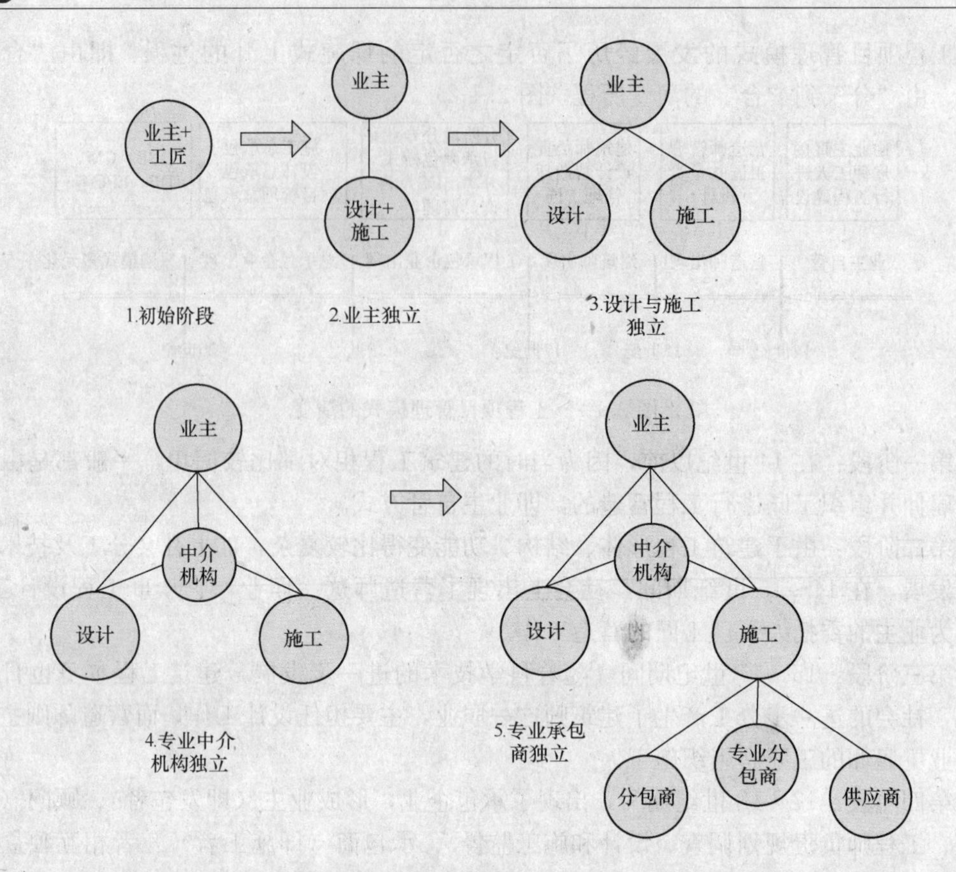


图 2.1-3 项目管理模式演化下的实施主体分工变化

全独立（业主管理的必要补充），进而发展为责任基本独立（代表业主实施管理），对工程项目的管理由“建管合一”逐步发展为“建管分离”。

## 2.2 矿业工程项目管理的传统模式

### 2.2.1 项目管理传统模式的类型及其特点

一、概述

工程项目管理的传统模式也叫“设计—招标投标—建造”（Design-Bid-Build，DBB）模式或通用模式，这种项目管理模式在国际上最为通用，世界银行、亚洲开发银行贷款项目和采用 FIDIC“施工合同条件”（1999 年第一版）的项目均采用这种模式。这种模式整体也称为工程承包，是世界上比较通用的设计承包方式，规定比较严格，上一个程序没结束不能开始下一个程序。我国目前采用的“招标投标制”，“建设监理制”，“合同管理制”基本上是参照世界银行、亚洲开发银行和 FIDIC 的这种传统模式。在具体实施中，DBB 模式存在平行承发包和施工总承包两种主要表现形式。

二、平行承发包

（一）平行承发包的基本形式

业主将工程的勘察工作委托给勘察单位；勘察完成后，由业主委托的设计单位进行设计；在设计图纸完成后，业主招标分别委托土建施工承包商、设备安装承包商、装饰承包商进行工程的施工。设备供应，甚至主要材料的供应也由业主负责，由业主的供应商提供主要材料和设备。各承包商分别与业主签订合同，向业主负责。各承包商之间没有合同关系（图 2.2-1）。

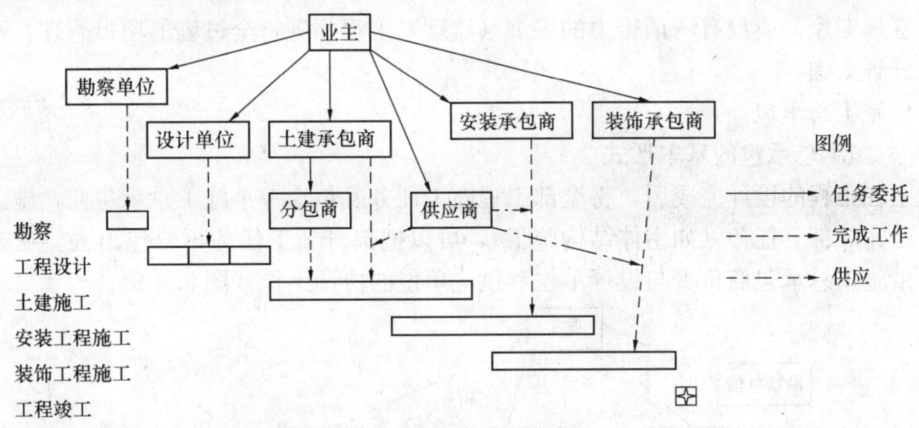


图 2.2-1　工程平行发包模式实施过程和组织方式

在这种模式的工程中，设计单位管理自己的设计工作，施工承包商管理自己的施工工作。而业主通常委托监理单位或项目管理公司进行整个工程的管理。

这是一种传统的工程承发包模式，使用的历史悠久，符合工程的专业化和社会化分工的要求。在我国的一些工程中，专业化分工很细。如设计还会分多个设计单位，常见的是外国设计事务所承担方案设计任务，我国的设计院做配套设计；土建工程施工还可能分专业（如基础工程施工、土方石工程施工、主体结构工程施工等）；安装工程分各种专业工程设施的安装；各种材料和设备的供应商可能分别委托；装饰工程还可以分室内装潢、玻璃幕墙等。

（二）平行承发包方式的主要特点

1. 业主有大量的管理工作，有许多次招标，作比较精细的计划及控制，因此项目前期需要比较充裕的时间。

2. 在工程中，业主必须负责各承包商之间的协调，对各承包商之间互相干扰造成的问题承担责任。在整个项目的责任体系中会存在着责任的“盲区”。例如由于设计单位拖延造成施工现场图纸延误，土建和设备安装承包商向业主提出工期和费用索赔。而设计单位又不承担，或承担很少的赔偿责任。所以在这类工程中组织争执较多，索赔较多，工期比较长。

3. 对这样的项目业主管理和控制比较细，需要对出现的各种工程问题作中间决策，必须具备较强的项目管理能力。当然业主可以委托监理工程师进行工程管理。

4. 在大型工程项目中，采用这种方式业主将面对很多承包商（包括设计单位，供应单位，施工单位），直接管理承包商的数量太多，管理跨度太大，容易造成项目协调的困难，造成工程中的混乱和项目失控现象。业主管理费用增加，最终导致总投资的增加和工期的延长。

5. 通过分散平行承包，业主可以分阶段进行招标，可以通过协调和项目管理加强对工程的干预。同时承包商之间存在着一定的制衡，如各专业设计、设备供应、专业工程施工之间存在制约关系。

6. 使用这种方式，项目的计划和设计必须周全、准确、细致。这样各承包商的工程范围容易确定，责任界限比较清楚。否则极容易造成项目实施中的混乱状态。如果业主不是项目管理专家，或没有聘请得力的咨询（监理）工程师进行全过程的项目管理，则不能将项目分解太细。

三、施工总承包

（一）施工总承包的基本形式

业主在工程的设计完成后，将全部工程施工任务发包给一个施工总承包商，施工总承包商自己完成部分任务（如主体结构施工），可以把部分施工任务再分包出去。在施工过程中，由施工总承包商负责与设计单位和供应单位的协调工作（图 2.2-2）。

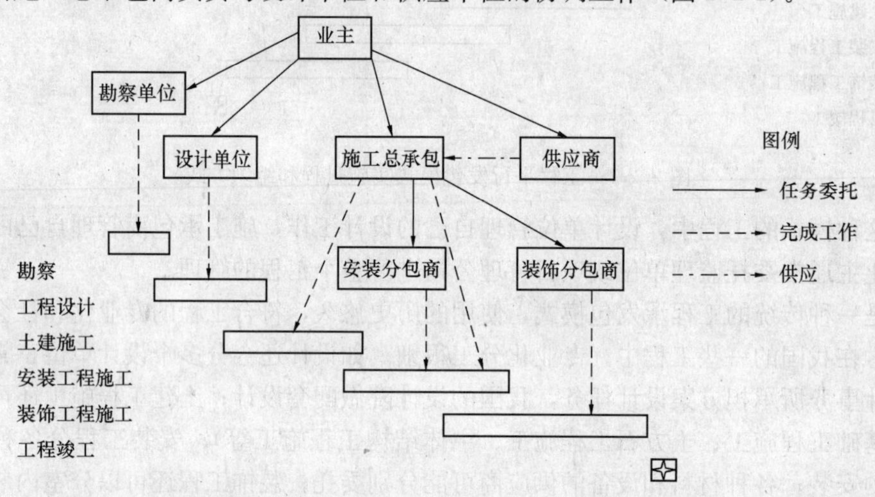


图 2.2-2 施工总承包模式实施过程和组织方式

（二）施工总承包的主要特点

1. 施工总承包的招标一般在全部工程图纸出齐后进行，则工程报价比较有依据，双方风险较小。

2. 有利于发挥承包商的技术优势和管理优势，而分包也有利于发挥专业特长。

3. 施工总承包商可以将整个工程作为一个总体进行计划和控制，有利于科学合理地组织施工，有利于缩短工期，控制进度。

4. 建设单位和一个设计单位、一个施工总承包商直接联系，协调工作比分专业分阶段平行发包方式少得多。

对于大型工程，如果一个施工企业无法完成施工任务，可以由多个建筑施工和安装企业组成施工联合体，共同承担整个施工任务。参与联合体的各个企业按照联合体合同承担各自的工作责任，并承担相应的风险。联合体是一种临时性的组织，工程完成后自动解散。

如果施工总承包单位把施工任务全部发包出去，自己主要从事施工管理，这种模式称为施工总承包管理。

**2.2.2 传统模式下施工承包商招标程序**

一、招标管理基本工作

招标工作作为项目的一个十分重要的工作对项目的顺利实施有着很大的影响。在招标过程中，涉及管理的工作主要有两个层次：

1. 高层次策划。即对招标、合同中的一些重大问题进行决策。包括招标范围、招标方式、合同类型的选择，合同中重要条款的确定，评标条件的确定，以及最终对承包商的选择。这一切均由业主负责。

2. 招标过程中的具体工作和管理事务。这一般由咨询（监理）单位负责。参与工程招标并提供管理服务是专业项目管理的一项工作。这在 FIDIC 合同的招标程序中都有明确的规定。它是一个国际惯例，一般项目管理者负责起草招标文件和资格预审文件，编制或协助编制标底，进行资格预审，组织标前会议，组织开标，提交评标报告及定标建议，组织澄清会议，起草各种文件等。

二、招标程序——承包商的选择

1999 年版的 FIDIC 红皮书适用于由业主设计的或由其代表（工程师）设计的工程，在这种合同形式下，承包商一般都按照业主提供的设计施工。根据该合同条件，施工承包商的选择主要包括以下阶段：(1) 邀请承包商参加资格预审；(2) 颁发和提交资格预审文件；(3) 分析资格预审资料，挑选并通知入选的投标人名单；(4) 准备招标文件；(5) 颁发招标文件；(6) 组织投标人考察现场；(7) 修订和颁发招标文件补遗；(8) 投标人质疑或召开标前会议；(9) 投标书的递交和接收；(10) 开标；(11) 评标；(12) 授予合同。相应的资格预审、招标及开标流程参见图 2.2-3～图 2.2-5。

### 2.2.3 矿山建设项目的传统模式管理分析

一、基本信息和项目准备

矿山建设项目 DBB 管理分析以某露天矿为例进行分析。

1. 项目基本情况

某企业集团露天煤矿一期工程项目设计生产规模 1000 万吨/年，主要包括矿建工程、地面生产系统、机修厂、专业仓库、供电系统、疏干及防排水、道路工程、室外给水排水及供热、行政福利及厂区设施、铁路专用线等共计 86 个单位工程。在项目实施中面临的主要问题和矛盾包括：一是工程项目多与专业人员少的矛盾；二是当地施工工期短与设备供货周期长的矛盾；三是工期要求紧与施工图滞后的矛盾；四是当期材料涨价幅度大与煤炭定额低的矛盾。

2. 项目管理组织的建立

成立工程建设指挥部、设备催交催运组、前期工作组、生产准备等工作组，其中工程建设指挥部由八个专业组组成：矿建工程组、土建工程组、安装工程组、动力设施组、安全及文明施工管理组、技经组、信息化项目组、工程验收组。同时，制订了《基建工程管理制度》、《基建工程质量管理制度》、《技经工作管理制度》、《建设工程验收管理制度》、《档案管理制度》、《物质招标采购管理制度》等涉及基建工程管理方面的制度共计 18 项，制定了设备和工程招标、设计变更、工程委托、费用审批、合同审批、档案移交等工程管理工作流程共计 15 项。

3. 实施单位的选择

通过招标选取了沈阳设计院、中煤建安、中铁十六局、中铁十九局、中水十四局、内蒙送变电等公司，分别作为项目设计和施工的主要参建单位。设备供应商也是在同行业内水平领先者中择优招标，在源头上为工程建设和创优奠定基础，同时在施工中充分发挥这些施工队伍充足的劳动力和施工机械作保障的优势，使工程建设进度做到可控。

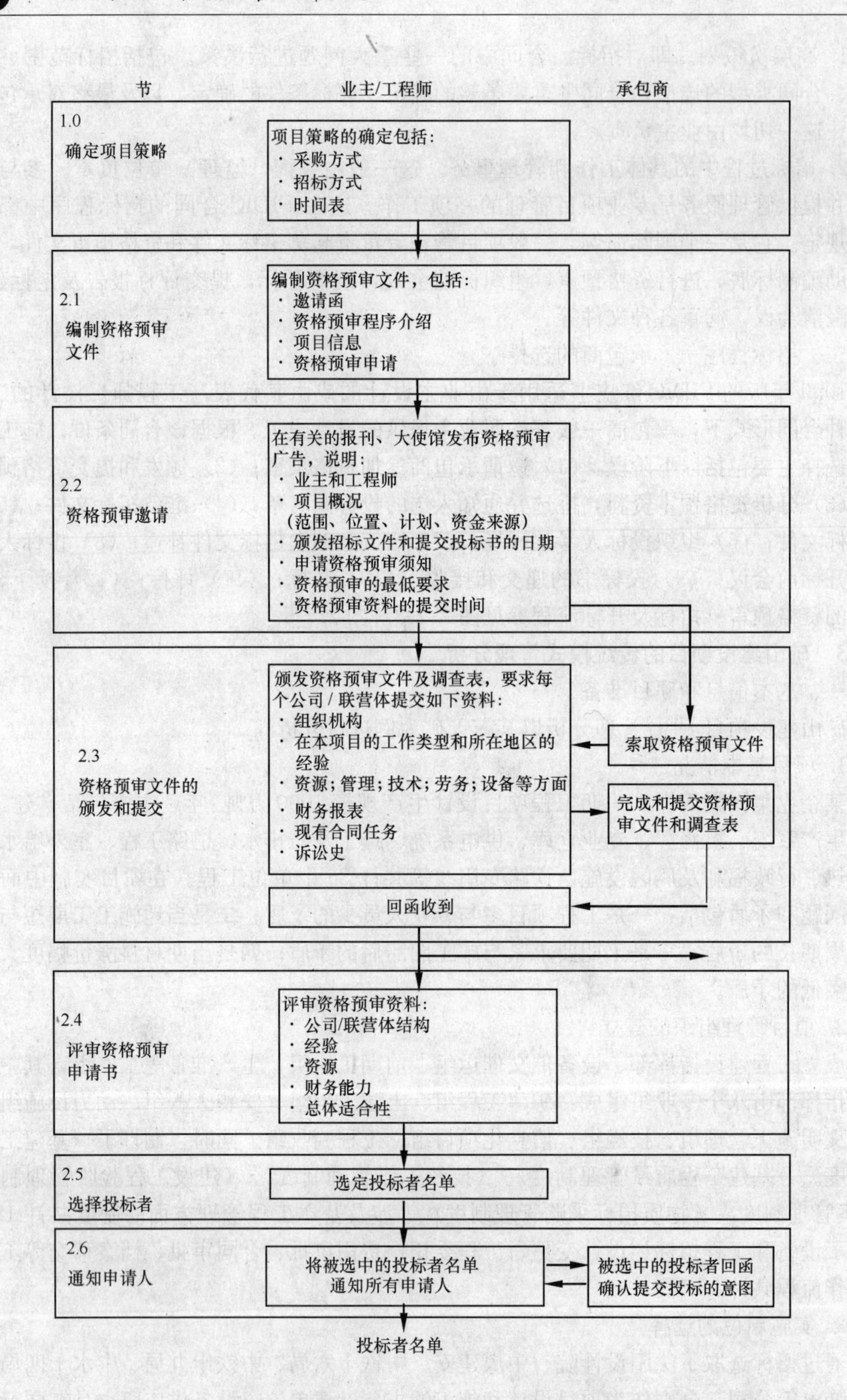


图 2.2-3　推荐使用的投标者资格预审程序

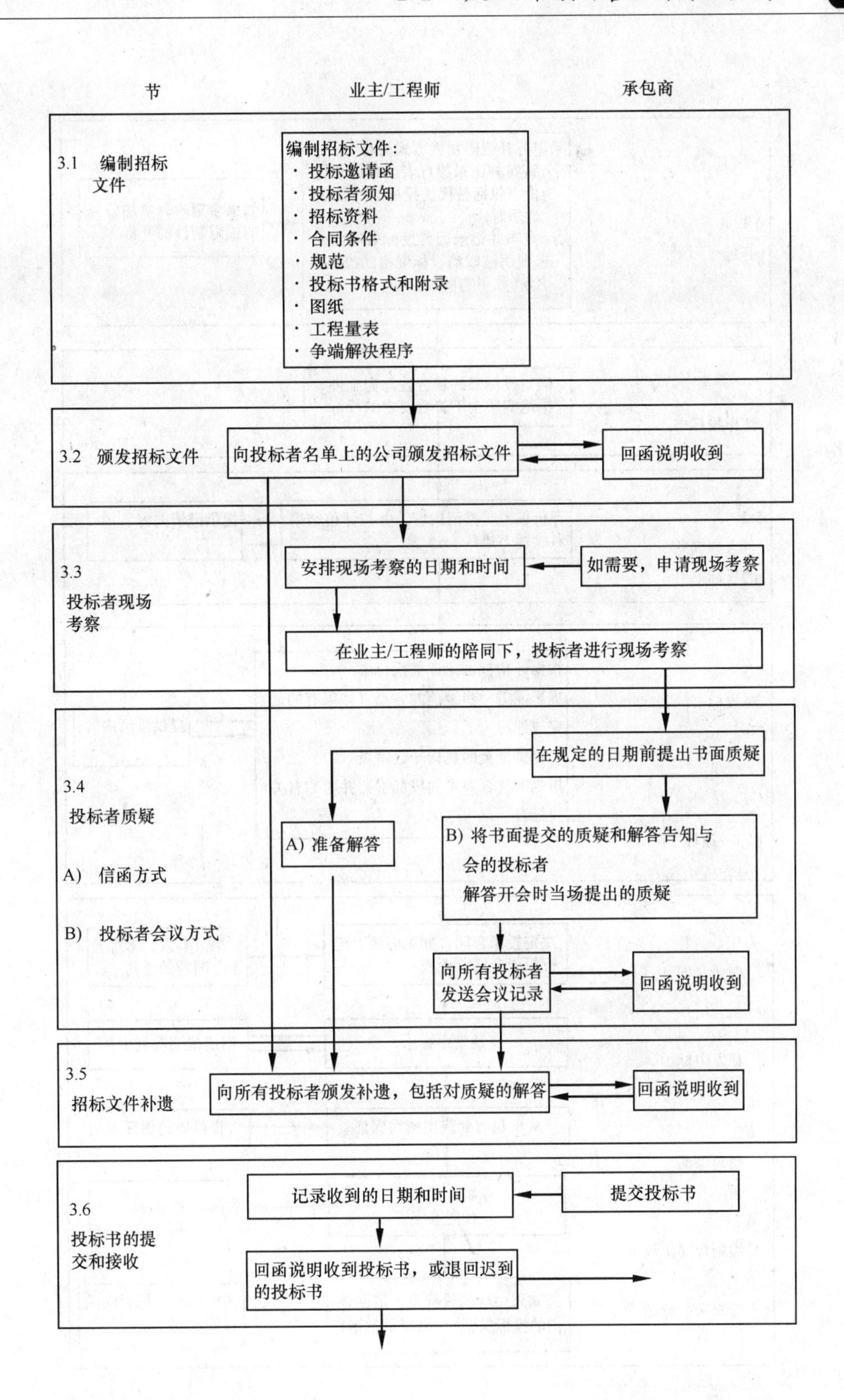


图 2.2-4　推荐的招标程序

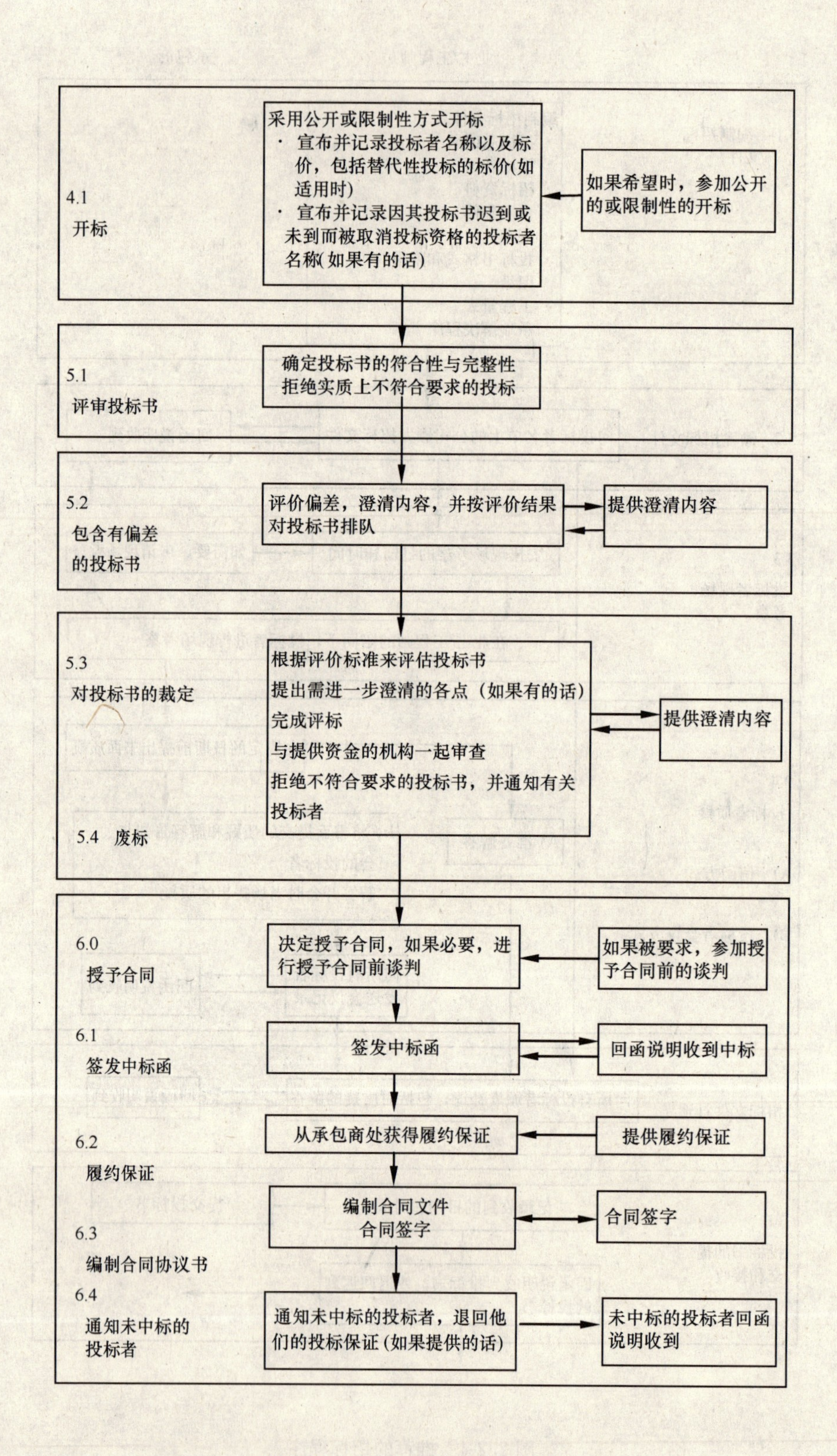


图 2.2-5　推荐的开标和评审程序

二、实施管理

1. 优化设计方案

深入对国内类似矿山进行管理、设备、开采工艺、生产经营情况、组织机构、人员配置等方面的考察调研，吸取经验教训。同时针对可研报告与相关设备厂家进行了百余次的技术交流，对同类设备的不同厂家和用户都进行调研，对设计的每个环节安排专题进行论证，设计方案按照“立足长远，满足当前，功能完善，适应性强”的原则进行了设计，安排专人到设计单位催交施工图纸，深入各专业设计所，与专业技术人员一起协商、讨论，现场确定技术方案和招标方案，对设计中出现的问题及时与设计项目经理沟通。

2. 施工准备

要统筹考虑、全面准备所有工程项目，注重细节安排，着力抢先运作。在工程项目建设准备中，快速办理施工前期手续，超前落实进度计划，从严落实管理措施，科学制定检查标准，优化落实施工方案，保证了快速进入工程建设状态。充分发挥各专业技术人员的工作主动性，在施工图纸未到位前，就准备了招标文件；在工程招标结束后，就完成了施工合同准备，尽可能加快各环节工作步伐，为工程建设赢得时间。

3. 施工过程管理

图纸会审环节作为工程质量控制源头，严格实行建设、施工、监理单位初审，然后建设、设计、施工、监理单位四方会审，认真进行设计交底，对于设计缺陷，由设计单位工地代表及时协调解决，从根本上把好工程的源头问题。工程管理每周坚持“四查”，即：查现场管理、查工程进度、查工程质量、查安全管理；每月坚持开好“四个会”，即：工程周例会、工程协调会、工程进度分析会、质量专题会，及时协调解决工程中存在的问题，保证节点工期，解决影响进度和质量的瓶颈问题。所选设备在专人驻厂监造的基础上，进场验收时由工程项目经理、甲方代表会同监理单位、施工单位、质量监督站严格进行把关，对存在问题限期处理，避免了“带病设备”进入安装环节。在原材料进厂验收严格执行抽样送检的规定，对于关键构建及材料实行异地检验，不合格的产品立即清退出场。在各种设备及材料的各种证照、证明严格按照档案管理资料归档要求进行核实。

## 2.3 矿业工程项目管理的一体化模式

### 2.3.1 项目管理一体化模式的类型及其特点

一、工程项目管理的一体化模式

1. 工程项目管理的一体化模式类型

工程项目管理的一体化模式主要是指工程总承包，即从事工程总承包的企业受业主委托，按照合同约定对工程项目的勘查、设计、采购、施工（竣工运行）实行全过程或若干阶段的承包。

根据工程项目的业主要求和融资需要，工程项目管理的一体化模式可以采用如下具体方式：设计采购施工（Engeering-Procurment-Construction，简称 EPC）/交钥匙总承包（Lump Sum Turn Key ，简称 LSTK）；设计-施工总承包（Design-Build，简称 D-B）；设计-采购总承包（Engeering-Procurment，简称 E-P）、采购-施工总承包（Procurment-Construction，简称 P-C）等方式。对于涉及融资和后期运营的全过程项目承包方式，即 BOT（Build-Operation-Transfer）及其变形，如 BTO（Build-Transfer-Own）、BOO

(Build-Own-Operate)、BOOST（Build-Own-Operate-Subsidy-Transfer）和 BLT（Build-Lease-Transfer）等模式，在工程建设阶段应按照 EPC 项目进行管理。根据项目建设程序的阶段划分，不同类型的工程总承包方式所涉及的工作内容如图 2.3-1 所示。

| 工程总承包分类 | 工程项目建设程序 | | | | | | |
|---|---|---|---|---|---|---|---|
| | 项目决策 | 方案设计 | 扩大设计 | 施工图设计 | 设备材料采购 | 施工 | 试运行 |
| 交钥匙总承包(Turnkey) | — | — | — | — | — | — | — |
| 设计采购施工总承包(EPC) | | — | — | — | — | — | — |
| 设计—施工总承包(DB) | | | | — | — | — | |
| 设计—采购总承包(EP) | | — | — | — | — | | |
| 采购—施工总承包(PC) | | | | | — | — | |

图 2.3-1 工程总承包方式所涉及的工作内容

2. EPC 管理模式的内容

工程项目管理的一体化模式最完备的形式是“设计—采购—施工（EPC）”即交钥匙总承包。在该模式下，工程总承包企业按照合同规定，承担工程的设计、采购、施工、试运行服务等工作，并对承包工程的质量、安全、工期、造价全面负责，最终是向业主提交一个满足使用功能、具备使用条件的工程。工程总承包企业按照合同约定对工程的质量、工期、造价等承担全部责任，他负责整个工程的管理。总承包商可以自己完成或部分完成工程的设计、土建施工、安装工程施工、装饰工程施工和供应。也可以将它们中部分工作发包给具有相应资质的分包商。其合同关系和运作过程大致为（见图 2.3-2）。

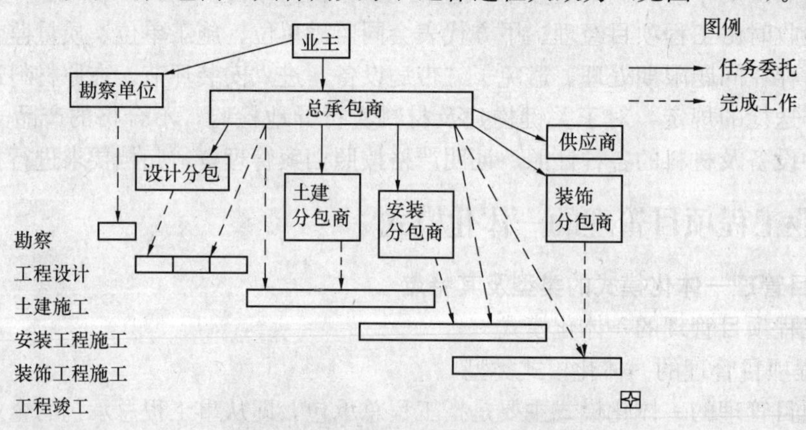


图 2.3-2 完备工程总承包模式实施过程

二、工程项目管理一体化管理模式的主要特点

1. 通过一体化模式可以减少业主面对的承包商的数量，这给业主带来很大的方便。业主事务性管理工作较少，例如仅需要一次招标。在工程中业主责任较小，主要提出工程的总体要求（如工程的功能要求、设计标准、材料标准的说明），作宏观控制，验收结果，一般不干涉承包商的工程实施过程和项目管理工作，所以合同争执和索赔很少。

2. 这使得承包商能将整个项目管理形成一个统一的系统，避免多头领导，降低管理费用；方便协调和控制，减少大量的重复的管理工作，减少花费，使得信息沟通方便、快捷、不失真；它有利于施工现场的管理，减少中间检查、交接环节和手续，避免由此引起的工程拖延，从而工期（招标投标和建设期）大大缩短。

3. 项目的责任体系是完备的。无论是设计与施工，与供应之间的互相干扰，还是不同专业之间的干扰，都由总承包商负责，业主不承担任何责任，所以争执较少，索赔较少。所以一体化模式对双方都有利，工程整体效益高。目前这种承包方式在国际上受到普遍欢迎。国际上有人建议，对大型工业建设项目，业主应尽量减少他所面对的现场承包商的数目（当然，最少是一个，即采用全包方式）。

4. 在一体化模式中业主必须加强对承包商的宏观控制，选择资信好、实力强、适应全方位工作的承包商。承包商不仅需要具备各专业工程施工力量，而且需要很强的设计能力，管理能力，供应能力，甚至很强的项目策划能力和融资能力。据统计，在国际工程中，国际上最大的承包商所承接的工程项目大多数都是采用全包形式。

由于一体化模式对承包商的要求很高，对业主来说，承包商资信风险很大。业主可以让几个承包商联营投标，通过法律规定联营成员之间的连带责任“抓住”联营各方。这在国际上一些大型的和特大型的工程中是十分常见。

### 2.3.2 项目管理一体化模式的实施方式

一、一体化模式实施方式的选择和分析

（一）实施方式选择的基本依据

工程项目管理的一体化模式的实施包括两个方面：一是实施主体，及工程总承包的主体是什么性质的企业，这包括独家公司的工程总承包、以设计单位为主体的工程总承包、以施工单位为主体的工程总承包、设计施工联合体的工程总承包以及以开发商为主体的工程总承包（如BOT形式）五种基本方式；二是服务范围，即工程总承包商在项目的哪一阶段介入，存在立项时直接介入、业主制定好设计需求后再介入、业主制定好初步设计方案后再介入以及其他变化形式。

但在实际工程招标中，业主和招标机构不可能因为投标主体组织形式的不同而拒绝或偏向选择某一投标单位，而只能在资格预审阶段对投标主体的总承包经验、资质等级和担保等进行审查。因此，在探讨工程总承包不同实施方式的适用范围时，仅涉及服务范围角度的工程项目管理一体化模式。

（二）不同实施方式的主要特点

1. 立项阶段介入

这种类型的总承包方式是承包商在项目的启动立项阶段就与业主一起，共同解决项目启动面临的两个基本问题，即提出问题和解决方案。前者包括需求大纲、设计规范、初步进度和预算等，后者包括响应项目需求的技术方案、详细估算、全面的设计和施工进度计划等。

在招投标制度的价格优先导向下，立项介入的工程总承包类型比较适合简单的、工程造价较低且容易确定出工程的投资、隐蔽工程很少、地质条件不复杂的项目。对工程复杂的项目，用这种承包类型对双方的风险都很大，对业主来讲，不能全面深刻的认识自己投资的项目，也不能确定项目投资额和项目的建设方案；对承包商来讲，每个承包商都要进行地质勘察、方案设计评估、并做进一步的设计方能确定工程造价以进行投标，这样承包商承担的风险太大，投入很多精力和资金也可能投标失败，承包商也就不会有积极性进行投标。

在其他项目采购方式下，如直接委托、基于质量的评选（Quality-Based Selection，QBS）、固定预算下的最优设计评选（Selection under a Fixed Budget，FBS）以及基于质量和费用的最佳价值评选（Quality-and Cost-Based Selection，QCBS）等，此类立项介入的工程总承包反而更适合复杂和难度较高的工程项目，业主通过资格预审公告或者邀标公告发布项目说明及需求大纲，工程总承包商在入选后可以与业主一起共同做出“需要建什么”的决定，以假设的数据来模拟项目的设计、施工和使用状况，并围绕工程的质量、成本等核心问题进行充分的交流。

2. 业主制定好设计规范后再介入

这种项目总承包是业主的项目申请书经核准后，业主请社会中介机构的专业工程师编制需求大纲和设计规范，包括提出设计参数及性能要求，确定招标中所需的基本信息以便投标方响应并能编制成本预算。其中，业主需求大纲必须清晰而准确，设计规范应包含符合项目目标的特定性能要求和性能规范，这与传统的 DBB 模式或 CM 模式下业主与设计单位反复核对、协商的方式差别较大，但可以鼓励有兴趣的总承包商针对业主的要求提出优秀的设计方案和施工方案。

这种类型的总承包适用范围与立项阶段介入的总承包方式类似，在价格导向的竞争性投标制度下，易于确定投资的、不复杂的工程容易吸引承包商投标，在其他项目采购方式下，承包商与业主可以一起寻找复杂项目的工程解决方案。另一方面，其适用范围也取决于业主需求大纲和设计规范的详细程度，无论项目是否复杂，只要业主需求和设计规范足够详细，这种模式的工程总承包仍然是可行的。

3. 业主制定好初步设计方案后再介入

这种类型的工程总承包是业主获得项目核准后，进行详细的可行性研究，再进一步的做完项目的初步设计，并由业主组织人员编制完标书进行招标。初步设计方案是由业主及其设计顾问完成，包括项目信息的收集、需求大纲的确定以及设计要求的初步表述。工程总承包商的设计团队在业主初步设计方案的基础上完成最终的设计方案，并成为设计的责任单位。

这种工程总承包类型适合中、低复杂程度的项目，尤其是重复性和行业技术标准比较完善的项目，业主的设计师能够快速准确的完成初步设计概念性方案，有兴趣的工程总承包商则能清楚的理解业主的初步设计意图，并能在完成方案优化的基础上提出合理的报价。此外，对于不熟悉工程总承包方式的业主单位，采用此类模式也易于实现从传统的 DBB 向总承包下的角色转换。当业主单位在对总承包的概念和特点理解成熟以后，认识到给予总承包商设计方面的灵活性越大，项目的增值也会越大，会逐渐倾向于采用上述的①和②的工程总承包类型。

4. 业主完成设计方案后再介入

这种承包类型是在业主完成设计方案、解决了重大技术问题的情况下，承包商只是在此基础上进行施工图设计，而后进行施工。一方面，这种类型的项目总承包限制了承包商的技术发挥，业主要花很长时间准备初步设计和技术设计，影响了建设总工期。另一方面，由于已经完成了大量的设计工作，在承包商与设计方进行设计工作交接时，业主需要保证移交给承包商的设计文件的完整性。因此，尽管国内有研究人员也将这类承包归于工程总承包类型，但它更类似与传统的DBB模式下的施工总承包，与追求单一责任思想的设计施工一体化总承包相去甚远。此类承包类型仍应当归于传统的DBB模式，不应当与真正意义的工程总承包混为一谈。

二、实施一体化管理模式的基本要求

无论何时介入，工程项目管理的一体化模式的成功实施需依赖于以下主要途径：

1. 总承包模式下的单一责任制：在承包商责任明确和唯一的情况下，一旦工程出现质量问题，就要承担全部工作责任，不存在推卸责任的余地，承包商应当更会注意工程的质量。

2. 竞争性招标：在多家承包商竞争的情况下，承包商虚高投标价格，只会降低其中标的机会。相反，承包商应当更谨慎的选择性价比高的技术方案和投标报价。

3. 业主方的施工管理：无论何种承发包模式，业主是整个工程建设的总组织者，业主方的项目管理始终是工程管理的核心。在总承包模式下，业主方的施工管理不再是监督承包商是否按图施工，而是确保总包商的设计和施工方案符合业主需求和项目性能指标。

4. 可建造性：可建造性是“在工程的规划、设计、采购、现场操作中最优地利用施工知识和经验以达到项目的整体目标”（美国建筑业协会），总承包模式更适合承包商把其施工知识和经验整合到设计过程中以降低工程成本、缩短工程建设周期。

### 2.3.3 项目管理一体化模式的主要合同结构形式

在一体化模式下，由于总承包商承担的角色不同，EPC、LSTK、DB、EP、PC等工程总承包基本形式又存在诸多的变化，根据住建部对美国和加拿大等国工程总承包方式的考察，一体化模式下在具体工程实践中存在如下具体合同结构形式：

1. 设计采购施工总承包（EPC-Engineering、Procurement、Construction）

EPC总承包是指承包商负责工程项目的设计、采购、施工安装全过程的总承包，并负责试运行服务（由业主进行试运行）。EPC总承包又可分为两种类型：EPC（max s/c）和EPC（self-perform construction）。

EPC（max s/c）是EPC总承包商最大限度的选择分承包商来协助完成工程项目，通常采用分包的形式将施工分包给分承包商。其合同结构形式如图2.3-3所示。

EPC（self-perform construction）是EPC总承包商除选择分承包商完成少量工作外，自己要承担工程的设计、采购和施工任务。其合同结构形式如图2.3-4所示。

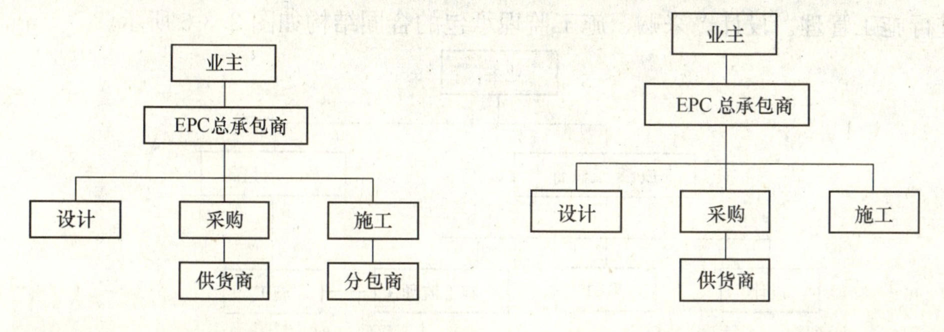


图2.3-3 EPC（max s/c）合同结构　　图2.3-4 EPC（self-perform construction）合同结构

2. 交钥匙总承包（LSTK-Lump Sum Turn Key）

交钥匙总承包是指承包商负责工程项目的设计、采购、施工安装和试运行服务全过程，向业主交付具备使用条件的工程。交钥匙总承包也可分为两种类型，其一是总承包商选择分承包商分包施工等工作；其二是总承包商自行承担全部工作，除少数必须分包的内容外，一般不进行分包。交钥匙总承包的合同关结构与EPC工程总承包的合同结构是相同的。

3. 设计、采购、施工管理承包（EPCm -Engineering、Procurement、Construction management）

设计、采购、施工管理承包是指承包商负责工程项目的设计和采购，并负责施工管理。施工承包商与业主签订承包合同，但接受设计、采购、施工管理承包商的管理。设计、采购、施工管理承包商对工程的进度和质量全面负责。设计、采购、施工管理承包的合同结构如图2.3-5所示。

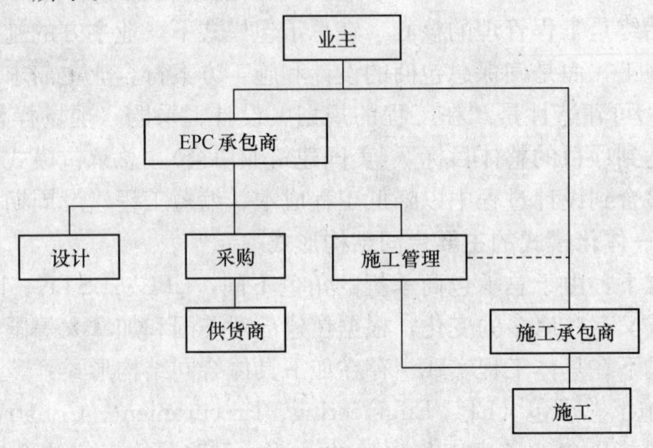


图2.3-5　EPCm的合同结构

4. 设计、采购、施工监理承包（EPCs -Engineering、Procurement、Construction superintendence）

设计、采购、施工监理承包是指承包商负责工程项目的设计和采购，并监督施工承包商按照设计要求的标准、操作规程等进行施工，并满足进度要求，同时负责物资的管理和试车服务。施工监理费不含在承包价中，按实际工时计取。业主与施工承包商签订承包合同，并进行施工管理。设计、采购、施工监理承包的合同结构如图2.3-6所示。

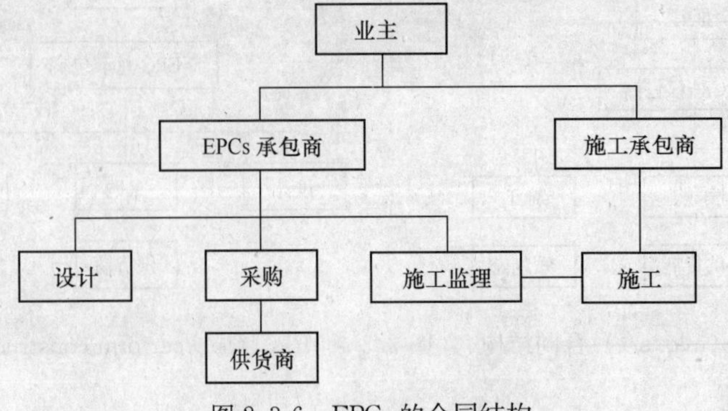


图2.3-6　EPCs的合同结构

5. 设计、采购承包和施工咨询（EPCa-Engineering、Procurement、Construction advisory）

设计、采购承包和施工咨询是指承包商负责工程项目的设计和采购，并在施工阶段向业主提供咨询服务。施工咨询费不含在承包价中，按实际工时计取。业主与施工承包商签订承包合同，并进行施工管理。设计、采购、施工监理承包的合同结构如图 2.3-7 所示。

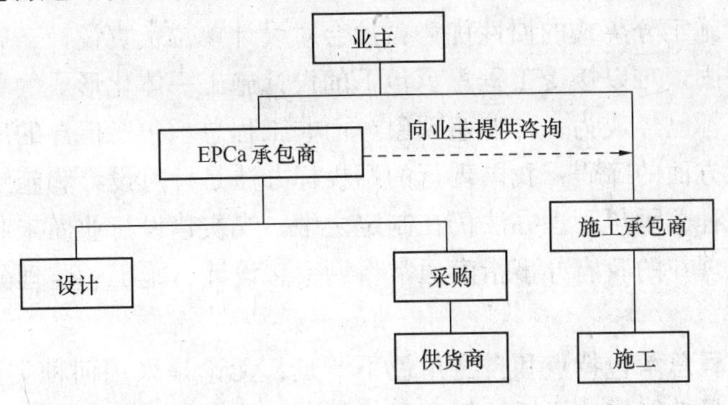


图 2.3-7 EPCa 的合同结构

6. 设计、采购承包（EP-Engineering、Procurement）

设计、采购承包是指承包商对工程的设计和采购进行承包，施工则由其他承包商负责。其合同结构如图 2.3-8 所示。

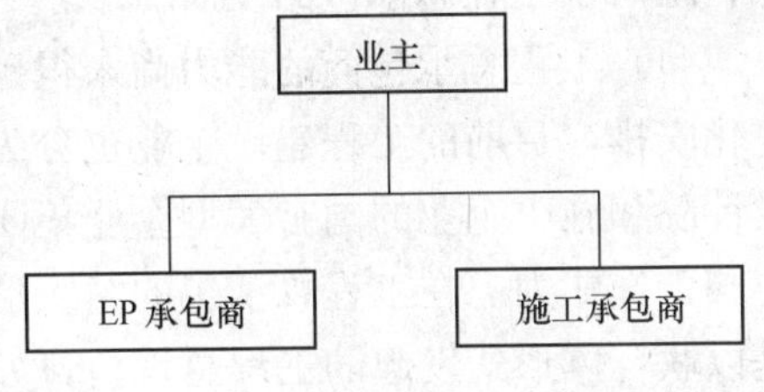


图 2.3-8 EP 的合同结构

### 2.3.4 一体化模式在矿业工程的应用

矿业工程的工程总承包从 1989 年开始起步，目前正处于高速发展阶段，其中煤炭行业营业收入总额由 2003 年的 9.39 亿元，增长到 2008 年的 54.44 亿元，增长了 5.8 倍，完成的工程总承包收入 2008 年到达 20.78 亿元，完成的工程总承包合同额 26.89 亿元。

矿业工程项目具备的地质条件复杂、项目周期长、投资额较大、工艺要求较高以及行业技术标准相对成熟的特点，一体化模式在矿业工程项目建设上有着其他项目承发包方式不可比拟的优势：

（1）矿业工程项目能较好地使用项目性能指标和行业技术标准描述工程的规模要求，如矿井生产能力、服务年限、生产工作区数、生产工作面数、采煤方法、吨煤耗电量、吨煤耗水量、选煤年耗电量、原煤成本、瓦斯抽采与综合利用率、矸石综合利用率、矿井水回用率、废气（废水、固体废弃物、粉尘）排放量以及原煤入选率等等，都可以用行业内通用的客观性能指标进行描述，其结果可以有适当的测试方法进行检验，工程总承包模式可以给予总承包商以较大的空间设计和编制经济高效的解决方案；

（2）矿业工程项目地质条件复杂，在设计和计划阶段面临较多的不可预见因素，造成施工过程中较易出现大量设计变更。要想在设计阶段尽量减少这些不利因素，施工单位就必须真正参与到设计过程中去，工程总承包设计施工一体化的安排，可以发挥可建造性技术以最大程度的减少传统设计施工分离的状态，对工程施工过程中可能出现的诸多复杂因素在设计阶段给予充分考虑，并能够在确保不增加成本的情况下提出设计解决方案。

（3）矿业工程项目工期长、投资额大，工程总承包可以兼具CM方式的快速路径优点，并在单一责任的前提下最大程度的发挥内部协调作用，缩短项目建设周期，提高建设单位资金的价值。同时，业主也能够尽早的预知项目建设成本，并要求总承包商在预算价格内遵循业主的项目需求和设计规范，进行多种设计方案和实施方案的价值比选。

但是，在矿业工程建设领域推行工程总承包模式，尚存在以下困难和问题：

（1）传统设计施工分离式的惯性优势：社会对设计单位负责设计、施工单位负责施工的印象已经根深蒂固，难以接受工程总承包下的设计施工一体化形成的单一责任。且市场竞争形成的低价中标已经成为一种普遍现象，而非工程总承包所倡导的质量和价值优先。

（2）法律法规方面的障碍：我国现行的招投标办法是针对设计和施工分离的做法，房屋和市政建设的工程总承包管理办法仍在制定之中，煤炭建设行业尚未制定工程总承包的招投标管理办法；现在的政府办事指南通常将勘察、设计、施工、监理分开规定，不适用于工程总承包。

（3）业主对工程总承包特点和自身角色不清楚：无论是采用何种类型的工程总承包，都需要业主能对项目功能描述招标的特点和过程有着清晰地理解，需要业主从传统建设过程中的命令与控制角色，转换到总承包模式下对项目要求的预先确认、工程质量指标的合同要求，但此方面业主的认识与理解分歧、招标文件的内容不完整、项目范围界定不清楚，往往造成项目实施过程中的扯皮现象，如此循环，业主对工程总承包模式的认可度降低，阻碍了工程总承包的发展。

（4）工程总承包商的能力尚未得到市场的认可：由于我国计划体制下设计和施工的专业化安排，目前的工程建设企业也分为设计院和施工企业两大类型，即使是内部同时拥有设计院和施工企业的国有大型企业集团，相互之间也是较为独立，难以形成总承包要求的协同工作能力。在工程总承包的组织形式中，无论是以设计企业主导、以施工企业主导还是以联合体形式发起的工程总承包，如果设计和施工之间缺少有效的协调和沟通，工程建设的效果不会和传统的施工总承包下有多大区别，工程总承包的目的和优点将难以实现。

目前，我国正在大力推行工程总承包，住房和城乡建设部于2003年颁布了“关于培育发展工程总承包和工程项目管理企业的指导意见”（建设［2003］30号），逐步推进我国的工程总承包的发展。2005年，建设部作为主编部门，中国勘察设计协会建设项目管理和工程总承包分会（以下简称总承包分会）为主编单位，组织了23个单位编制了《建设项目工程总承包管理规范》（以下简称《规范》）。建设部于2005年5月9日颁发了第325号公告，批准该《规范》为国家标准，编号为GB/T 50358—2005。《规范》的内容有16章，包括：总则，术语，工程总承包管理的内容与程序，工程总承包管理的组织，项目的策划，项目设计管理，项目采购管理，项目施工管理，项目试运行管理，项目进度管理，项目质量管理，项目费用管理，项目安全、职业健康与环境管理，项目资源管理，项目沟通与信息管理，项目合同管理等。2007年，受住房和城乡建设部建筑市场监督司的委托，由中国勘察设计协会项目管理和工程总承包分会、中国石油和化工勘察设计协会组织专家开始编制《工程总承包合同示范文本》（简称《示范文本》），2009年，住房和城乡建设部和国家工商行政管理总局开始就《示范文本》向社会各界征求意见，目前即将颁布。这是我国由政府部门组织编制的第一部适用于国内工程总承包项目的合同示范文本。

## 2.4 矿业工程项目管理的设计施工协调模式

### 2.4.1 项目管理的设计施工协调模式的类型及其特点

设计施工协调模式是指项目管理型承包模式，具体又分为项目管理承包（Project Management Contracting，PMC）型、项目管理（Project Management ，PM）型、施工管理模式（Construction Management Approach，以下简称 CM 模式）和设计管理模式（Design Management Approach，以下简称 DM 模式）等方式。此外，在我国政府投资项目建设中，所推行的代建制也是设计施工协调模式的一种方式。

1. PMC 项目管理模式

PMC 项目管理模式是指工程项目管理企业按照合同约定，除完成项目管理服务（PM）的全部工作内容外，还可以负责完成合同约定的工程初步设计（基础工程设计）等工作。对于需要完成工程初步设计（基础工程设计）工作的工程项目管理企业，应当具有相应的工程设计资质。项目管理承包企业一般应当按照合同约定承担一定的管理风险和经济责任。在这种模式下，管理承包商须与业主签订合同，并与业主的专业咨询顾问（如建筑师、工程师、测量师等）进行密切合作，对工程进行计划、管理、协调和控制。由各施工承包商具体负责工程的实施，包括施工、设备采购以及对分包商的管理。施工承包商一般只与管理承包商签订合同，而不和业主签订合同，管理承包商可采用阶段发包方式选择施工承包商，但选定的施工承包商须经业主的同意。PMC 项目管理承包模式如图 2.4-1 所示。

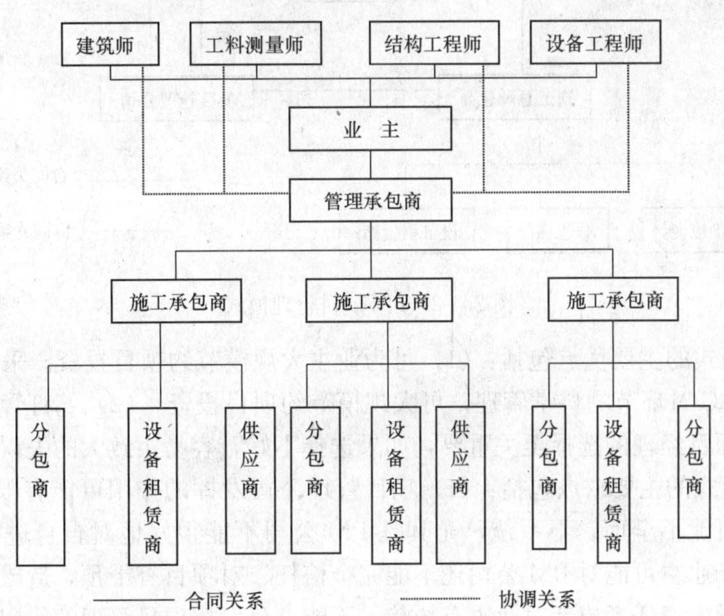


图 2.4-1 PMC 项目管理承包模式

PMC 项目管理模式的优点主要包括：（1）可充分发挥管理承包商在项目管理方面的专业技能，为业主统一协调和管理项目的设计与施工，减少矛盾。（2）管理承包商负责管理整个施工前的阶段和施工阶段，因此有利于减少设计变更。（3）可方便的采用阶段发包，有利于缩短工期。（4）一般管理承包商承担的风险较小，有利于激励其在项目管理中的积极性和主观能动性，充分发挥其专业特长，为业主管好项目。

PMC项目管理模式的缺点主要是：（1）业主与承包商没有合同关系，因而控制施工难度较大。（2）管理承包商与设计单位之间的目标差异可能影响相互之间的协调关系。（3）与传统模式相比，增加了一个管理层，增加了一笔管理费，但如果找到高水平的管理承包商，则可以从管理中获得效益。（4）由于项目的造价、质量和进度控制过度依赖管理承包商，如果管理承包商水平不高责任心不强，容易出现责任争端。

2. PM项目管理模式

PM项目管理模式是指工程项目管理企业按照合同约定，在工程项目决策阶段，为业主编制可行性研究报告，进行可行性分析和项目策划；在工程项目实施阶段，为业主提供招标代理、设计管理、采购管理、施工管理和试运行（竣工验收）等服务，代表业主对工程项目进行质量、安全、进度、费用、合同、信息等管理和控制。工程项目管理企业一般应按照合同约定承担相应的管理责任。PM模式虽然与PMC模式类似，但是项目管理公司不与承包商订立合同，而只是管理协调关系。在实践中PM管理模式会有一些变通。业主可以将项目某阶段的工作委托PM管理，也可以将几个阶段中的部分工作委托PM管理。PM项目管理模式的典型组织形式如图2.4-2所示。

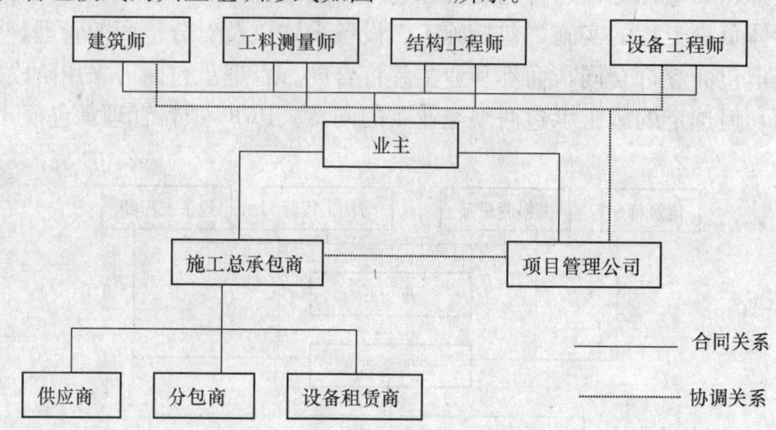


图2.4-2 PM项目管理模式

PM管理模式的主要优点包括：（1）可为业主大规模节约项目投资。采用PM模式的项目，通过PMC对环节的科学管理，可大规模节约项目投资。（2）签订管理合同内容比较灵活。（3）项目经理的选择至关重要，如果选择不好，容易招致大的失误。

PM管理模式的主要缺点包括：（1）项目管理公司发挥的作用可能有限。PM合同双方对职责认识可能不全面、不系统，尤其是PM公司不能很好地对自身进行定位的情况下。一方面由于业主可能对PM公司还不能完全信任、对项目有干预，造成PM公司在处理问题时不敢承担责任，或者对业主有依赖，不能充分发挥项目管理的作用，同时也不利于项目管理的发展。（2）可能产生管理问题。PM公司与项目其他参与者（监理、总包等）的关系缺乏清晰的定义，在具体操作时由于管理职能交叉，容易产生许多扯皮、混乱现象，造成PM公司对项目管理产生问题。（3）缺乏行业自律标准。中国项目管理的行业自律逐渐形成，尚未建立PM公司的职业标准、职业道德标准、行为标准，造成对PM公司的评价缺乏依据。（4）缺乏高级项目管理人才。从目前情况看，PM公司的人员素质、管理经验还不很成熟，尤其缺乏综合性的高级项目管理人才，不利于项目管理的快速成长。

3. CM模式

CM模式最先在美国产生，是在国外较为流行的一种合同管理模式。这种模式采用的是“边设计、边发包、边施工”的阶段性发包方式，与设计图纸全部完成之后才进行招标的传统的连续建设模式不同。其特点是：由业主委托的CM方式项目负责人与建筑师组成一个联合小组，共同负责组织和管理工程的规划、设计和施工。在项目的总体规划、布局和设计时，要考虑到控制项目的总投资，在主体设计方案确定后，完成一部分工程的设计，即对这一部分工程进行招标，发包给一家承包商施工，业主直接与承包商签订施工承包合同。

CM模式可以有多种方式，常用的有两种形式，即代理型CM模式和风险型CM模式，其组织形式如图2.4-3所示。在代理型CM模式下，CM经理是业主的咨询和代理，替业主管理项目，按照项目规模、服务范围和时间长短收取服务费，一般采用固定酬金加管理费。业主在各施工阶段和承包商签订工程施工合同在风险型CM模式下，CM经理在开发和设计阶段相当于业主的顾问，在施工阶段担任总承包商的角色，一般业主要求CM经理提出保证最高价格以保证业主的投资控制。如最后结算超过最高价格，由CM经理公司赔偿；如果低于最高价格，节约的投资归业主，但可约定给予CM经理公司一定比例的奖励性提成。

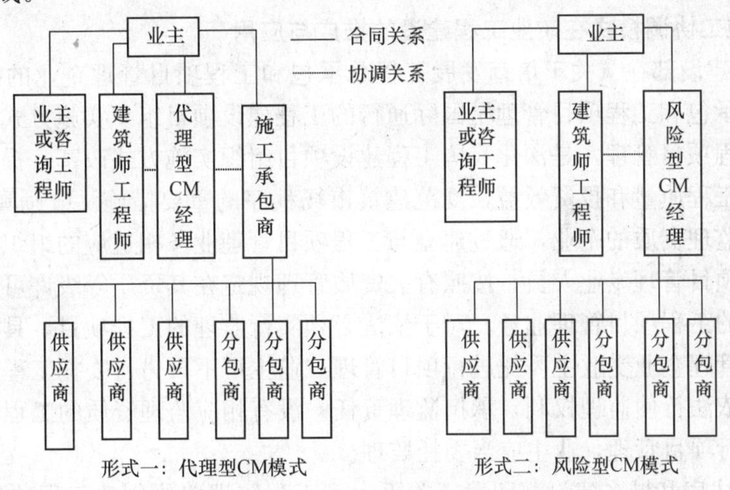


图2.4-3　CM模式的两种实现形式

4. DM模式

DM模式通常是指由同一实体向业主提出设计，并进行施工管理服务的工程项目的管理模式。业主只签订一份既包括设计也包括管理服务在内的合同，设计公司与管理机构为同一实体，此实体可以是设计机构与施工管理企业的联合体。

DM模式可以通过两种形式实施，见图2.4-4所示。形式一：业主与设计－管理公司和施工总承包商分别签订合同，由设计－管理公司负责设计并对项目实施进行管理；形式二：业主只与设计－管理公司签订合同，再由该公司分别与各个单独的分包商和供应商签订分包合同，由他们负责施工和供货。

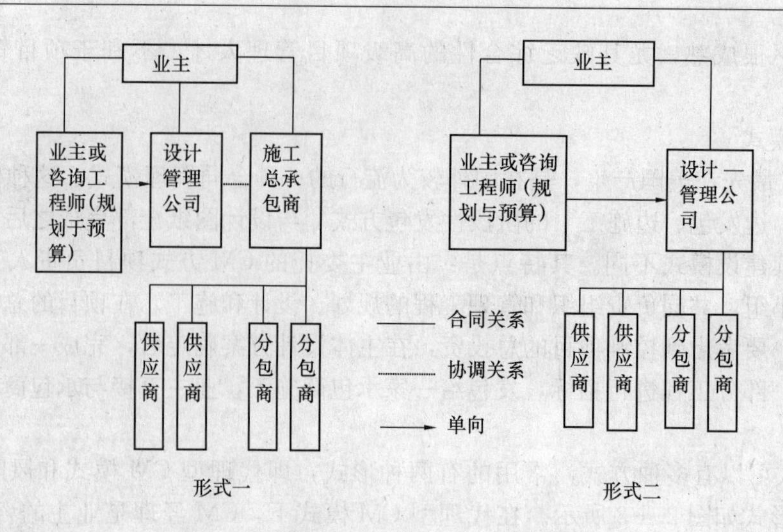


图 2.4-4　设计—管理模式的两种实现形式

DM 模式的优点主要是可对总承包商或分包商采用阶段发包方式以加快工程进度，同时设计一管理公司的设计能力相对较强，能充分发挥其在设计方面的长项。但是由于设计—管理公司往往对工程项目管理能力较差因此可能不善于管理施工承包商，特别是在形式二的情况下，要管理好众多的分包商和供应商，对设计一管理公司的项目管理能力提出了更高的要求。

### 2.4.2　设计施工协调模式在矿业工程建设的推广与应用

2003 年，建设部在《关于培育发展工程总承包和工程项目管理企业的指导意见》中指出，工程总承包和工程项目管理是国际通行的工程建设项目组织实施方式。积极推行工程总承包和工程项目管理，是深化我国工程建设项目组织实施方式改革，提高工程建设管理水平，保证工程质量和投资效益，规范建筑市场秩序的重要措施。鼓励具有工程勘察、设计、施工、监理资质的企业，通过建立与工程项目管理业务相适应的组织机构、项目管理体系，充实项目管理专业人员，按照有关资质管理规定在其资质等级许可的工程项目范围内开展相应的工程项目管理业务。对于依法必须实行监理的工程项目，具有相应监理资质的工程项目管理企业受业主委托进行项目管理，业主可不再另行委托工程监理，该工程项目管理企业依法行使监理权利，承担监理责任；没有相应监理资质的工程项目管理企业受业主委托进行项目管理，业主应当委托监理。

2008 年，住房和城乡建设部印发《关于大型工程监理单位创建工程项目管理企业的指导意见》，明确指出了工程项目管理企业的基本特征包括：

(1) 具有工程项目投资咨询、勘察设计管理、施工管理、工程监理、造价咨询和招标代理等方面能力，能够在工程项目决策阶段为业主编制项目建议书、可行性研究报告，在工程项目实施阶段为业主提供招标管理、勘察设计管理、采购管理、施工管理和试运行管理等服务，代表业主对工程项目的质量、安全、进度、费用、合同、信息、环境、风险等方面进行管理。根据合同约定，可以为业主提供全过程或分阶段项目管理服务。

(2) 具有与工程项目管理服务相适应的组织机构和管理体系，在企业的组织结构、专业设置、资质资格、管理制度和运行机制等方面满足开展工程项目管理服务的需要。

(3) 掌握先进、科学的项目管理技术和方法，拥有先进的工程项目管理软件，具有完善的项目管理程序、作业指导文件和基础数据库，能够实现工程项目的科学化、信息化和程序化管理。

（4）拥有配备齐全的专业技术人员和复合型管理人员构成的高素质人才队伍。配备与开展全过程工程项目管理服务相适应的注册监理工程师、注册造价工程师、一级注册建造师、一级注册建筑师、勘察设计注册工程师等各类执业人员和专业工程技术人员。

（5）具有良好的职业道德和社会责任感，遵守国家法律法规、标准规范，科学、诚信地开展项目管理服务。

中国煤炭建设协会一直致力于推动煤炭行业建设项目管理与工程总承包工作健康发展，不断提高工程建设管理水平，保证工程建设安全质量和投资效益，研究制定煤炭建设项目管理与工程总承包法规制度，规范煤炭建筑市场管理秩序，促进各建设、设计、施工、监理及项目管理等单位发挥各自优势，不断提高国内外市场竞争力。在 2009 年，煤炭建设协会组织完成了《煤炭工业建设工程监理与项目管理规范》，并开始向煤炭建设行业征求意见。在 2010 年 8 月，召开了“第一届煤炭行业建设项目管理与工程总承包交流研讨会”，讨论并启动了《煤炭建设项目管理暂行规定》的编制工作。

# 3 矿业工程技术

## 3.1 立井快速施工新技术

在立井开拓工程中，虽然井筒工程量仅占矿井总工程量的3.5%～5%，但其建设工期却占总工期的40%左右。井筒施工是全部开拓工程的起点，也是其重点和难点。随着矿井规模越来越大，加快立井施工速度已成为缩短矿井建设工期的关键，对于800m以上的深立井井筒，尤是如此。

20世纪80年代，全国煤炭行业基本建设活动中，立井平均施工速度仅为20～30m/月，1986～1996年的十年间，全国立井井筒只有23次突破百米大关。中煤第五建设公司自1990年摩洛哥杰拉达煤矿Ⅲ号井井筒（净径为$\phi$6.8m，井深为785.1m）施工开始，首次系统地运用立井机械化配套作业线，同年两次分别创出月成井106.4m和107.6m的好成绩；1996年又提出了“立井机械化快速施工的研究计划”，通过宣东二矿副井井筒的实践，自1997年9月～1998年2月创造了井筒基岩段施工连续6个月成井超百米，平均月成井118.8m，最高月成井146.0m，最高日成井7.2m的佳绩，创国内立井井筒快速施工新纪录，工程质量评为1998年度全国煤炭系统优质工程。通过十余年的工作，目前，国内立井机械化快速施工和深立井井筒冻结施工技术逐步形成了成熟的系统。

### 3.1.1 立井机械化快速施工新技术

立井机械化快速施工技术广泛适用于井筒净直径不小于$\phi$4.0m、最大可在$\phi$8.0m以上的各类矿井立井井筒施工，井筒越深或者净直径越大越能发挥性能。根据目前凿井设备能力，该技术满足1200m深的井筒施工。井筒涌水量要求小于$10m^3/h$，水量超过$10～20m^3/h$时应采取综合治水措施。

一、施工工艺与技术

（一）工艺原理

立井机械化快速施工技术工艺的核心部分就是“四大一深”，即提升选用凿井专用“大提升机”，配“大吊桶”；出矸选用“大抓岩机”；采用“伞钻深孔凿岩、光面爆破”；砌壁选用“大模板”。

（二）技术特点

1. 根据立井井筒直径、深度及地质条件合理配置机械化装备。

2. 施工各工序之间紧密衔接，保证正规循环作业。

3. 井筒开凿后立即进行永久支护，不进行临时支护。

4. 各工种实现专业化，“滚班制”作业，充分调动职工的主观能动性。

5. 充分发挥伞钻的凿岩能力，应用深孔爆破和大段高模板技术（掘砌段高可达4～5m）。

6. 采用部分新型高效施工设备，提高施工系统的可靠性和生产能力。

7. 改革原施工系统中诸如吊盘喇叭口进出吊桶的梯子、模板上口的移动式截水槽、伞钻打眼时的负压捕尘器等。

(三) 施工工艺

立井机械化快速施工的主要工序仍包括打眼、放炮、出渣、支护和清底等，每一循环时间一般为20～24h。具体施工工艺工艺流程见图3.1-1。

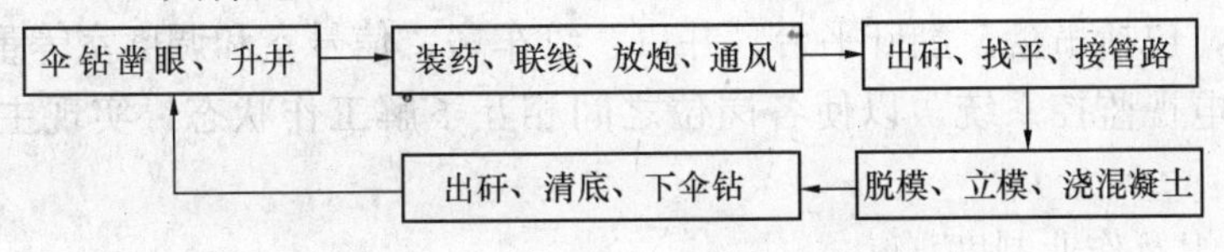


图3.1-1 施工工艺流程图

二、实施方法

(一) 操作要点

1. 最佳提升设备的配套

立井快速施工的基本前提条件之一，就是配备足够的提升能力来满足快速施工的需要。当井筒深度较深、直径较大时宜布置两套以上单钩提升。提升机选型应根据井筒直径、深度等综合确定，吊桶大小应与提升机相配套。

2. 最优打眼设备及爆破技术

立井施工速度与钻眼、爆破作业及其效果有直接联系，尤其对深立井施工。打眼宜优选伞形钻架，配YGZ-70型导轨式高频凿机凿岩。当井筒净直径为$\phi$5～$\phi$6m时，选用FJD-6型伞钻，当井筒净直径为$\phi$6.5～$\phi$8m（或更大）时宜选用FJD-6A型或FJD-9型伞钻较为有利。爆破采用深孔光面爆破，T220型高威力水胶炸药，反向连续式装药结构，5段毫秒延期电雷管分组并联连线方式。

3. 装、排矸设备的配套

立井快速施工的每一循环中，出矸时间往往占40%～50%，缩短出矸时间是实现快速施工的一个关键。目前国内立井快速施工出矸一般优选HZ-6型中心回转抓岩机，当井筒净直径不小于$\phi$6.5m时，应优先考虑两台中心回转抓岩机出矸。例如，在净直径$\phi$6.5m、井深700m施工中布置两台中心回转抓岩机，可使抓岩速度提高近一倍，小班出矸时间缩短2h左右，整个井筒的出矸时间就可节省450h。

4. 砌壁模板及下料工艺配套

模板性能好坏直接影响施工速度快慢及质量的好坏。目前，立井快速砌壁模板一般采用MJY型整体金属下行模板，该模板具有脱模能力强、刚度大、变形小、立模方便等优点，一般由3～4台稳车悬吊。模板直径根据井筒直径选型，段高一般为3～5m。砌壁混凝土一般由井口混凝土搅拌站提供，强制式搅拌机拌料，底卸式吊桶下料至吊盘，经分灰器入模，当井筒较浅时也可以用溜灰管下料。

5. 地面排矸能力与装岩、提升能力配套

地面排矸能力应以不影响装岩、提升来配置，一般采用落地矸石仓储矸，在浇灌混凝土时用1～2台自卸汽车及装载机集中排矸。

6. 提升、吊挂和信号系统

提升、吊挂和信号系统要安全、可靠，布置合理。提升机采用八大保护和后备保护系统，能自动保护。悬吊设备所用的凿井绞车（稳车）操控台安装在井口信号室，专人、集中控制，保证实现模板、吊盘等提升、下放的同步性。提升机、凿井绞车宜采用两面对称布置，以利于简化天轮平台的布置，同时均衡井架的受力状况。当采用永久井架凿井时，如井架天轮平台布置尺寸不够，则可采用多层布置方式，即模板、电缆等悬吊钢丝绳天轮可布置在翻矸平台上。井内风水管路采用井壁吊挂工艺，可加大井内空间，有利于使用大吊桶。井上下，包括吊盘、翻矸平台、井口、绞车房、信号室和调度室等重要场所设置探头、显示器等电视监控系统，以使各岗位之间相互了解工作状态，实现主观人为保护的目的。

7. 劳动组织及作业制度

采用立井机械化快速施工“四大一深”工艺时，宜将作业人员按打眼放炮、出矸找平、立模砌壁、出矸清底四道工序实行“滚班制”作业，改通常的按工时交接班为按工序交接班，并按照循环图表控制作业时间，保证正规循环作业。例如，采用立井机械化快速施工的正规循环作业时间一般仅 18h 左右，最短的仅 15h。

基岩段施工在册人员共计 170 人，劳动组织见表 3.1-1。

施工劳动组织情况表　　表 3.1-1

<table>
<tr><th rowspan="2">工　种</th><th colspan="3">施 工 阶 段</th></tr>
<tr><th>准备期</th><th>冻结段</th><th>基岩段</th></tr>
<tr><td>管理人员</td><td>5</td><td>13</td><td>13</td></tr>
<tr><td>后勤人员</td><td>10</td><td>16</td><td>16</td></tr>
<tr><td>土建工</td><td>30</td><td></td><td></td></tr>
<tr><td>机电工</td><td>16</td><td>16</td><td>16</td></tr>
<tr><td>搅拌工</td><td>6</td><td>4</td><td>4</td></tr>
<tr><td>司机</td><td>2</td><td>8</td><td>8</td></tr>
<tr><td>绞车司机</td><td></td><td>14</td><td>14（两台提升机）</td></tr>
<tr><td>井口把钩</td><td></td><td>15</td><td>15</td></tr>
<tr><td>井口信号</td><td></td><td>8</td><td>8</td></tr>
<tr><td rowspan="4">井　下</td><td rowspan="4"></td><td rowspan="2">掘进班 3×30</td><td>打眼放炮班 16</td></tr>
<tr><td>出矸找平班 18</td></tr>
<tr><td rowspan="2">砌壁班 1×25</td><td>立模浇筑班 22</td></tr>
<tr><td>出矸清底班 20</td></tr>
<tr><td>合　计</td><td>69</td><td>209</td><td>170</td></tr>
</table>

（二）材料与设备

根据上述各个环节相互匹配的要求，立井机械化快速施工主要配套设备选型见表 3.1-2。

立井机械化快速施工主要配套设备选型一览表　　表 3.1-2

| 工序 | 设备或设施型号 | 井筒净直径（m） | | 备注（√为优选） |
|---|---|---|---|---|
| | | ϕ5.0～6.0 | ϕ6.5～8.0 | |
| 凿岩 | SJZ5.5 配 YGZ-70 | √ | | 井径不大于 5m |
| | 伞钻 FJD6 | √ | | |
| | 伞钻 FJD6A | √ | √ | |
| | 伞钻 FJD9 | | √ | |
| 装岩 | 中心回转抓岩机 HZ-6 | √ | √ | |
| 吊桶 | 2～5m³ | √ | √ | 与提升机配套 |
| 翻矸 | 座钩式吊桶翻矸装置 | √ | √ | |
| 排矸 | 10t 自卸汽车 | √ | √ | |
| 砌壁 | 整体金属下行模板 | √ | √ | |
| 凿井绞车 | 2JK-3.6/15.5 | （作主提）√ | （作主提）√ | 深井　改绞 |
| | 2JK-3.5/20 | （作主提）√ | （作副提）√ | 改绞 |
| | 2JK-3.0/20 | （作副提）√ | | 浅井　改绞 |
| | JK-2.8/15.5 | （作主提）√ | （作主提）√ | |
| | JK-2.5/20 | （作副提）√ | （作副提）√ | |
| 凿井井架 | Ⅳ型金属凿井井架 | √ | | 浅井 |
| | Ⅳ$_G$ 型金属凿井井架 | √ | √ | |
| | Ⅴ型金属凿井井架 | | √ | |
| | 永久井架 | √ | √ | 业主方创造条件 |
| 悬吊设备 | 双层吊盘 | √ | √ | |
| | 三层吊盘 | √ | √ | 适用于卧泵排水 |
| 排水 | 吊泵或卧泵 | √ | √ | |
| 测量 | DJ2-1 型激光指向仪 | √ | √ | |
| | 碳素钢丝悬吊锤球法 | √ | √ | 简便适用 |
| 混凝土搅拌站 | 出料量大于 50m³/h | √ | √ | 电子自动计量配料 |
| 通信系统 | 井口电话交换机 | √ | √ | 井下抗噪声电话 |
| 信号装置 | KJX-SX-1 煤矿井筒专用 | √ | √ | 配电视监控 |
| 照明 | DGC175/127 隔爆投光灯 | √ | √ | |
| 通风机 | 2BKJ56. No6 | √ | √ | 浅井低瓦斯矿井 |
| | FBD-No9.6 FBD-No80 | √ | √ | |
| 压风机 | GA250 SA120A | √ | √ | |
| 供电系统 | 移动变电站、开闭锁 | √ | √ | |

三、工程实例

以下以中煤五建公司三处施工的实际例子介绍该项技术。

（一）实例一

1. 工程概况

滕东生建煤矿位于山东省滕州市鲍沟镇境内，矿井设计能力为45万吨/年，采用立井开拓方式，工厂内布置主、副两个井筒，井筒表土及基岩风化带采用冻结法施工。中煤第五建设公司三处承担副井井筒施工，其主要技术特征见表3.1-3。

副井井筒穿过的地层自上而下为第四系、侏罗系、二叠系（石盒子组、山西组）、部分石炭系（太原组）地层，岩石硬度系数为 $f=6$ 左右。井筒水文地质条件较为简单，基岩段累计涌水量为6.61$m^3$/h。

2. 施工方案及机械化装备

(1) 施工方案

副井采用立井机械化快速施工工法，短段掘砌、单行作业方式，配备两套单钩提升、伞钻凿岩、中心回转抓岩机装矸、底卸式吊桶下混凝土、整体金属下行模板砌壁。

**副井井筒主要技术特征表** **表3.1-3**

| 序号 | 项目 | 单位 | 数量 | 备注 |
|---|---|---|---|---|
| 1 | 井筒净直径 | m | ϕ6.00 | |
| 2 | 井口永久标高 | m | +56.0 | |
| 3 | 第四系深度 | m | 22.85 | |
| 4 | 基岩风化带深 | m | 35.85 | |
| 5 | 冻结段井壁深度 | m | 49.0 | 冻结深度58m |
| 6 | 冻结段井壁最大厚度 | m | 0.950 | |
| 7 | 基岩段井壁厚度 | m | 0.500 | 639m以上为素混凝土支护、639m以下为锚索+素混凝土支护 |
| 8 | 井筒深度 | m | 950.0 | |

(2) 井筒断面及施工设施布置

根据井筒净径和井深，布置两套单钩提升，选择最大吊桶组合为 4$m^3$ +3$m^3$，布置一台中心回转抓岩机，井筒内风水管路均采用井壁吊挂、从封口盘盘面以下入井。南北布置稳绞系统，稳车在井口集中控制；井口西侧为伞钻停放处，东侧布置混凝土搅拌站。井筒施工主要机械化配备见表3.1-4。

**井筒施工主要机械化配备表** **表3.1-4**

| 序号 | 设备名称 | | 型号规格 | 单位 | 数量 | 备注 |
|---|---|---|---|---|---|---|
| 1 | 提升 | 井架 | 永久井架 | 座 | 1 | |
| | | 绞车 | JKZ-2.8/15.5 | 台 | 1 | 主提，配4$m^3$吊桶 |
| | | 绞车 | 2JK-3.5/11.5 | 台 | 1 | 副提，配3$m^3$吊桶 |
| | | 吊桶 | 4/3/2.7$m^3$ | 个 | 2/2/1 | 4$m^3$、3$m^3$各一个备用 |
| | | 吊桶 | DX-2 | 个 | 3 | 一个备用 |

续表

| 序号 | 设备名称 | 型号规格 | 单位 | 数量 | 备注 |
|---|---|---|---|---|---|
| 2 | 稳车 | JZM-25/1000A | 台 | 4 | 吊盘 |
| | | $JZ_2$-16/800 | 台 | 9 | 抓岩机、稳绳、模板 |
| | | $JZ_{2A}$-5/800 | 台 | 1 | 安全梯 |
| | | $JZ_2$-10/600 | 台 | 1 | 放炮电缆 |
| 3 | 伞钻 | FJD-6A 配 YGZ-70 | 部 | 1 | 凿孔深度 4.4 m |
| 4 | 抓岩机 | HZ-6 型 | 台 | 1 | |
| 5 | 压风机 | GA250/SA120A | 台 | 2/1 | |
| 6 | 扇风机 | TFJ-9-25 | 台 | 2 | 一台备用 |
| 7 | 卧泵 | DC50-80/10 | 台 | 2 | 一台备用 |
| 8 | 搅拌机 | JS1500 | 台 | 1 | |
| 9 | 混凝土配料机 | PLD1600 | 台 | 1 | |
| 10 | 移动开闭锁 | YKBS-10 | 台 | 1 | |
| 11 | 移动变电站 | ZXB-10-6/1250 | 台 | 1 | |
| 12 | 吊盘 | $\phi$5.7m | 副 | 1 | 三层吊盘层间距 4.0m |
| 13 | 基岩段模板 | $\phi$6.0m | 套 | 1 | MJY 型，段高 3.6m |

3. 劳动组织及作业制度

(1) 劳动组织

工程项目部下设经营管理、工程技术、物资设备和生活保障 4 个管理部门，管服人员共 31 人，施工人员共 129 人，劳动组织定员为 160 人，详见表 3.1-5。

**施工劳动力组织表** **表 3.1-5**

| 管理人员 | 后勤人员 | 机修工 | 电修工 | 车辆司机 | 压风工 | 搅拌工 | 绞车司机 | 井口把钩 | 井口信号 | 井下 | | | | 合计 |
|---|---|---|---|---|---|---|---|---|---|---|---|---|---|---|
| | | | | | | | | | | 打钻班 | 出矸班 | 砌壁班 | 清底班 | |
| 16 | 15 | 12 | 5 | 5 | 4 | 4 | 14 | 14 | 7 | 15 | 15 | 18 | 16 | 160 |

(2) 作业制度

采用一掘一砌、循环成井 3.6m。将施工循环分为钻眼爆破、出矸找平、立模砌壁、出矸清底四个工序，采用专业工种“滚班”作业制，其中机电等辅助工种为“三八”制、工程技术等管理人员实行 24h 值班制。每个工序必须保质、保量地完成该工序的工作量，实行定岗、定员、定责、定任务，并根据循环图表中的时间考核工作效率和班组劳动收入，其目的是以工序保循环、以循环保进度。

(3) 实施效果

依靠科学的机械化配套装备、先进的施工工艺和员工高水平的操作技能，该项目部运用完善的立井施工管理体系，从 2005 年 5 月至 12 月，总进尺 854.2m，创出了全国立井施工连续 8 个月过百米的新纪录，被上海大世界基尼斯总部收录为大世界基尼斯之最。该工程质量被评为优良，未有任何安全和质量事故，实现了安全、优质、快速、高效施工。

（二）其他实例

1. 淮南顾桥矿井

安徽省淮南矿业（集团）公司顾桥矿井设计生产能力500万吨/年，采用立井开拓，其中五建公司三处承建主井井筒，设计净直径7.5m，井深810.6m。工程经过近11个月后全部竣工，年平均月成井90m，共创5个百米纪录，其中2003年12月创月成井150.8m，工程质量被评为部优工程。

2. 河南薛湖矿

河南神火煤电股份有限公司薛湖煤矿设计生产能力120万吨/年，采用立井开拓方式。主井井筒净直径为$\phi$5.0m，井筒深度为810.0m；副井井筒净直径为$\phi$6.5m，井筒深度为810m，五建公司三处负责主、副井筒冻结和掘砌工程施工，主、副井曾分别创月成井180m和190m的好成绩。主、副井井筒工程均被评为部优工程。

3. 山西潞安高河矿井

山西潞安亚美大陆煤炭公司高河矿井采用立井开拓，主、副、风三个井筒均在同一工业广场内，其中主井井筒净直径为$\phi$8.2m，井筒深度为484m，经10个半月全部竣工。井筒及硐室工程被评为部优工程。井筒施工速度之快为山西潞安局立井井筒施工之最。

### 3.1.2 深立井井筒冻结施工新技术

一、冻结法施工简介

（一）概况

冻结法应用于地下岩土工程，在国际上已有130多年的历史，在我国也有50多年，所建成的井筒有600多个。冻结法施工的井筒冻结深度由最初的百米到目前的800多米，表土厚度由最初的50多米达到了587m。

冻结法主要适用于松软，有流砂及淤泥等不稳定地层。常规冻结一般要求地下水流速度小于10m/d，流速大时需采取加密冻结孔等措施。

我国应用冻结法施工的深立井、厚表土井筒的有：山东郭屯煤矿主井，冻深702m，表土层587m；山东郓城煤矿副井，冻深590m，表土层536 m；山东花园煤矿主、副井，其中主井冻深512m，表土480m，副井冻深512m，表土480m；安徽口孜东煤矿风井，冻深626m，表土573m等。

（二）冻结工艺

1. 制冷工艺与冻结法技术基本原理

制冷工艺包括：①盐水循环系统；②氨循环系统；③冷却水循环系统。图3.1-2为冻结系统示意图。

冻结法凿井的基本原理，就是盐水从地层中吸收热量，并将其热量传递给氨，氨经压缩机压缩后，将这部分热量传递给冷却水，最后由冷却水把热量散发到大自然中。这样通过三大循环，逐步地将地层降温并冻结，形成所需的冻结壁。

2. 冻结孔布置

在开挖穿越不稳定地层的井筒前，要求形成开挖时的保护壁——冻结壁。冻结壁的强度和厚度由布置在井筒四周的一定数量冻结孔圈数和各圈的冻结孔多少决定。冻结孔的布置原则要考虑冻结孔的允许偏斜影响。除冻结孔外还应布置有测温孔和水文孔。水文孔的深度应考虑能获取各主要含水层的水文信息，其布置应不影响凿井提升。测温孔根据需要

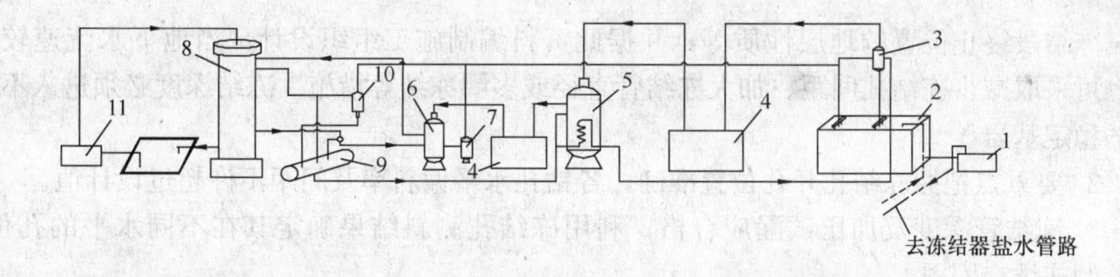


图 3.1-2 冻结系统示意图

1—盐水泵；2—蒸发器；3—氨液分离器；4—压缩机；5—中间冷却器；6—油氨分离器；7—集油器；8—冷凝器；9—氨贮液桶；10—空气分离器；11—冷却水泵

可布置多个，并考虑布置冻结状况最薄弱处（如水流上方以及冻结终孔间距最大的位置等），其深度应该与相邻冻结孔的深度一致。

3. 冻结壁的形成

随着低温盐水不断从地下把热量带出，井筒四周地层温度逐渐下降，最后在井筒四周形成一个低温的冻土圈——冻结壁。采用多圈孔冻结时，外圈孔在井筒冻结初期一般不供给冷量，并宜进行局部冻结。

（三）技术特点

1. 改善井筒施工条件

冻结壁隔断了地下水与井筒开挖工作面的联系，大大改善了井筒掘进的工作环境，可实现“干打井”；且取消了排水设施，节省了排水费用。

2. 技术方法可靠

其他凿井施工方法一般难以通过流砂、淤泥、深厚黏土等不稳定地层，而冻结法是井筒穿越这些地质条件复杂的最有效手段。

3. 多圈冻结技术解决深立井厚表土施工难题

井筒穿过表土层厚度越大，其冻结难度也越大。多圈冻结技术解决了 450m 以下深厚表土特别是深厚黏土层的冻结技术难题，为深厚表土凿井提供了一个安全、可靠的方法。

4. 提高掘进速度

由于井筒掘砌环境改善，排水等辅助设施的取消，使井筒掘进速度大为提高。

二、施工要点

（一）工艺流程

冻结工艺流程详见图 3.1-3。

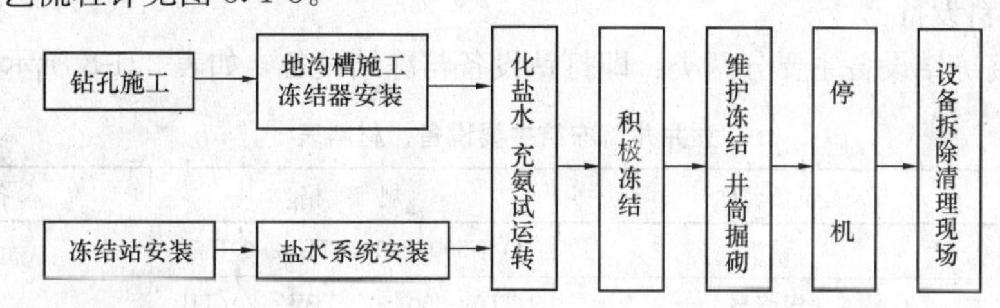


图 3.1-3 冻结工艺流程图

（二）操作要领

1. 充分掌握地质与水文地质资料，包括各地层特性、含水情况、地下水的流速与流向、冻结段终止位置的地层性质等，并据此资料编制施工组织设计。当地下水流速较大时，可采取减少冻结孔间距、加大冻结管直径或多圈冻结等措施。冻结深度必须进入不透水的稳定基岩。

2. 要重点把握冻结孔开孔位置准确，各钻孔水平偏斜率及间距不许超过设计值。

3. 冻结管深度及加压试漏应合格；利用冻结孔测斜结果确定其在不同水平的孔位，以绘制冻结交圈图。

4. 应对冻结站进行氨系统、盐水系统、冷却水系统的加压试漏，做到不渗不漏，设备单台及联合试运行正常。

5. 冻结水源井应在井筒水流上游，并相距300m以上，以保证水井抽水不影响井筒冻结为原则。盐水比重应达到设计要求。系统内的液氨需不断加以补充。

6. 试运转时应检查系统中各压力、温度，其变化应在正常指标的范围之内。

7. 随地层温度降低，应加强冻结器及测温孔的监测，包括冻结器的每根冻结管盐水流量和去、回路温度，以及冻结器结霜情况，每天的测温孔温度等，并及时分析异常数据。

8. 开机后每日应对井内水文孔及井外参考水井的水位进行观测、记录，掌握含水地层的冻结交圈时间。当井内水文孔冒水，并经测温孔温度计算冻结壁厚度、强度达到设计值时，开始井筒掘进。

9. 井筒掘进到距设计冻结深度剩5～8m时，停止掘进，进行套内壁作业。如复壁正常，并由测温孔计算的冻结壁可以满足复壁施工时，即可停止冻结运转，并待复壁工作结束后，拆除冻结站，完成现场清理工作。

10. 施工组织及人员配备情况可根据表3.1-6、表3.1-7进行。

**打钻人员配备表**　　**表3.1-6**

| 项目经理 | 项目副经理 | 电测 | 机电人员 | 会计 | 材料保管 | 司机 | 后勤 | 钻工 |
|---|---|---|---|---|---|---|---|---|
| 1人 | 2人 | 4～8人 | 4～6人 | 1人 | 1人 | 1人 | 3～4人 | 16人/台钻机 |

**冻结站劳动力组织安排及冻结人员配备表**　　**表3.1-7**

| 项目经理 | 项目副经理 | 冻结站长技术人员 | 班长 | 冻氨工 | 机电人员 | 会计 | 材料保管 | 司机 | 后勤 | 合计 |
|---|---|---|---|---|---|---|---|---|---|---|
| 1人 | 2人 | 4人 | 5人 | 15～30人 | 10～16人 | 1人 | 1人 | 1人 | 3～4人 | 43～65人 |

（三）材料设备

立井井筒冻结设备主要分两类：即打钻设备与冻结设备，如表3.1-8所示。

**立井井筒冻结主要设备、材料表**　　**表3.1-8**

| 设备类别 | 设备名称 | 规　　格 | 备注 |
|---|---|---|---|
| 打钻设备 | 钻机 | DZJ-500/1000、TSJ-2000E等 | |
| | 泥浆泵 | TBW-850/50、TBW-120/TB | |
| 测斜设备 | 灯光测斜仪 | | 适合浅冻结孔 |
| | 陀螺测斜仪 | JDT-3、JDT-5A | 适合深冻结孔，可不提钻测斜 |

续表

| 设备类别 | 设备名称 | | 规格 | 备注 |
| --- | --- | --- | --- | --- |
| 冻结设备 | 冷冻机 | 活塞机 | 8AS-12.5、8AS-17<br>8AS-25、6W-12.5 等 | |
| | | 螺杆机 | 25CF、KA20C<br>HLG20ⅢDA185<br>HJLG25ⅢTA250 等 | |
| | 附属设备 | 冷凝器 | EXV-340、EXV-230 等 | |
| | | 蒸发器 | ZL-200、ZL-160 等 | |
| | | 中冷器 | ZL-8.0、ZL-5.0 等 | |
| | | 油分器 | YF-250 等 | |
| | | 储液器 | ZA-5.0 等 | |
| | | 盐水泵 | 12SH-9 等 | |
| 管路 | 无缝钢管 | | 各种直径 | 氨管路、水管路 |
| 阀门 | 氨阀、水阀 | | 各种型号 | |

三、应用实例

目前，已经竣工的河南吴村煤矿程村矿井表土深度 429.86m，冻结深度 485m，采用冻结法施工。2002 年元月 15 日钻机进场，2002 年 6 月 20 日井机冻结，8 月 21 日水文孔冒水，9 月 14 日井筒开挖，2003 年 5 月 18 日停止冻结，冻结总工期 488 天，井筒综合掘进进度 60m/月，施工速度快，质量高。

山东郭屯煤矿主井，是鲁能菏泽煤电集团的矿井，冻深 702m，其表土深达 587m，采用普通法凿井根本无法通过，采用冻结法凿井后，历时一年半完成了井筒冻结段的掘砌。该井筒的施工质量之高，速度之快，是其他施工方法无法类比的。

内蒙古葫芦素煤矿副井，是中天合创集团的矿井，冻深 525m，其井筒净直径就达到了 10m，井筒主要穿过白垩系地层，风化严重，属含水量大的软岩地层，无法实施普通法施工。采用冻结法施工后，历时近一年的时间，井筒成功通过白垩系地层。

### 3.1.3 立井冻结表土机械化快速施工技术

一、基本情况介绍

（一）概况

近年来，以引入小型挖掘机而构建立的立井冻结表土段机械化配套技术，改变了原来人工挖土装罐的面貌，大大降低了劳动强度、提高了劳动效率和安全性。

这套方法主要由挖掘机（CX55B）配合中心回转抓岩机（HZ-6）构成。采用该方法后，外壁平均月成井 140m 左右，最高单月成井 176.4m；工作面人员比原风镐掘进平均减少 0.54 人/$m^2$。

该技术适用于直径不小于 5m 的各类矿井井筒的表土段施工，且直径越大、表土层越深越大越能发挥其优势；对于冻结法施工的井筒，则硬度不大的未冻土层范围越大越有利。对于冻土、硬度大的未冻土层或砾石层，挖斗无法直接挖掘时，同样可利用挖掘机配合风镐碎土进行堆土装罐工作。

（二）技术特点

其方法的核心部分就是按“三对设备完成三道工序”工艺进行施工，即提升运输选用“大提升机＋大吊桶”；掘进选用“挖掘机＋中心回转抓岩机（双机配套作业）”；砌壁选用“大模板＋小模板（外壁为整体金属下行模板，内壁为液压滑升模板或金属组装模板）”。

挖掘机与中心回转抓岩机配套掘进技术的特点如下：

1. 利用小型进口 CX55B 型履带式行走式挖掘机放置在井下工作面挖土和刷帮（或由破碎锤破土），并将土集中在吊桶附近装罐（或辅助装罐）；由一台中心回转式抓岩机负责松土装入吊桶。施工中设专职人员的统一指挥，实现“双机配合”，挖土与装罐同时进行，完成掘、装作业。

2. 该技术的最大特点是提高了井筒掘进整体施工机械化水平，降低了劳动强度、减少了劳动力的投入，大大提高了表土掘进施工速度。

3. 该技术的不足之处是：对冻土和很硬的土层挖掘还存在一定困难，需解决挖掘配用件问题；挖掘机柴油发动机的尾气会对产生一定尾气，需要加强通风，或改为液压驱动（正在试验中）。

二、实施方法

（一）施工工艺

1. 立井冻结段外壁施工

工艺过程：双机掘进与工作面找平（两个或三个掘进班）→泡沫板铺设与钢筋绑扎（可单设一个班或并在浇筑班里）→脱模、立模、浇筑（下一循环）→接管路（一般为 3 个循环一次）

冻结段外壁施工依次反复循环，每一循环时间一般为 13～17h。某立井采用的冻结表土段正规循环作业图表见表 3.1-9。

**立井冻结表土段正规循环作业图表** **表 3.1-9**

| 班别 | 工序名称 | 工时 | | 时间（h） | | | | | |
|---|---|---|---|---|---|---|---|---|---|
| | | 时 | 分 | 1 | 2 | 3 | 4 | 5 | 6 |
| 掘一班 | 交接班 | | 10 | | | | | | |
| | 掘进工器具准备 | | 10 | | | | | | |
| | 掘进（净径 1.7m） | 3 | 40 | | | | | | |
| 掘二班 | 交接班 | | 10 | | | | | | |
| | 掘进（刷帮） | 1 | 50 | | | | | | |
| | 全断面掘至 2.5m | 2 | | | | | | | |
| 掘三班 | 交接班 | | 10 | | | | | | |
| | 全断面掘至 3.6m | 3 | 40 | | | | | | |
| | 掘进工器具收回 | | 10 | | | | | | |
| 砌壁班 | 交接班 | | 10 | | | | | | |
| | 铺泡沫板扎筋回填刃脚 | 1 | | | | | | | |
| | 脱模立模 | | 20 | | | | | | |
| | 打灰 | 2 | | | | | | | |

说明：一个循环 15.5h，循环成井 3.6m。根据表土岩性和冻土进荒径量，控制循环时间为 13～17h。

2. 立井冻结段内壁施工

液压滑升模板或金属组装模板自下而上连续浇筑。

（二）操作要点

1. 挖掘机上下井运输方案的优化

挖掘机的外形尺寸较小，其中 CX55B 型挖掘机的长×宽×高＝2480×1960×2600（mm），只要把动臂拆除，即可以通过封口盘、固定盘和吊盘，但吊盘的喇叭口需专门处理，即喇叭口钢梁的布置应满足其通过的要求，必要时（净直径不超过 6.5m）拆除喇叭口和部分吊盘铺板。挖掘机上下井时，拆除动臂，利用钩头提升出井或下放到工作面。一般情况下，挖掘机一直放置在井下工作面，包括从井筒开挖开始，待表土施工结束后一次性提升出井。

2. 挖掘机在井下工作面站位的优化

井下空间狭小，设备与人员的互相影响大，挖掘机又占有较大空间，因此挖掘机站位必须合理。挖掘机的站位原则是避开并尽量远离吊桶、靠近井帮，一般以在两吊桶连线的垂直线上并靠近井帮或靠外壁位置为好，如在抓岩机下方或对侧。操作时宜将土集中在吊桶附近（两吊桶之间）。挖掘机应采用绕圈（距井壁或井帮约 0.5m）行走的路线，避免与其他设备相互影响，且不会受井筒水位观测孔的影响。

3. 挖掘机与中心回转抓岩机的配套应用

挖掘机主要任务是挖土和堆土。"土堆"应集中在吊桶附近，避免抓岩机的抓斗"发飘"，有利于提高工作效率。操作中，挖掘机的挖斗应和抓岩机的抓斗实现取土、运土、卸土的三同时（称"双机三同时"配合作业法），即：当挖掘机挖土时，抓岩机的抓斗应同时在土堆处抓土；挖掘机向土堆摆臂时，抓斗也在向吊桶运动；挖掘机在土堆卸土的同时，抓斗应处在吊桶卸土的位置。"双机三同时"配合作业很可能在短时间内被打破，形成"各自为政"的局面，此时，需要相互配合调整。当抓岩机来不及装罐时（一般在土质松软时），挖掘机可与抓岩机分别站位在吊桶两侧，进行辅助装土；当挖掘机来不及运土时，抓岩机可辅助多进行些堆土工作。

双机配合作业时，两机摆臂的动作应为同向或反向运动，尽量避免作相向运动，以防相互碰撞或互相影响。如采用双吊桶掘进，一般不使两个吊桶同时滞留在工作面，以给挖掘机提供足够的作业空间。

4. 砌壁模板及下料工艺

砌壁模板的性能好坏直接影响到施工速度的快慢及质量的好坏。目前，外壁施工模板一般均采用 MJY 型整体金属刃脚下行模板，该模板具有脱模能力强、刚度大、立模方便等优点，一般由 3～4 台稳车悬吊。模板段高一般为 2.5～3.6m。

通常，砌壁混凝土由井口集中搅拌站提供，施工设备与方法同立井快速施工方法。内壁施工模板常用内爬杆式金属液压滑升模板或多套（10～15 套）金属组装模板，混凝土自下而上连续浇筑。

（三）劳动组织与设备材料

1. 劳动组织

项目部班子由经理、生产副经理、技术副经理、机电副经理、安全副经理组成，下设掘进队、机电队、工程技术、安全监察、经营管理、物资设备、职工培训及生活后勤等部门，项目部实行垂直管理和扁平化管理。项目部以承包合同为依据，以创精品工程为目标，实行全过程管理和对安全生产、施工质量、工期、成本的全面控制。

冻结段外壁施工采用专业工种“滚班”作业制，三掘一砌或两掘一砌。机电工及其他辅助工采用“三八”作业制度。内壁施工采用“三八”或“四六”作业制。表 3.1-10 为某冻结表土段施工劳动组织的实例（井筒净直径 6.5m，井壁厚度 1.5～2.0m）。

冻结表土段外壁施工劳动力组织表 **表 3.1-10**

| 班组 | | 掘一班 | 掘二班 | 掘三班 | 支护班 | 合计 | 备注 |
|---|---|---|---|---|---|---|---|
| 井下人数 | 冻土进入荒径前 | 15 | 20 | 20 | 25 | 80 | |
| | 冻土进入荒径 | 18 | 25 | 25 | 25 | 93 | |
| | 冻土进入荒径 | 20 | 30 | 30 | 25 | 105 | |
| 管理人员及其他工种 | 管理人员 | 18 | | 绞车司机 | 14 | | |
| | 后勤人员 | 20 | | 压风司机 | 4 | | |
| | 机修工 | 10 | | 搅拌工 | 5 | | |
| | 电工 | 5 | | 井口信号工 | 7 | | |
| | 司机 | 4 | | 井口把钩工 | 14 | | |

2. 材料与设备

设备配套的基本原则是挖土、装罐、支护、提升和运输等各个环节相互匹配。主要配套设备选型可见表 3.1-11。

立井冻结表土机械化快速施工主要配套设备选型一览表 **表 3.1-11**

| 工序 | 设备或设施型号 | 井筒净直径（m） | | 备注（√为优选） |
|---|---|---|---|---|
| | | φ5.0～6.0 | φ6.5～8.0 | |
| 装岩 | 中心回转抓岩机 HZ-6 | √（1台） | √（2台） | |
| 挖掘 | CX55B 型挖掘机 | √ | √ | 1台 |
| 翻矸 | 座钩式吊桶翻矸装置 | √ | √ | |
| 排矸 | 10t 自卸汽车 | √ | √ | |
| 砌壁 | 整体金属下行模板 | √ | √ | |
| | 金属液压滑升模板 | √ | √ | |
| | 金属组装模板 | √ | √ | 多用于高标号混凝土 |
| 提升 | 2JK-3.6/15.5 | （作主提）√ | （作主提）√ | 深井 改绞 |
| | 2JK-3.5/20 | （作主提）√ | （作副提）√ | 改绞 |
| | 2JK-3.0/20 | （作副提）√ | | 浅井 改绞 |
| | JK-2.8/15.5 | （作主提）√ | （作主提）√ | |
| | JK-2.5/20 | （作副提）√ | （作副提）√ | |
| 凿井井架 | Ⅳ型金属凿井井架 | √ | | 浅井 |
| | ⅣG 型金属凿井井架 | √ | √ | |
| | Ⅴ型金属凿井井架 | | √ | |
| | 永久井架 | √ | √ | 业主方创造条件 |

续表

| 工 序 | 设备或设施型号 | 井筒净直径（m） | | 备注（√为优选） |
|---|---|---|---|---|
| | | φ5.0～6.0 | φ6.5～8.0 | |
| 悬吊设备 | 双层吊盘 | √ | √ | |
| | 三层吊盘 | √ | √ | 适用于块模套壁 |
| 测 量 | DJ2-1 型激光指向仪 | √ | √ | |
| | 碳素钢丝悬吊锤球法 | √ | √ | 简便适用 |
| 混凝土搅拌站 | 出料量大于 50m³/h | √ | √ | 电子自动计量配料 |
| 通信系统 | 井口电话交换机 | √ | √ | 井下抗噪声电话 |
| 信号装置 | KJX-SX-1 煤矿井筒专用 | √ | √ | 配电视监控 |
| 照 明 | DGC175/127 投光灯 | √ | √ | |
| 通风机 | 2BKJ56. No6 | √ | √ | 浅井 |
| | FBD-No9. 6 | | √ | 表土层超过 400m |
| 压风机 | GA250 SA120A | √ | √ | 按用风量配置 |
| 供电系统 | 移动变电站、开闭锁 | √ | √ | |

## 三、应用实例

### （一）中煤五建公司三处部分施工记录统计

以下（表 3.1-12）为中煤五建公司三处采用该技术在 7 个井筒中的施工记录统计，表明该项技术可适应不同的土层条件，具有较高的劳动生产率，经济效益和社会效益。

**五建公司三处立井井筒冻结段综合进度统计表** **表 3.1-12**

| 井 别 | 冻结段综合平均进度（m/月） | 最高进度（m/月） | 施工时间 |
|---|---|---|---|
| 泉店煤矿副井 | 93.64 | 126.6 | 05/12-06/06 |
| 赵固二矿主井 | 138（外壁） | 156.8 | 07/01-07/05 |
| 赵固二矿副井 | 126（外壁） | 136.8 | 07/03-07/05 |
| 赵固二矿风井 | 142（外壁） | 150.7 | 07/02-07/05 |
| 高河煤矿主井 | 77.4 | 101 | 06/01-06/04 |
| 郓城煤矿主井 | 106 | 115 | 06/10-07/05 |
| 郭屯煤矿副井 | 76 | 193 | 05/10-06/08 |
| 平 均 | 108.4 | | |

### （二）中煤一建公司施工实例

该技术在中煤一建公司施工的山东兖煤菏泽能化公司赵楼煤矿主井、副井、山东鲁能菏泽煤电公司郭屯煤矿风井井筒施工项目中得到了成功应用，均取得了良好的经济效益和社会效益，具有重要的推广应用价值。

### （三）中煤三建公司施工实例

该技术在中煤三建公司施工的淮南潘北煤矿副井、风井、淮北桃园煤矿风井、钱营孜煤矿副井、袁店煤矿副井、山东郓城煤矿副井等立井施工项目中得到了成功应用，均显著加快了施工速度，降低了工人的劳动强度、节省了劳动用工、提高了施工效率，为企业创造了良好的经济效益和社会效益。

## 3.2 斜井快速施工新技术

进入20世纪80年代，随西部煤层开发的进程，斜井的应用越来越多。斜井施工新技术主要体现在长距离、斜井冻结，以及快速施工的机械化配套等方面。

### 3.2.1 斜井井筒冻结施工新技术

一、基本内容介绍

（一）概况

斜井冻结起始于20世纪70年代，应用于江苏卜戈桥、山东陶阳等矿，当时的冻结深度较浅，水平长度短。目前，采用冻结法施工不稳定地层的斜井开拓，已取得了极好经济效益与社会效益（如内蒙古榆树林煤矿主、副斜井和宁夏王洼煤矿主、风斜井等），斜井冻结技术研究于1990年8月获得了国家科技成果奖。

斜井冻结法主要用于地层松软及有流沙、淤泥等地质条件复杂不稳定地层，地质条件及地下水流速、流向等要求与方法，与立井冻结法基本一致。

斜井断面形状一般采用近椭圆形，支护应采用有反拱的全封闭形式，以四周压力相差不大考虑，用拉麦公式近似估算参考值。

（二）工艺原理

1. 冻结壁设计原理

斜井冻结的关键技术是冻结方案设计。冻结壁厚度的确定理论基础如下：

两侧冻结壁厚度：依据浅埋硐室松动压力理论，斜井井筒两侧的冻结壁厚度应能支承塌落拱以上岩体重量。

顶部冻结壁厚度：按平衡拱理论或简支梁承受的最大剪力计算。

底板冻结壁厚度：斜井的垂直深度较浅，一般只考虑满足结构安全要求，取冻结壁厚度为3.0m。

2. 制冷原理

制冷原理与立井冻结施工相同。

（三）技术特点

斜井冻结法施工技术特点基本与立井冻结施工一致，包括：

1. 极大地改善了井筒施工条件，取消了排水设施，省去了排水和临时支护费用，有利于保证施工人员的安全；解决了普通法凿井难以穿过流沙、淤泥、深厚黏土等不稳定地层的问题；极大地提高了施工速度，施工质量有了明显提高。

2. 当前斜井冻结方法主要仍采用垂直冻结孔的方法。

二、实施技术

（一）施工流程

1. 斜井施工工艺

斜井施工工艺流程图见图3.2-1工艺流程图。

2. 斜井冻结孔布置

布置在井筒两侧的边排孔是斜井冻结的主体冻结孔，从开始冻结直至井筒全长施工结束。布置在斜井顶部的中排孔可设计为双排或局部双排，由井筒通过的土层性质和掘进尺寸决定。为保证冻结范围内全部封闭，在斜井冻结起始端部和尾部必须设置 3、4 个封头孔。

3. 斜井冻结的区段划分

斜井采用垂直孔的冻结法，其冻结范围大，要求冻结孔数量多，需冷量大。因此宜根据掘进进程采用分段顺序冻结。其划分区段的原则是保证斜井连续施工，并各区段的需冷量均衡。具体施工流程为第一区段进行积极冻结时，第二段供给适当冷量；第一段开始转入维护冻结时，第二段进入积极冻结，待第一段内层井壁套壁结束后停止冻结，而第二段进行开挖转入维护冻结，而第三段转入积极冻结，这样直至全部冻结段掘砌完毕。当斜井进入深部时，冻结孔上段无需工作，可采用局部冻结减小冷量消耗。

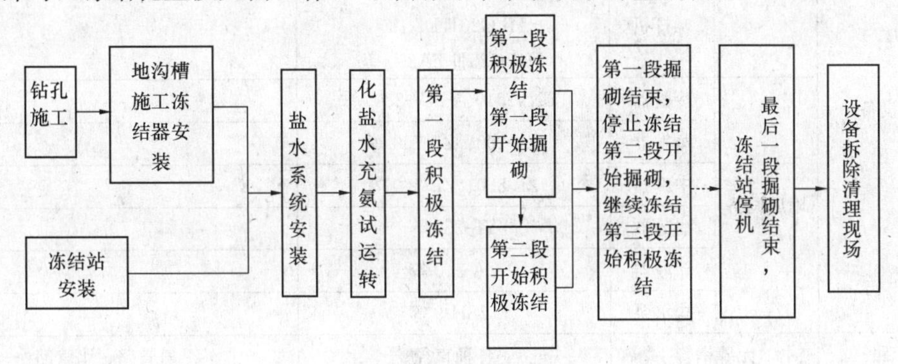


图 3.2-1 工艺流程图

（二）操作要点

1. 参考深立井冻结施工新技术的操作要领部分 1～9。

2. 斜井冻结要求在开机 20 天后，对各个冻结器进行纵向测温，从而全面掌握每个冻结器的运行状况及各水平地层的冻土发展情况。

3. 劳动组织及人员配备

钻机劳动组织安排及人员配备，见表 3.2-1。

**打钻管理辅助人员配备表** **表 3.2-1**

| 项目经理 | 项目副经理 | 电测 | 机电人员 | 会计 | 材料保管 | 司机 | 后勤 | 钻工 |
|---|---|---|---|---|---|---|---|---|
| 1 人 | 2 人 | 4～8 人 | 4～6 人 | 1 人 | 1 人 | 1 人 | 3、4 人 | 16 人/钻机 |

冻结站劳动力组织安排及人员配备见表 3.2-2。

**冻结人员配备表** **表 3.2-2**

| 项目经理 | 项目副经理 | 冻结站长技术人员 | 班长 | 冻氨工 | 机电人员 | 会计 | 材料保管 | 司机 | 后勤 | 合计 |
|---|---|---|---|---|---|---|---|---|---|---|
| 1 人 | 2 人 | 4 人 | 5 人 | 15～30 人 | 10～16 人 | 1 人 | 1 人 | 1 人 | 3、4 人 | 43～65 人 |

（三）材料与设备

斜井井筒冻结设备主要分两类：即打钻设备与冻结设备，如表 3.2-3 所示。

立井井筒冻结主要设备、材料表　表 3.2-3

| 设备类别 | 设备名称 | | 规　格 | 备　注 |
|---|---|---|---|---|
| 打钻设备 | 钻机 | | DZJ-500/1000、TSJ-2000E 等 | |
| | 泥浆泵 | | TBW-850/50、TBW-120/TB | |
| 测斜设备 | 灯光测斜仪 | | | 适合浅冻结孔 |
| | 陀螺测斜仪 | | JDT-3、JDT-5A | 适合深冻结孔，可不提钻测斜 |
| 冻结设备 | 冷冻机 | 活塞机 | 8AS-12.5、8AS-17<br>8AS-25、6W-12.5 等 | |
| | | 螺杆机 | 25CF、KA20C<br>HLG20ⅢDA185<br>HJLG25ⅢTA250 等 | |
| | 附属设备 | 冷凝器 | EXV-340、EXV-230 等 | |
| | | 蒸发器 | ZL-200、ZL-160 等 | |
| | | 中冷器 | ZL-8.0、ZL-5.0 等 | |
| | | 油分器 | YF-250 等 | |
| | | 储液器 | ZA-5.0 等 | |
| | | 盐水泵 | 12SH-9 等 | |
| 管　路 | 无缝钢管 | | 各种直径 | 氨管路、水管路 |
| 阀门 | 氨阀、水阀 | | 各种型号 | |

三、应用实例

（一）榆树林子煤矿副斜井

榆树林子煤矿副斜井 1983 年 5 月开工，采用明槽、板桩、井点及注浆法施工，均未成功。主斜井于 1984 年 5 月开工，成井 26.8m。两斜井均在流砂层施工中发生冒顶，地表塌陷，主斜井陷坑直径 15m。副斜井陷坑直径 26m。最后采用冻结法施工取得了圆满成功。

（二）宁夏王洼煤矿主、风斜井

宁夏固源地区王洼煤矿主、风斜井 1984 年最初采用普通法开工。两井施工至静水位 29m 以下遇到饱和黄土层（亚黏土）由于黄土层含水量超过塑限，处于流动稀泥状，后改用井点和板桩法继续施工。由于水中含泥量高达 10%～20%，在排水掘进过程中大量泥土流失，发生冒顶、片帮、地表塌陷。主、风斜井塌陷坑直径分别为 50m 和 76m，最大陷坑深达 9m，井壁开裂下滑无法继续施工，后改用冻结法施工取得了圆满成功。

### 3.2.2　大断面斜井机械化配套快速施工技术

一、基本情况介绍

（一）概况

目前，在倾角小于 16°斜井（斜巷）中采用 CMJ17HT 型煤矿用全液压掘进钻车钻孔、P60（B）耙斗机排矸的斜井基岩段机械化配套施工工艺，为解决手持式风钻钻孔传统方法的劳动强度高、成孔质量低，巷道成形差等问题，提供了一套有效方法。该方法成功应用于平煤八矿主斜井井筒、十一矿己24采区回风下山等工程，取得较好的经济效益和社会效益。

（二）工艺原理和技术特点

该方法基本工艺的特点是形成斜井掘、装、运机械化配套施工工艺，达到快速施工的目的。

1. 该方法用于小于16°斜井（斜巷）基岩段施工，采用CMJ17HT全液压钻车钻孔掘进，P60（B）耙斗机和6m³箕斗配套装岩，双滚筒绞车提升排矸，实现掘、装、运机械化的合理配套。

2. 打眼定位准确，光爆成型好，克服了手抱钻底孔施工困难、放炮后出现隆底现象的问题。

3. 使用人员少，降低了作业人员的劳动强度、工作效率高。

4. 改善作业环境，作业安全显著提高。

5. 施工速度快，节约能源，降低工程成本，经济效益高。

二、实施技术

（一）施工工艺和操作要点

主要工艺过程包括：开工准备→钻车定位→打眼→退钻车→爆破→锚网支护/耙斗机、箕斗装运矸石→喷射混凝土支护

上述工艺的操作要领主要有：

1. 钻车定位

钻车进退通路要清理通畅，钻车停放位置要平整；钻车应停放在距离工作面适当位置，钻车的前支腿安放稳定牢靠。巷道主要设备布置见图3.2-2、图3.2-3。

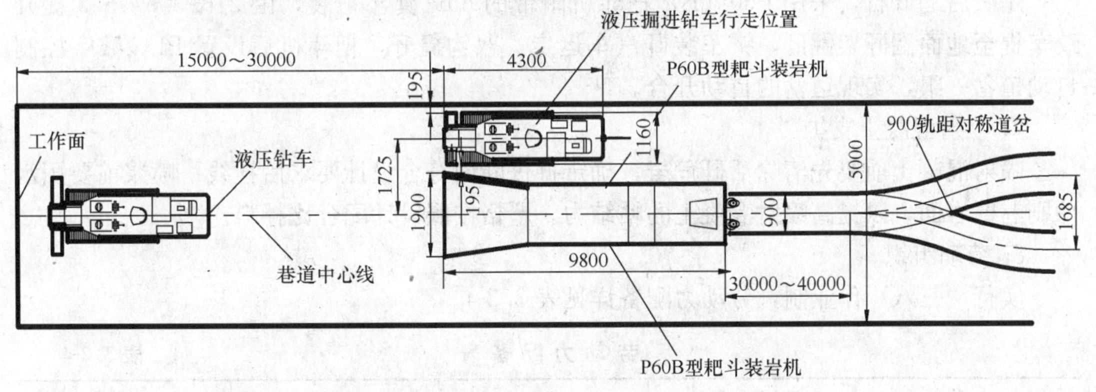


图3.2-2　巷道主要设备布置平面示意图

2. 打眼

采用CMJ17HT型煤矿用全液压掘进钻车钻眼，炮眼深度2.4～2.6m；钻眼时间90min（炮眼82个），钻眼速度能达到2～4m/min。

3. 退钻车

打眼完毕后，液压掘进钻车要退到安全地点停放，并进行掩护。钻车通路平整，坡度一致（不能太大），防止退钻车时产生侧翻。退车由钻车司机单人操作，控制好钻车行走，防止撞闯巷帮；钻车前方及两侧严禁有人。钻车停好后，各操作手柄应恢复到“0”位，关闭电器开关，切断供电电源。然后清洗钻车各工作部位，按要求进行保养和维护。因液压掘进钻车的爬坡能力不超过14°，且考虑巷道底板岩石松软、积水等情况，应考虑使用

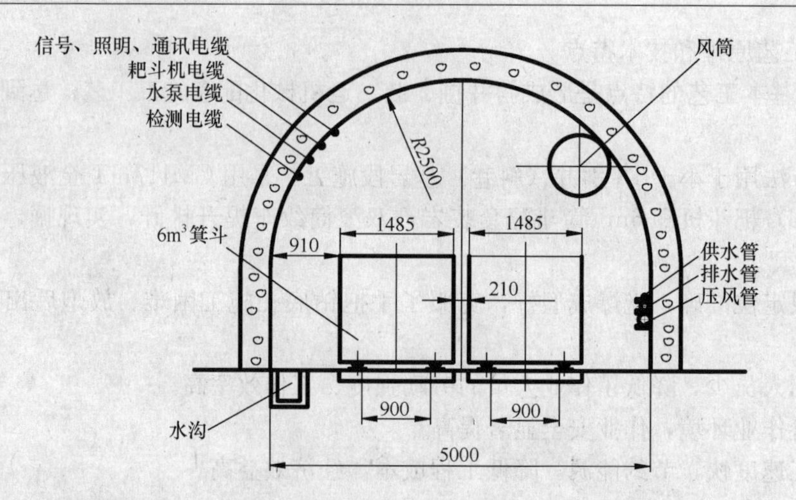


图 3.2-3 巷道主要设备布置断面示意图

绞车主提升钩头作辅助牵引，辅助液压掘进钻车往返。

4. 爆破

严格按照爆破图表的爆破参数进行装药放炮。

5. 锚网支护

采用风动凿岩机打眼，人工安装锚杆及金属网。

6. 装矸、排矸

爆破后的矸石，采用 P60（B）耙斗机附带的 $6m^3$ 箕斗耙装，由 2JK-3.5/15.5 提升绞车提至地面翻矸架翻矸，铲车装矸汽车运走。双钩提升，耙斗机后设置 PLC 数字控制自动道岔一组，实现道岔的自动开合。

7. 喷射混凝土支护

喷射混凝土前要先清除活矸危岩，确定掘进断面符合设计要求后挂线；喷浆前要用水冲刷巷壁岩面，以提高喷射混凝土的粘结力。严格按照设计配合比拌料。

8. 劳动组织

实行“三八”作业制，劳动力配备详见表 3.2-4。

**劳动力配备表** **表 3.2-4**

| 工种 | 掘进一班 | 掘进二班 | 喷浆班 | 合计 |
|---|---|---|---|---|
| 掘进工 | 4 | 4 | 8 | 16 |
| 钻车司机 | 2 | 2 | | 4 |
| 电钳工 | 1 | 1 | 1 | 3 |
| 耙斗机司机 | 1 | 1 | 1 | 3 |
| 放炮员 | 1 | 1 | | 2 |
| 信号把钩工 | 3 | 3 | 3 | 9 |
| 绞车工 | 2 | 2 | 2 | 6 |
| 管理人员 | | | | 3 |
| 其他 | | | | 12 |
| 合计 | 14 | 14 | 15 | 58 |

（二）材料与设备

该技术所使用的主要机具和设备详见表 3.2-5。

**机具和设备表**　　**表 3.2-5**

| 设备名称 | 规格型号 | 单位 | 数量 | 备 注 |
|---|---|---|---|---|
| 提升绞车 | 2JK-3.5/15.5 | 台 | 1 | |
| 矿用全液压掘进钻车 | CMJ17HT | 台 | 1 | |
| 风钻 | YT-28 | 台 | 4 | |
| 耙斗机 | P60（B） | 台 | 1 | |
| 喷浆机 | ZⅦ | 台 | 2 | |
| 箕斗 | $6m^3$ | 台 | 2 | |
| 搅拌机 | JMZ-750 | 台 | 1 | |
| 水泵 | D46-50×12 | 台 | 2 | |
| 数字控制道岔系统 | | 套 | 1 | |

三、应用实例

该技术的应用实例见表 3.2-6。

**应用实例一览表**　　**表 3.2-6**

| 工程名称 | 工程地点 | 开工时间 | 竣工时间 | 工程量（m） |
|---|---|---|---|---|
| 平煤八矿五采区主斜井井筒 | 平顶山市东部 | 2007.9 | 2010.3 | 2850 |
| 平煤十一矿己 24 采区回风下山 | 平顶山市西部 | 2007.8 | 2007.12 | 650 |
| 平煤一矿主斜井井筒 | 平顶山市北部 | 2008.1 | 2008.7 | 780 |

## 3.3　平硐与平巷快速施工新技术

### 3.3.1　平硐快速施工新技术

一、平硐快速施工技术简介

（一）概况

平硐开拓在我国西部山区具有无可替代的优势。当前，平硐快速施工已成为建井行业攻关的一个重点。

平硐快速施工技术的关键是实现机械化作业，包括凿岩、装载、支护机械化等内容。凿岩机械化方法通常是将传统的风动凿岩机与凿岩台架配套，或者采用液压凿岩台车；装岩采用大能力的装载机，无轨运输；支护一般采用锚喷方法，由专用设备完成。

（二）主要工艺内容

在平硐及小角度斜井施工中利用凿岩台车打眼，施工速度快，质量好，且有利于采取全断面光面爆破；合理配置后续工序的机械设备，利用无轨运输条件，实现快速施工的目的。

国内较多采用的干喷法施工喷混凝土。干喷法存在有粉尘、回弹、混凝土强度不稳定三大技术难题。湿式喷浆法很好地解决了作业面粉尘大、回弹多、操作人员劳动强度大、材料配比不均等问题，是喷浆作业的发展方向。

（三）技术特点

1. 采用凿岩台车钻眼，施工质量好、效率高。凿岩台车适用于角度小于 8°、断面大于 15m²、岩石等级Ⅱ～Ⅳ级的斜井、平硐施工，同时也适用于有瓦斯或易燃粉尘危险矿井的岩巷等工程。

2. 根据岩巷全断面光面爆破设计和钻凿炮眼。凿岩台车钻眼可与锚杆支护平行施工。

3. 根据岩性选择最佳凿岩参数，尽量使冲击作用平缓。

4. 湿式喷浆是将粗、细骨料，水泥，水，按一定的比例配合后直接加入喷射机内，液体速凝剂经计量泵通过喷头水环进入混凝土中喷射出去，可减少回弹率 6%～8%，降低粉尘 10%左右。

5. 混凝土均匀搅拌，水灰比精确，喷射操作正确，达到喷层强度高、减少回弹量的目标。

二、实施技术

（一）施工工艺

1. 钻爆作业

平硐及小角度斜井边墙及拱部均按光面爆破设计进行施工；爆破后不得有欠挖，以减少对围岩的二次扰动。

每次爆破进尺视围岩状况确定，对于Ⅳ类围岩一次进尺不大于 3m；Ⅲ类围岩一次进尺根据围岩的稳定状况不大于 2～3 m；Ⅱ类围岩不大于 1.5 m。每次爆破后由地质工程师到现场对围岩及稳定性作出评估，以确定下次循环进尺。

要求炮孔开口误差不大于 30mm，方向偏差不大于 30mm/m，以保证取得良好爆破效果。采用毫秒延期导爆管起爆系统。光面爆破药采用 $\phi$25mm 炸药卷。爆破参数根据现场实验予以确定。

2. 钻爆施工工艺流程

找线划眼位→台车就位→打眼→扫眼→瓦检→装药联线→瓦检→放炮→通风排烟→安检、瓦检→装岩运输。

3. 湿式喷浆施工工艺流程

喷射混凝土工艺流程如下：喷锚工作平台就位→喷射面的事前处理→厚度控制→湿喷机开机准备→配料拌和→坍落度测定→混合料的输送→边墙混凝土的喷射→拱部混凝土的喷射→停机操作→养护。

4. 装岩、排矸施工

装岩选用 ZL50 型装载机，自卸汽车排矸。施工期间，为提高装岩速度，每隔 100m 设一调车躲避硐。躲避硐深度 6m，断面与主巷道相同，以便于汽车进入工作面前调车。

5. 劳动组织安排（表 3.3-1）

劳动组织安排表 表 3.3-1

| 单位 | 工 种 | 人数 | 单位 | 工 种 | 人数 | 单位 | 工 种 | 人数 |
|---|---|---|---|---|---|---|---|---|
| 掘进队 | 队长 | 1 | 机电队 | 电工 | 4 | 项目部 | 经理 | 1 |
| | 技术员 | 1 | | 机修 | 4 | | 副经理 | 3 |
| | 材料员 | 1 | | 大班机检修 | 3 | | 工程技术部 | 3 |
| | 机修 | 2 | | 压风工 | 3 | | 经营管理部 | 2 |
| | 班长 | 1×4 | | 灯房 | 3 | | 物资供应部 | 3 |
| | 质检员 | 1×4 | | 通风 | 5 | | 安检调度 | 3 |
| | 掘砌机工 | 2×4 | | 搅拌工 | 8 | | 后勤部 | 6 |
| | 放炮员 | 1×4 | | 变电工 | 3 | | | |
| | 喷浆工 | 4×3 | | | | | | |
| | 装载机司机 | 1×3 | | | | | | |
| | 汽车司机 | 12 | | | | | | |
| 合计 | | 52 | | | 33 | | | 21 |

（二）材料与设备（表 3.3-2）

凿岩台车掘进机械化施工设备表 表 3.3-2

| 序号 | 设备名称 | 型号规格 | 数量 | 生产厂家 | 额定功率 |
|---|---|---|---|---|---|
| 1 | 凿岩台车 | | 1～2 | | |
| 2 | 胶轮车 | | 12 | | |
| 3 | 空压机 | 20m³ 移动式 | 3 | | 130kW |
| 4 | 装载机 | ZLC-30 | 2 | 徐州 | |
| 5 | 装载机 | ZL-50 | 1 | 徐州 | |
| 6 | 水泵 | DG25-30×6 | 2 | 上海 | |
| 7 | 对旋风机 | 2×25 | 2 | 泰安 | 25kW |
| 8 | 风镐 | 01-30 | 20 | 沈阳 | |
| 9 | 激光指向仪 | JK-3 | 6 | 徐州 | |
| 10 | 移动变电站 | KBSGZY-630/6 | 1 | 徐州 | |

三、工程实例

某矿井副平硐于 2006 年 12 月进点筹备，施工单位克服了冬季施工、材料供应不畅等种种困难，实现了连续三个月成巷进尺突破 300m/月，最高月成巷 312m，创国内平硐井筒施工新纪录，全年累计完成成巷进尺 2944.8m，工程质量优良，无安全事故，实现了优质、快速、安全、高效施工。

（一）施工条件

1. 巷道基本情况

矿井副平硐总长 2981m，坡度为 1°20′7″上坡，巷道净宽 5.6m，基岩段掘进断面为 23.02m²。设计支护形式为锚-喷-网联合支护，其中锚杆采用 ϕ18×2000mm 螺纹钢树脂锚杆端头锚固，三花形布置，间排距 800mm×800mm；金属网采用 ϕ6.0mm 钢筋加工，网孔规格为 150mm×150mm；喷射混凝土强度等级 C20，喷射厚度 150mm。

平硐所穿过的岩层主要为中细砂岩、砂质泥岩和泥岩等组成，岩石硬度系数 $f=3$，地质构造简单。涌水量<$1m^3/h$。

2. 采用的主要施工设备

主要施工机械设备详见表 3.3-3。

**主要施工机械设备** **表 3.3-3**

| 序号 | 设备名称 | 型号或规格 | 数量 |
|---|---|---|---|
| 1 | 凿岩机 | YT29A | 20 台 |
| 2 | 气动锚杆钻机 | MQT-70/1.7 | 2 台 |
| 3 | 装载机 | ZL-50 | 1 台 |
| 4 | 自卸汽车 | 8t | 5 辆 |
| 5 | 空压机 | LA-130/8.5-20 | 2 台 |
| 6 | 空压机 | LA-250/8.5-40 | 1 台 |
| 7 | 喷浆机 | PC5T（转子式） | 2 台 |
| 8 | 通风机 | No 6.3/2×30 | 2 台 |
| 9 | 搅拌机 | JS-500（强制式） | 2 台 |
| 10 | 激光指向仪 | JK-3 | 3 台 |
| 11 | 掘进台架车 | 自制 | 1 台 |

（二）施工方法

1. 钻眼爆破

利用自行设计制造的掘进台架车，将工作面分成上下两层，使巷道上下分两个区间布置多台风钻同时作业，并实行定人、定钻、定位、定数量的打眼责任制，使有限的空间得到充分利用。钻眼采用中空六角钢钎杆和 ϕ55mm 十字形合金钎头。

采用光面、光底、减震、缓冲及中深孔爆破技术。楔形掏槽，掏槽眼 6 个，眼深 3.2m；辅助眼布置 3 圈，以及周边眼、底眼，眼深均为 3.0m；中空眼 2 个（眼深 2.0m），全断面共布置炮眼 86 个；反向装药结构；岩石乳化炸药，塑料导爆管导爆，电雷管引爆。爆破参数见表 3.3-4。

2. 装岩与排矸

工作面矸石由 ZL50 型装载机装入自卸汽车后运出平硐到指定地点。设调车躲避硐，便于调车。

3. 支护

拱部锚杆在掘进台架车上进行。施工时，先施工顶板中央锚杆孔，两帮锚杆滞后拱部锚杆 1-2 排施工，施工顺序自上而下，由后向前逐排进行。定位钻孔后，将树脂药卷装入孔内，利用锚杆机将带有托盘、螺母等部件的锚杆推入设计位置并搅拌 20s 左右，待树脂固化后，用扭矩扳手上紧螺母，使其扭矩、锚固力达到要求。

在工作面和工作面退后 50m 处各设一台 PC-5T 型喷浆机，前台用于工作面初喷混凝土，及时封闭工作面围岩。工作面后的喷浆机用于复喷，它可与工作面打眼可以平行作业，不占用循环时间。喷浆料由设在地面的混凝土搅拌站制作后由输送车运送至工作面，通过喷头水环加入早强减水剂 2%～3%。复喷的混凝土厚 50mm 左右，先补不平处，然后分层喷射达设计厚度，前后间隔时间在 3 天以内。分层喷射在移动工作台上进行，可以实现与掘进作业工序平行。

**平硐爆破参数表** **表 3.3-4**

| 序号 | 炮眼名称 | 炮眼序号 | 眼数（个） | 眼间距（mm） | 装药量 | | | 起爆顺序 | 连线方式 | 备注 |
|---|---|---|---|---|---|---|---|---|---|---|
| | | | | | 每眼（卷） | 小计（卷） | 药量（kg） | | | |
| 0 | | 1-2 | 2 | 740 | 0 | 0 | 0 | Ⅰ | 大并联 | 岩石乳化炸药 ϕ35×200mm，重 200g |
| 1 | 掏槽眼 | 3-8 | 6 | 350 | 12 | 72 | 14.4 | | | |
| 2 | 一圈辅助眼 | 9-17 | 9 | 上部 720<br>下部 350 | 8 | 72 | 14.4 | Ⅱ | | |
| 3 | 二圈辅助眼 | 18-28 | 11 | 上部 892<br>下部 350 | 4 | 44 | 8.8 | Ⅲ | | |
| 4 | 三圈辅助眼 | 29-41 | 13 | 上部 995<br>下部 350 | 4 | 52 | 10.4 | Ⅳ | | |
| 5 | 周边眼 | 42-77 | 36 | 350 | 3 | 108 | 21.6 | Ⅴ | | |
| 6 | 底眼 | 78-86 | 9 | 755 | 8 | 72 | 14.4 | Ⅴ | | |
| | 合计 | | 86 | | | 420 | 84 | | | |

4. 通风

通风选用 No6.3/2×30 型对旋式风机和 ϕ1000mm 的不燃性胶质风筒向工作面供风。当工作面距离达到 1000m 后，需再增加一套 No6.3/2×30 型对旋式风机同时向工作面供风。

（三）施工组织与管理

1. 劳动组织

项目部设经理和生产、技术、安全、经营副经理，管理施工队及服务系统。综合队配备 72 人，管服人员共 13 人；其中掘砌直接工分成打眼、出渣、喷浆和清底四个专业班组，“滚班制”作业，辅助工为三班作业制；机电工分大班（负责日常工作）、小班和包机班组三种形式；小班采用三八制，负责处理机电故障；包机班组与掘进班组配合

施工循环安排见表 3.3-5。

**副平硐基岩段施工循环图表** **表 3.3-5**

| 序号 | 工作名称 | 时间 | | 1 | 2 | 3 | 4 | 5 | 6 |
|---|---|---|---|---|---|---|---|---|---|
| | | 时 | 分 | | | | | | |
| 1 | 倒台车及打眼准备 | | 40 | | | | | | |
| 2 | 钻注锚杆 | 1 | | | | | | | |
| 3 | 打迎头眼 | 1 | 30 | | | | | | |
| 4 | 装药连线 | | 40 | | | | | | |
| 5 | 放炮通风 | | 30 | | | | | | |
| 6 | 排渣 | 1 | 30 | | | | | | |
| 7 | 找顶 | | 30 | | | | | | |

续表

| 序号 | 工作名称 | 时间 | | 1 | 2 | 3 | 4 | 5 | 6 |
|---|---|---|---|---|---|---|---|---|---|
| | | 时 | 分 | | | | | | |
| 8 | 打两帮锚杆及挂网 | | | | | | | | |
| 9 | 挂拱部网 | | | | | | | | |
| 10 | 1台喷浆机初喷 | | | | | | | | |
| 11 | 2台喷浆机复喷 | | | | | | | | |
| 12 | 1台喷浆机二次复喷成巷 | | | | | | | | |
| 13 | 机动时间 | | 40 | | | | | | |

注：6 h 完成一个正规循环（下部 3.5m，上部 3.2m），循环进尺 2.8m，正规循环率 92%，月成巷进尺 310m。

2. 质量管理

（1）严把材料质量关，凡进场材料，使用前均应按要求进行抽样试验。

（2）施工过程中，坚持执行“操作人员当班自检、班组互检、施工队日检、项目部旬检、专职质检员随时检”的制度。

（3）建立工程质量管理体系，从行政、技术、经济三方面形成质量管理机制。严格事前控制，做好技术性复核复查工作，坚持本道工序未经检查验收或验收不合格，不得进入下一道工序施工。

3. 安全管理

（1）坚决贯彻执行“安全第一，预防为主，综合治理”方针，制定、落实各项安全生产规章制度和岗位责任制。

（2）做到三个坚持：不安全不生产，事故隐患不消除不生产，安全措施不落实不生产。

（3）加强各类安全生产检查，发现有安全隐患，及时限期定人整改；对在施工中的“三违”现象和安全事故实行“四不放过”原则，认真追查处理。

### 3.3.2 平巷快速施工新技术

一、平巷快速施工新技术简介

（一）概况

从 20 世纪 80 年代起，如何预防和解决深水平、构造发育的高应力软岩巷道变形破坏问题，一直是煤炭系统科研的重点。

平巷快速施工技术，以解决千米以下深水平高应力软岩巷道变形破坏问题为中心，实现千米以上的深水平硐室、巷道的安全、快速施工问题。该技术先后在徐州矿务集团张小楼、夹河、张集等煤矿多个深水平硐室、巷道掘进及修复中进行推广应用，取得了良好的效果，提高了工程质量和施工安全性，特别是节约了大量材料费用和重复修复费用，经济效益和社会效益显著。

该技术主要适用于井深 800m 以上水平软岩巷道和断层、破碎带、构造带等高应力地区的巷道开拓和巷修，特别适用于埋深超过 1000m 的水平高应力区软岩巷道。

（二）工艺原理

1. 通过瑞典 RAMAC/GKP 新型地质雷达探测巷道围岩松动圈来确定支护参数，根据巷道破坏特征，采用锚注方法加固围岩，以及锚网喷联合支护；并有反拱锚注和底脚锚固实现全断面支护。

2. 对于新掘巷道，采用先喷后锚网支护工艺，待围岩应力释放后，再采用复喷成巷和锚注的技术工艺，并采取锚杆二次紧固提高锚杆预紧力；钢带锚梁，提高锚杆整体锚固效果。

3. 对于大断面硐室和巷道，增加锚索和锚网喷、锚注等联合支护技术工艺。

（三）技术特点

1. 采用地质雷达探测巷道围岩破坏松动圈技术，为巷道支护结构设计提供科学依据。

2. 对于松动圈较大的巷道，采用锚网喷联合加厚支护和锚注支护技术，提高围岩整体稳定性；对于松动圈较大的围岩巷道，发挥锚杆的锚固作用，解决修复问题。

3. 对于过断层和破坏带的新掘巷道，采用先喷后锚网支护技术，待应力释放后，采用锚固加固围岩，解决新掘巷道支护变形破坏问题。

4. 对于破坏巷道和高应力区段支护，采用全断面锚注技术。

5. 对于大断面硐室和穿过严重破碎带时的支护，采用锚索和锚网喷、锚注联合支护技术。

6. 巷道穿过大型断层破碎带，其巷道顶板岩石破碎难以支护时，可采用 29U 棚，并采取短段掘砌通过。掘砌段为 1.0m，棚距 0.8m，棚顶采用 6 根管缝式锚杆作为超前支护，解决冒顶和施工安全问题。

二、实施技术

（一）施工工艺

图 3.3-1 为某矿井－1025m 轨道大巷锚喷网与支架、锚注、反拱联合支护结构图。

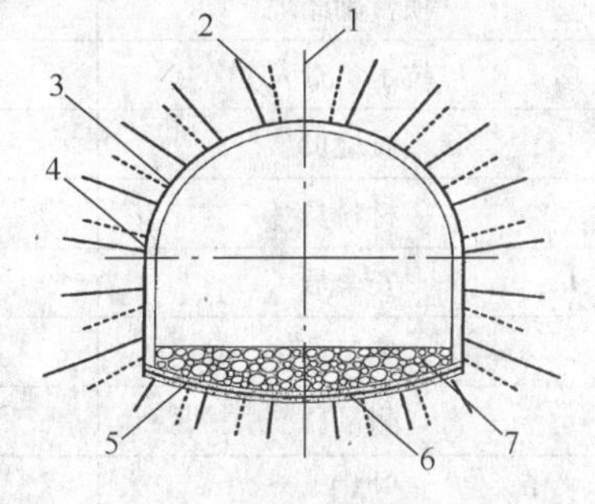


图 3.3-1 －1025m 轨道大巷锚喷网与支架、锚注、反拱联合支护结构示意图

1—等强锚杆；2—注浆锚杆；3—金属网、钢带；4—U29 支架；5—钢筋网；6—毛石砂浆；7—混凝土

1. 复杂构造带、高应力软岩巷道修复支护工艺流程

现场勘察、地质雷达探测巷道围岩松动圈→确定修复支护技术方案→清理、剥离危岩、临时喷浆→打预注浆锚注锚杆孔→安装注浆锚杆→对顶帮预注浆→刷大断面卧底出矸到设计要求尺寸→初喷 100mm 厚钢筋混凝土→打顶、帮等强锚杆孔→安装等强锚杆→复喷成巷→打注浆锚杆孔→安装注浆锚杆→对顶、帮复注→挖掘反拱→安装底板注浆锚杆→浇筑混凝土反拱→对两帮底脚及底板同时注浆。

2. 复杂构造带、断层破碎带、软岩新掘巷道支护工艺流程

分析地质资料，研究支护技术方案→光爆掘进→初喷 30mm 混凝土临时支护→打锚杆、挂网、钢带锚梁支护→应力释放 30d→锚杆二次紧固增加预紧力→复喷成巷→打底脚锚→对顶、帮锚注→打反拱、锚注（包括底脚）。

高应力区内开掘大断面硐室和巷道支护，增加锚索支护工艺，其工艺流程同上。

（二）操作要点

1. 新掘巷道爆破必须采用光面爆破，控制周边眼装药量，降低对围岩的震动破坏。

2. 光面爆破后及时喷浆 30mm 封闭围岩，防止围岩风化，为锚杆施工和安装创造条件。

3. 锚杆施工必须满足质量规定要求。顶板至少保证有 5 根锚杆先施工安装就位，确保顶板安全，防止顶板离层。

4. 锚杆采用钢带连接成一整体，避免漏失，以免影响整体锚固效果。

5. 锚杆必须进行二次紧固，确保锚杆扭矩达到规定的预紧力。

6. 复喷前要冲洗巷道表面灰尘，增加喷射混凝土之间的粘结质量。

7. 加强巷道两帮和两底脚锚固，锚杆与底板成 45°。

8. 新掘巷道的锚注工作应在应力释放后进行，锚注时间在开掘 30d 之后实施，注浆压力为 1.5～2.0MPa。锚注后，要上紧托盘，增加锚固作用。

9. 底鼓巷道采用反拱加锚注支护，锚注工作应在反拱混凝土凝固 7d 后进行。反拱内采用毛石砂浆充填成一整体。

对于施工劳动力组织，根据工程特点和施工进度计划合理配置劳动力。施工人员应具有丰富的施工经验、较高的专业技能，以达到优质、高效、快速施工。劳动力配置见表 3.3-6。

**劳动力配备表** **表 3.3-6**

| 工种 | 人数 | 工作内容 |
|---|---|---|
| 项目经理 | 1 | 负责本项工程的全面管理工作 |
| 项目副经理 | 2 | 负责本项工程的生产管理工作 |
| 技术负责人 | 1 | 负责本项工程的技术管理工作 |
| 质检员 | 3 | 负责本项工程的质量管理 |
| 材料员 | 2 | 负责本项工程的材料供应 |
| 安全员 | 3 | 负责本项工程的安全管理 |
| 施工员 | 2 | 负责本项工程的施工管理工作 |
| 测量员 | 2 | 负责本项工程的测量工作 |
| 焊工 | 2 | 负责本项工程的焊接工作 |
| 机电维护工 | 4 | 负责本项工程三班的机电维护工作 |
| 钻工及安装工 | 15 | 负责本项工程三班的钻孔及安装工作 |
| 合计 | 37 | |

（三）材料设备

该技术需要的设备除了正常掘进和出矸设备外，其他主要使用的设备和材料见表 3.3-7。

**主要施工材料和设备** **表 3.3-7**

| 序号 | 名称 | 规格 | 单位 | 数量 | 备注 |
|---|---|---|---|---|---|
| 1 | 风锤 | 7655，YT-27 | 部 | 10 | |
| 2 | 锚杆钻机 | MQT-120 | 台 | 2 | |
| 3 | 钻头 | $\phi$27～42 | 吨 | | |

续表

| 序号 | 名称 | 规　格 | 单位 | 数量 | 备注 |
| --- | --- | --- | --- | --- | --- |
| 4 | 锚索 | ϕ18.9mm | t | | 根据设计需要 |
| 5 | 锚杆 | ϕ20 等强锚杆 | t | | 根据设计需要 |
| 6 | 金属网 | ϕ6mm，100×100 网格 | t | | 根据设计需要 |
| 7 | 锚固剂 | 树脂药卷 | t | | 根据设计需要 |
| 8 | 注浆机 | KBY-50-70 | 台 | 2 | |
| 9 | 管缝式锚注锚杆 | ϕ22×4mm | t | | |
| 10 | 水泥 | P.O 32.5 | t | | |
| 11 | 黄砂 | 中粗 | t | | |
| 12 | 碎石 | 粒径 10～30mm | t | | 反拱用混凝土 |
| 13 | 碎石 | 粒径 5～10mm | t | | 喷浆用 |
| 14 | 混凝土搅拌机 | | 台 | 1 | |

注：以上所列是一个掘进头的主要设备和材料。

三、应用实例

深水平高应力区软岩巷道支护技术从 2000 年开始在徐州矿务集团庞庄煤矿张小楼井井下巷道修复中开展研究，在解决传统支护技术问题的基础上，形成了整套支护技术。2000 年至今，该技术已在徐州矿务集团庞庄煤矿张小楼井－1010m 皮带大巷和－1025m 轨道大巷、夹河煤矿的－1000m 水平皮带大巷、张集煤矿－1000m 水平轨道巷道等软岩巷道修复中得到应用，解决了巷道的变形和破坏问题，提高了软岩巷道掘进的安全性。

# 4 矿业工程项目管理案例

## 4.1 矿业工程项目建设与管理案例

### 4.1.1 矿区工程项目建设

一、山东济北矿区项目的建设背景与矿区概况

（一）项目背景

济北矿区是淄博矿业集团公司的接续矿区，1991年8月23日原能源部将济北矿区作为“救命工程”划归由淄矿集团公司开发。

淄博矿业集团在20世纪90年代初是全国煤炭36家特困企业之一，老区煤炭资源枯竭，十余万职工的生存已十分困难。而且，当时我国已从计划经济体制转向市场经济体制的轨道。改革开放已进入第二个高潮期，即推行现代化企业制度，最突出的特点是政企分开，国家不再包揽企业，投资项目由拨款改为贷款，企业必须走“自主经营，自负盈亏，自我约束，自我发展”的路子。在这种历史背景下，淄矿集团为解决生存和发展，对济北矿区建设提出“抓住机遇，打破常规，自我造血，滚动发展”和“三高两少一早”（高起点、高标准、高要求、投资少、用人少、见效早）的要求，确定将济北矿区按“七最”的方针进行建设，即最先进可靠的技术，最优的布置方式，最简单的生产设施，最少的投资，最快的速度，现实最大的产出，达到最好的经济效益。

（二）矿区概况

济北矿区位于济宁市北面，济宁煤田的北部，总面积322$km^2$，可采储量7.5亿吨。可采和局部可采煤层有7层，平均总厚9.58m，其中主采3层煤，平均厚4.61m，占总可采储量的60%。

矿区规划有许厂矿、岱庄矿、葛亭矿和唐口矿四对矿井，设计年生产能力分别为150万吨、150万吨、60万吨和300万吨，总生产能力660万吨/年，均为立井开拓。其中唐口矿的主井、副井和风井三个立井井筒设计深度分别为1030m、1061m、1044m；净直径分别为7.5m、7.0m、6.0m。井筒所穿过第四系表土层采用冻结法凿井，冻结深度达250m，设计井壁厚度为1.0～1.3m，双层钢筋混凝土结构，最大掘进断面为82$m^2$；基岩段有520多米的松软膨胀泥岩，井筒最大涌水量达776$m^2$/h，设计井壁厚度为0.45～0.6m高强混凝土，最大掘进断面为60$m^2$。同时，三个超千米立井布置在同一个工业广场内，地质及水文地质条件十分复杂，地压大、地温高，提升、排水系统技术要求高，施工难度及风险相当大。三个千米立井在一个矿井内同时施工，不论在凿井设备配套、施工组织、建井技术、保证质量及安全，在国内外尚属首例，更没有成熟的经验可以借鉴，建井任务十分艰巨。济北矿区各矿井主要特征见表4.1-1。

矿区内地质条件复杂，断层多。岱庄矿煤层变薄夹矸多，地面有70个村庄，压煤量占80%，煤层埋深由东部200m到西部－1200m以下。下组煤水文地质为复杂类型，各井田上组煤正常涌水量一般100～500$m^3$/h，最大涌水量达776$m^3$/h。矿井有煤尘爆炸危险

和自然发火倾向；−900m 以下地温存在一、二级高温区。区内有不同厚度的松软岩层，唐口矿 $f<3$ 的松软质泥砂岩总厚度达 520m。

矿区交通运输便利，煤炭资源丰富，但地面建筑物多、地下地质构造复杂；同时有建设的井筒深、岩层软、地压大、地温高、涌水量大等不利因素。因此矿井建设条件是比较困难的。

**济北矿区各矿井主要特征表** **表 4.1-1**

| 矿井名称 | 可采储量（亿吨） | 设计能力（万吨/年） | 服务年限 | 主采煤厚（m） | 标高（m） | | 井筒垂深（m） | 直径（m） | 井筒预计涌水量（$m^3/h$） |
|---|---|---|---|---|---|---|---|---|---|
| | | | | | 地面 | 水平 | | | |
| 许厂 | 1.7 | 150 | 86 | 5.2 | +43.5 | −255 | 主 339.5<br>副 322.5<br>风 306.3 | 4.5<br>6.5<br>5.0 | 95<br>76<br>102 |
| 岱庄 | 1.5 | 150 | 71 | 4.23 | +40.6 | −410 | 主 450<br>副 475<br>风 450 | 4.5<br>6.5<br>5.0 | 103<br>279<br>155 |
| 葛亭 | 0.6 | 60 | 71 | 7.3 | +40 | −175 | 主 440<br>副 455 | 5.0<br>5.0 | 106<br>109 |
| 唐口 | 3.8 | 300 | 96 | 8.6 | +39 | −990 | 主 1030<br>副 1061<br>风 1044 | 7.5<br>7.0<br>6.0 | 359<br>623<br>776 |
| 合计 | 7.6 | 660 | | | | | | | |

二、建设规划与资金筹集

（一）矿区建设规模

本矿区由许厂矿井、岱庄矿井、葛亭矿井和唐口矿井组成。该地区尚有运河矿井和何岗两对矿井划给地方开采，建设计划由地方安排，不纳入本建设计划中。

许厂、岱庄、葛亭和唐口各矿井的生产能力如下：

许厂矿井：井田面积 60km²，地质储量 3.3 亿吨，可采储量 1.7 亿吨，矿井设计生产能力为 150 万吨/年，服务年限 86 年。

岱庄矿井：井田面积 65km²，地质储量 3.9 亿吨，可采储量 1.5 亿吨，其中上组煤（3 上、3 下）可采储量 0.71 亿吨，矿井设计年生产能力为 150 万吨/年，服务年限 71 年。

葛亭矿井：井田面积 23km²，地质储量 1.2 亿吨，可采储量 0.6 亿吨，矿井设计生产能力 60 万吨/年，服务年限 71 年。

唐口矿井：井田面积 95km²，地质储量 8 亿吨，可采储量 3.8 亿吨，矿井设计生产能力 300 万吨/年，服务年限 96 年。

（二）矿井开拓与开采

本矿区煤田上覆第四系冲积层较厚，且煤层产状平缓，埋藏较深。设计各矿井均采用竖井开拓。

1. 许厂矿井

井口位置选择在井田中部，孙氏店支二断层东侧，X6-4 孔西北 300m 处。全矿井分两个水平开拓，水平标高分别为-255m 和-425m。布置主、副、风三个井筒。利用大巷、上山开采孙氏店支二断层以东 3 下煤层；布置集中下山在-480m 设辅助水平，开采孙氏店支二断层以西 3 下煤层。矿井达到设计产量时，共布置两个采区，两个综采工作面。

2. 岱庄矿井

井口位置选择在庄头断层与庄头支断层之间的 21-7 孔以北 200m 左右，全井田分两个水平开拓，一水平－410m，二水平－620m。一水平集中开采上组煤，在工厂内布置三个井筒。达到设计产量时，布置东、西两个采区。西部采区布置一个综采面；东部采区使用连续采煤机进行条带式开采，可以不搬迁村庄。

3. 葛亭矿井

井口位置选择在徐家沟西，N7-7 钻孔附近。矿井采用一个水平，后期建立辅助水平的开拓方式，水平标高－386m，辅助水平标高为－550m。布置主、副两个井筒，主井回风，副井进风。矿井两翼于－350m 布置水平大巷开采一采区 3 层煤及西部下组煤。矿井东翼布置集中下山，下山底水平－550m。矿井达到设计产量时，布置一个采区，一个综放工作面。

4. 唐口矿井

井口位置选择在姜郑村东 300m 处，有利于前期集中开发中部块段的开拓布置并兼顾全井田。全矿井共分为两个水平，第一水平为－990m，主要采上组煤；第二水平延深至－1200m，主要采 16、17 层煤。初期在工业广场内布置三个井筒：主井、副井、风井。投产 20 年左右在南部打一进风井。全矿井共用 4 个井筒开拓。第一水平主要大巷除胶带输送机大巷布置在 3 上底板岩石外，轨道大巷和回风大巷均沿 3 上煤层布置；第二水平大巷布置在 16 层煤中。矿井达到设计产量时，集中井田中部块段布置 2 个采区，2 个综放工作面，保证矿井的生产能力。

（三）矿区建设顺序

1. 建设原则

按照矿区煤层赋存条件，外部建设条件和投资效益，本着择优开采，先浅后深，先易后难的原则，优先建设开发条件好，施工条件相对简单，投产早见效快的矿井，同时适应淄博矿务局的接替要求。

2. 建设顺序安排

根据矿井设计进度，施工准备周期及主要连锁工程安排要求，经分析比较，设计推荐的建设顺序为先许厂矿井，后岱庄、葛亭矿井，最后开发唐口矿井。

根据矿区内各矿井服务年限和矿井建设顺序，矿区服务年限为 100 年。其中，国有煤矿均衡生产时间约为 75 年。根据本矿区矿井建设顺序，区内有关供电、公路、铁路及辅助企业等设施，应统筹规划，以适应本区建设的需要进行安排。

选煤厂（或选煤车间）应与矿井同时建成。为保证矿井生产的可靠性同时提高煤炭产出的效益，延伸煤炭经济链，矿区同时建设发电厂。设计的电厂分二期建设，总规模 850MW，其中一期为 250MW；二期为 600MW。

为满足矿区后续期的发展要求，应考虑济（宁）北矿区发展后备矿区条件。根据已经探查的和预计的矿产贮存情况，有三个设想方案，一是济（宁）北矿区的北部新嘉驿预测区；其二是济（宁）北矿区的西部梁宝寺煤田；其三是唐口南预测区。

（四）资金筹措

根据淄矿集团的实际情况，济北矿区建设资金的筹集来源可以通过三个方面实现，即自筹资金、银行或政府贷款、集团积累资金的利用。

1. 自筹资金

在济北矿区建设初期，一方面矿区企业急需新矿区接续，迫切需要有新矿井建设和投产；另一方面国家实行了“自主经营，自负盈亏”的政策，不再有国家包揽和现成的资金投入条件。淄博矿业集团就像“断奶的孩子”，要自找充饥的办法。在行业处于困难时期，企业处于交替时期，企业自身实力不够，思路不多，矿井建设面临着重大的困难。当这种形势下，淄矿集团考虑到的最近实的办法就是动员全体职工集资。在一次许厂矿建设工地停电时，召开了一次被公司职工称之为“烛光会议”的现场会议。会议上通过交代集团现状和介绍济北矿区的前景吸引全体职工的积极性，同时又号召全体职工发挥淄矿集团的优良传统，艰苦创业。会议之后，公司全体职工对济北矿区建设寄予厚望，集全公司的力量，给济北矿区建设筹集资金4000余万元，为济北矿区的建设解决了工程启动的必要资金，也为后续工作打下了良好的基础。

2. 银行及政府贷款

淄矿集团除通过集资外，还积极向上级机关和银行部门反映企业的要求，说明济北矿区建设的前景，企业为开发济北矿区的积极准备和实施条件，以及企业的实力和良好的传统。经过努力，争取了日本对华第三次能源贷款和国家银行的支持，并取得了巨大的成效。筹集的资金包括：

日本第三次能源贷款：113100万元。

国家开发银行贷款：87295万元。其中：软贷款：20837万元，硬贷款：66458万元。

3. 利用积累资金，滚动发展

根据济北矿区建设规划，葛亭、唐口两对矿井是在许厂矿井和岱庄矿井投入生产后开工建设的，所以，葛亭和唐口矿井建设的资金可以部分利用许厂和岱庄矿井生产积累起来的资金，采取滚动式发展的模式进行葛亭和唐口矿井建设。

三、济北矿区建设项目管理结构与模式

（一）建设项目管理结构

济北矿区建设是市场经济条件下的创新模式，建设思路可以利用金字塔结构形式来表示，见图4.1-1。

（二）建设项目管理模式

1. 建设项目管理框架

济北矿区建设项目实行业主负责制，对政府及地方相关部门、设计单位、监理单位、承包商、咨询、采购等建设项目的相关者的统一协调、控制，接受政府部门监管，实现建设项目的总目标。矿区建设项目管理框架见图4.1-2。

2. 建设项目管理模式

矿区建设项目对科学的竞争机制、约束机制、激励机制规律进行了深入研究，全面推行了项目法人责任制、招标投标制、建设监理制和合同管理制等四项基本制度。以项目管理的科学体系进行“四控三管一协调”（投资控制、工期控制、质量控制、安全控制，合同管理、信息管理、生产要素的现场管理和组织协调），取得了十分显著的技术经济效益。实现了建设项目管理的理论与实践的高度统一，达到了建设项目的预期目标。矿区建设管理控制系统模式见图4.1-3。

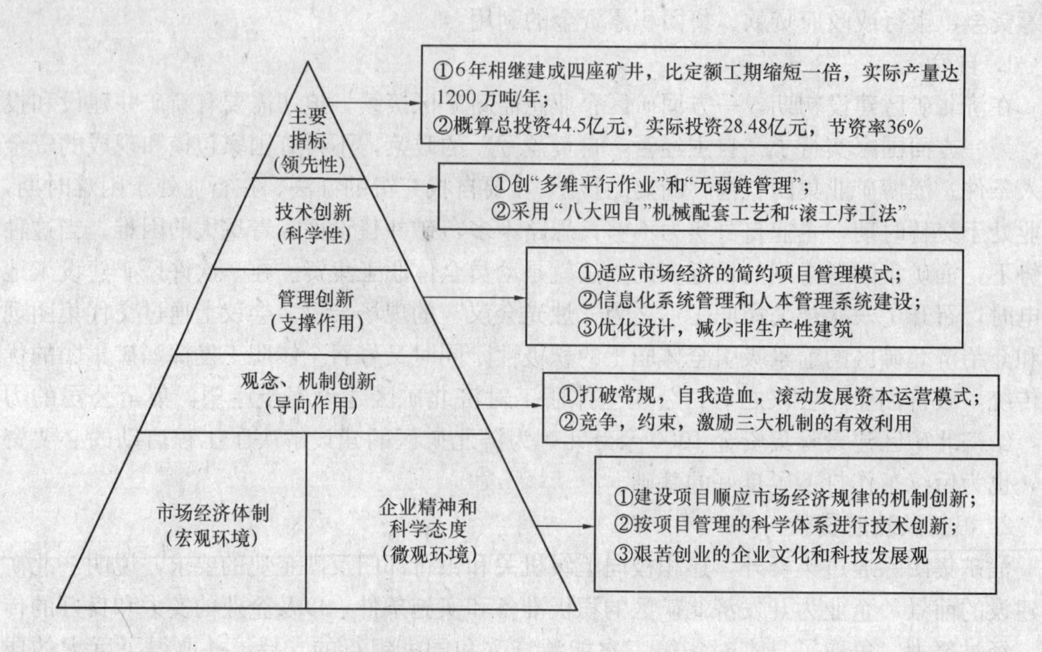


图 4.1-1　济北矿区建设思路的金字塔结构示意图

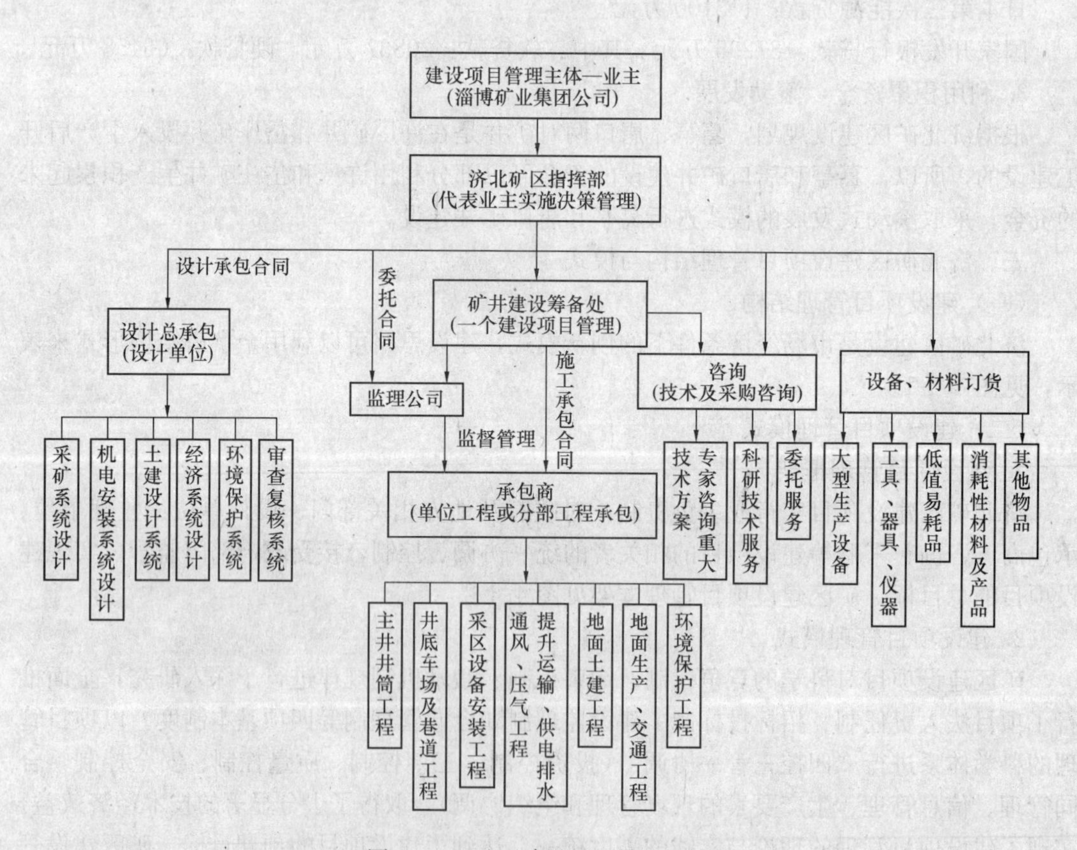


图 4.1-2　矿区建设项目管理框架

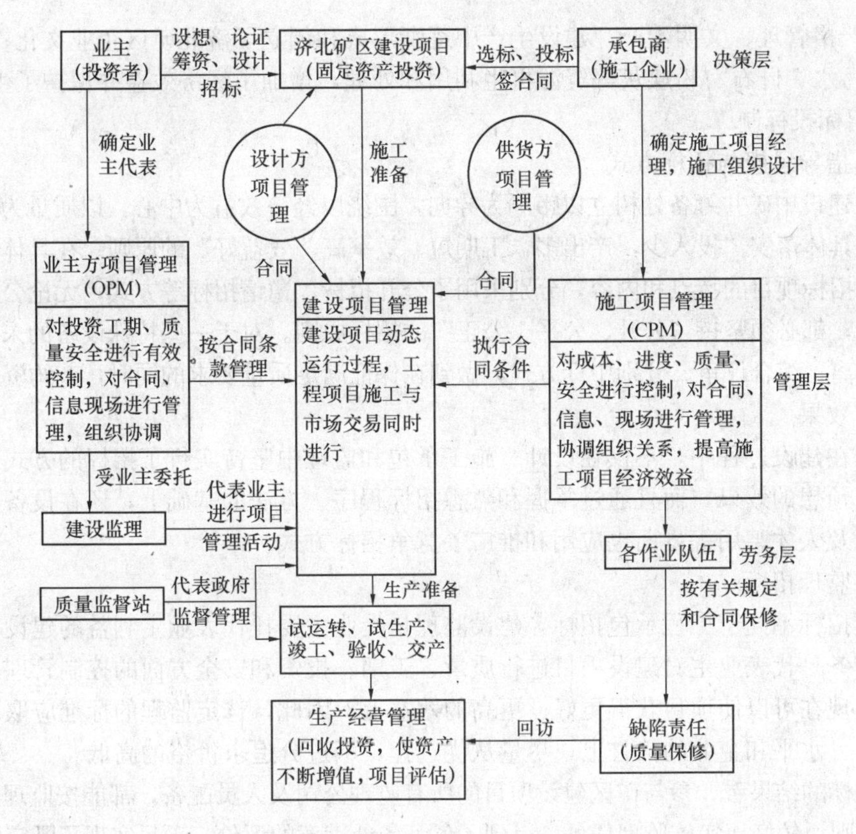


图 4.1-3 济北矿区建设项目管理系统控制模式

（三）四项基本制度的实践

1. 项目法人责任制

根据矿区是在异地建设的特点，推行项目法人责任制。矿区建设指挥部对人、财、物实行业主管理。以一个矿井建设项目为主体作为项目法人，确定项目法人代表，成立矿井建设筹备处，负责建设项目的筹备、建设、竣工验收和生产管理，并按投入额35%的资本金负责投产后还本付息的全过程。做到了责、权、利一体，避免了传统管理方式的多层次、机构重叠，管理部门等、靠、要等责任不清的现象。

(1) 项目法人责任制的内容

1) 负责矿井建设项目的论证、设计、资金筹集、施工准备；

2) 项目建设过程中与监理、承包商、供应商、地方政府及有关部门协调；

3) 对投资、质量、进度、安全进行控制，对合同、信息、生产要素严格管理；

4) 组织指挥矿井施工、生产准备、工程质量检查验收和交付使用；

5) 负责生产经营管理，资金还贷，上缴利税，企业配套改革发展。

(2) 项目法人责任制的效果

1) 实现了投资省、质量好和速度快的建设目标；

2) 矿井投产后迅速达产、并实现了快速超产增效的目的；

3) 矿井建设及生产技术配套完善，各环节配合紧凑；

4) 成本不断降低，利润逐步提高，职工收入增加，上交利润提高；

5）严格管理、文明生产，建设生产中逐渐形成和创立了济北矿区企业文化；

6）污水、矸石、粉煤灰等资源再生利用和处理，增加了经济效益并保护了生态环境。

2. 招标投标制

（1）指导思想与招标方式

矿区建设中矿井筹备处树立以市场为导向，围绕以经济效益为中心，以质量为根本的指导思想；具体落实“投入少，产出多，工期短、效率高、效益好”的原则。在具体招标工作中，根据招标项目的特点和内容，分别采用了公开招标、邀请招标等方式；无论公开招标或邀请招标，都必须坚持“公开、公平、公正”的招标原则。对于一些特殊设备的采购，采用了量价分离、综合评审、分别中标方式，做到在保证满足质量要求的同时，节约资金投入。

（2）效果

矿区在建设过程中，不仅在设计、施工承包和监理中坚持实行了招标的方式，多数项目取得了预想的效果，而且通过掌握和熟悉招标程序、方法的基础上，还在设备采购、咨询、研发及人才聘用等方面也应用和推广了竞争招标方式。

（3）监理招标

监理招标不同于工程承包招标，建设监理是受业主委托代表业主利益的建设项目管理者，其任务是代表业主对建设项目进行质量、工期、投资和安全方面的控制管理。监理的好坏，体现在可以使项目获得更好、更高的效益上。因此，选定监理的标准应取决于其监理的能力、水平和企业的信誉上，尽量从优选择，不过分追求价格的高低。

从招标的结果看，参与矿区建设项目的所有监理公司及人员配备，都能按监理规划和监理实施细则，较好地实施监理任务，得到了各筹备处满意的评价，项目实现了既定的目标。

（4）订货招标

济北矿区从万元以上到千万元的设备采购，一律公开招标，按“公开、公平、公正、诚信”的原则进行。不仅节约了资金而且使销售者也得到满意的效果。根据不同情况招投标和合同协商中，采用了不同的办法。

1）量价分离法

这一方法是针对结构关系复杂，技术配置高低、数量、质量难以衡量的设备所采取的措施。岱庄矿大型胶带运输机因运行工况复杂、技术设计不一致对价格造成了影响。经技术部门优化方案、统一图纸后，对外购件的规格型号、品牌、数量进行了市场调查，制定招标方式。先定量再询价，降低购价10%。

2）分次报价评标法

对科技含量高的非标准产品，由于各厂家生产工艺和方法不同，设备成本差别较大。岱庄矿选煤厂自动化系统采购时选择了三家供货单位分三轮报价，进行综合评审后定价，比正常采购降低购价15%。

3）分解配套装置法

采用分解核价法将设备分解，以质量高、价格低为原则进行拆套订货，以达到降低购价的目的。

4）对比法

针对定点生产厂家产品报价不一致的特点，以低报价生产厂家的价格为依据，分析各家优缺点，并与各厂家进行对比，达到降价目的。唐口矿110kV变电所氟化硫组合器，从723万元，最终降至668万元，仅此一项降低购价60多万元。

3. 建设监理制

坚持在建设过程中实施监理关系程序化的措施，确使建设监理充分代表业主在矿井建设过程中的利益，进行投资、质量、进度控制和合同、信息管理，使项目的管理效果十分突出。

矿区的建设工程监理严格按照规范化、标准化、科学化的要求制定了完善的规定制度，做了许多工作。

(1) 坚持"依法、公正、科学、诚信"的原则，规定了总监理工程师负责制并制定了相应的工作标准，定期向业主汇报工作。

(2) 坚持例会制度。要求监理单位每月召开一次工程、计划平衡会，由业主、监理、施工、设计等方面人员参加，互通情况，协作处理工程中的问题；每旬召开一次监理例会，不定期召开各专业例会，检查旬、月制度计划完成情况和工程质量，及时发现和解决工程的进度和质量问题。

(3) 坚持汇报制度。要求总监理师负责将每月工程进度、质量、投资等情况向业主和监理公司汇报。施工中出现的质量及技术问题和处理意见，在向业主和监理公司汇报的同时报上级主管部门。

4. 合同管理制

矿区在整个建设过程中与十几家施工企业、供货单位等签定了相关合同。由于对合同条款审查严格，执行得力、管理精细，达到预期目的并取得了良好效果。

(1) 严格工程合同制

在工程合同管理上，严格按合同条款执行，在合同界定的时间内完不成指标坚决解除合同，予以辞退。承建许厂矿主、副井的某工程处，在表土冻结法凿井中连续创月成井103.6m和110.8m的记录；但进入基岩段掘进后，因各种原因，在合同规定的时间内没有完成指标，影响了后续工期。按合同协议，除要进行一次性罚款外，规定每拖期一天，扣罚工程总价款1%，留下设备退场，并不准承揽其他工程。后经筹建处与工程处商量，由筹建处帮助解决工程中的一些困难，由工程处保证井筒完工工期，并按合同规定奖惩。最终经过双方配合，使主、副井井筒施工比合同工期分别提前15天和20天到底，实现了合同管理的双赢。

(2) 科学订立监理合同

筹建处（业主）在和监理单位协商中，明确了监理是代表业主利益对项目实施管理的职责和权力，因此，监理合同一经签订就明确了监理的地位。监理合同附有详细的监理规划和监理实施细则，监理单位必须根据详尽的合同条款并结合工程具体条件，对工程质量、工期和资金使用实施监理；因此监理合同和通常的承包合同不同，它追求的是过程的量化、细化和可行性。

监理单位最终应负责向业主移交一个合格的工程项目。矿区对各单位进行工程监理时采用了流程管理的方式，最大限度地避免了在合同文件中界定不清的问题。

(3) 质量合同负赔制

矿区建设工程质量高的一个重要经验是在合同中对质量有严格的约束，以及施工单位和人员的责任性。筹建处在与承包单位签订的合同中，订立有"质量负赔制"的质量合同条款内容，即工程质量优良给予奖励；如质量不合格，则停止付款、返工处理，并由承包商赔偿劣质质量造成的经济损失并承担相应的责任。这一条规定对施工企业形成巨大的约束力，也提高了施工企业的责任心，促进了施工技术和工程质量的明显提高。做到了在整个项目建设过程中，矿区没有出现过重大工程质量事故的良好效果。

（四）管理机制创新

济北矿区建设的生产经营机制，效率更高、机制更灵活，体现出了现代管理理念，取得了显著的效果。

1. 新型企业模式——“四个不建”

坚持政企分开、企业与社会服务关系脱钩的原则。新建的企业是一个围绕煤矿生产为主的企业经济链，而不是建设“社会形式”的矿区。以往的社会福利性设施由社会承办，因此设计的矿区不建家属区，不建学校、医院和托儿所等服务设施，以利于节约投资，降低生产成本，减少企业负担。

2. 用人机制改革创新

矿区在籍固定人员不超过20%，其余干部职工通过矿区协调、筹建处与老区相应各矿和个人签订相应劳务合同，全部由老区调集；工作期间负担工资、福利，代交保险，离矿后由原单位负担。对新招职工采用聘用制办法；对掘进、安装工程及建筑工程全部采用成建制外包，以减轻企业负担。

3. 建立现代企业制度

根据建设现代企业制度的要求，济北矿区建立完善的现代企业管理模式，管理机构、企业文化、管理手段、企业发展战略、资本运作等方面都有了新的突破。

四、矿区建设快速施工技术

（一）凿井设备配套技术

立井机械化快速施工的关键环节是：凿岩、装岩、提升运输和井壁支护。根据唐口矿井大断面，超深井的特点，研究采用了大型井架、大型提升机、大型伞钻、大型自卸汽车、大型中心回转式抓岩机、大吊桶、大模板等大型机械化配套设备，以及大搅拌机和大溜灰管的配置方案。同时各种设备的生产能力相匹配，满足了正规循环要求。根据井筒的技术特征，按井筒的表土冻结段、基岩段分别制订工程进度，在确定循环进度的条件下，合理确定施工段高，为选择模板高度、划定工序衔接、确定循环作业时间等提供依据。

（二）中深孔光爆技术

钻眼采用六臂伞钻，4.2～4.7m中深孔，高频电磁雷管、高威力水胶炸药、多阶直眼掏槽，优化爆破参数，光爆效率达100%。

（三）“平行作业”与“滚工序工法”技术

立井施工在设备、技术配套的基础上，在时间、空间、工序和工艺流程中尽量采用平行作业技术。如钻眼、装药、联线与伞钻升井同时、浇灌混凝土与伞钻检修同时、各井筒积极冻结期与消极冻结期同时、井筒导水、截水、排水与工作面排水、掘砌同时等。

组成了凿岩爆破、出矸、支护、清底的四个专业班组，实施滚工序不滚班的“滚工序工法”使得一个循环由常规的36h缩短到20h，最小仅15h，工作效率提高60%以上。该工法已成为一种被全国矿山施工界认可的工法。

（四）冻结段测温及快速施工技术

采用“DJB软件包”测试冻结温度的发展，为选择井筒的合理开挖时间提供了科学依据，做到了既能保持开挖时的冻结井帮的稳定，不“片帮”；又不让井帮内的温度过低而使岩土冻实（俗称成为“糖心”状），不仅加快了挖掘速度，还改善了施工环境，使冻结段最高掘进速度达 218m/月。另外，开挖时间还结合施工段高的选择，以及采用 45°卸压槽随方法，以减少冻结压力等。

（五）千米立井综合防治水与“注锚法”技术

由于工作面涌水量大、围岩裂隙贯通情况差，治水是高效建井的首要措施。为实施“干打井”的方法，对唐口矿千米立井施工前采用了地面预注浆、施工过程中对井壁渗漏水采用了“堵、截、导、排”的综合治水方法，井筒到底后，对深井淋水采用“注锚法”对围岩、壁后、壁内注浆，后者可以对井筒形成三道帷幕，而且采用“注、锚”结合的方法还能加固了围岩和井壁，使围岩强度提高 2 倍。浆液的选择要针对不同岩性和裂隙开度；当注浆后还有开度小于 0.2mm 的砂岩裂隙渗漏水时，可再用 PM 等化学浆液再次壁后注浆。经过对井筒涌水的认真处理后，施工中井筒工作面涌水降至 $10m^3/h$ 以下，建成后的井筒用水量仅为 $9.2m^3/h$。

五、矿区建设效益评价

（一）实现“三高、两少、一早、一好”的建设目标

1. 高速度。设计年产 150 万吨的许厂矿建井工期 28 个月，设计年产 150 万吨的岱庄矿建井工期 24 个月，设计年产 60 万吨的葛亭矿建井工期 23 个月，设计年产 300 万 t 的唐口矿建井工期 40 个月。比定额工期加快一倍以上。

2. 高质量。工程质量经上级质量监察部门验收合格率为 100%，优良品率达 80%；四个矿井全部被评为《太阳杯》工程。

3. 高效率。矿井实现了当年投产当年达到设计产量的高效率。2006 年经核定许厂矿、岱庄矿生产能力为 300 万吨/年，葛亭矿生产能力为 120 万吨/年，唐口矿生产能力为 400 万吨/年，全员效率＞10t/工日，原煤生产＞16t/工日，回采率＞85%。

4. 投资少。概算投资 46.62 亿元，实际投资 29.84 亿元，实际投资比概算投资少 36%。

5. 用人少。实际生产能力：许厂矿年产 340 万吨，职工 980 人；岱庄年产 320 万吨，职工 960 人；葛亭矿年产 130 万吨，职工 400 人；唐口矿年产 420 万吨，职工 1600 人，全矿区由常规的 3.6 万人降到 4000 人左右。

6. 见效早。实现了 2 年见煤，3 年见效益，5 年全部还清贷款。

7. 安全好。建井期间没有发生任何重大工程事故和人员伤亡事故。

（二）经济效益与社会效益

1. 经济效益

矿区自 1996 年 6 月许厂第一对矿井正式开工建设，至 2005 年 9 月唐口煤矿正式投产，及所配套的三个选煤厂、发电厂等配套生产系统已全部形成，所产生的经济效益十分可观，在 2002 年底建井贷款就已全部还清。矿区已产煤 7000 多万吨，煤炭生产、发电等产值达 500 多亿元，利税 70 多亿元。

2. 社会效益

济北矿区建设遵循市场经济的客观规律，根据现代企业发展的趋势，建立了煤矿建设项目管理的科学体系，有效地运用了竞争机制、约束机制、激励机制等三大市场机制，在

管理过程中推行了项目法人责任制、招标投标制、建设监理制、合同管理制，形成了投资少、速度快、质量高、达产快、安全无事故的济北矿区项目管理模式，为市场经济条件下的矿山建设积累了经验，探索了一条成功新路，成为类似大型矿区建设的一个典型。

### 4.1.2　煤矿矿井工程项目建设

一、巨野赵楼矿井概况与项目管理特点

（一）矿井概况

赵楼矿井位于巨野煤田的中部，北距郓城县城约 22km，东距巨野县城约 13km。井田面积约 144.89km²，地质储量 107581 万吨可采储量 25011 万吨，煤层埋深 750～1300m，地质构造中等，属低瓦斯矿井，适合综合机械化开采。主采 3 煤层，煤层平均厚 6.93m。矿井设计年生产能力为 300 万吨，服务年限为 60.1 年。矿井采用立井开拓方式，中央并列式通风，工厂内布置主、副、风井三个井筒。矿井建设总工期为 34 个月，到投产时井巷工程开拓总长度为 17581m。井筒设计主要产生参数见表 4.1-2。

赵楼矿井的井筒主要生产技术参数表　　表 4.1-2

| 序号 | 项　目 | 单位 | 主　井 | 副　井 | 风　井 |
|---|---|---|---|---|---|
| 1 | 净直径 | m | 7.0 | 7.2 | 6.5 |
| 2 | 净断面 | m² | 38.5 | 40.7 | 33.2 |
| 3 | 井口标高 | m | ＋45.0 | ＋45.0 | ＋45.0 |
| 4 | 提升方位角 | ° | 270 | 270 | 270 |
| 5 | 井底标高 | m | －860 | －860 | －860 |
| 6 | 至车场水准深度 | m | 905.0 | 905.0 | 905.0 |
| 7 | 至井底 | m | 921.158 | 936.0 | 921.158 |
| 8 | 表土层厚度 | m | 473.85（实际） | 476（实际） | 472.1（实际） |
| 9 | 井筒装备 | | 二套 20t 多绳箕斗、制冷管 | 1t 双层四车箕辅助罐笼、梯子间 | 梯子间、防火灌、注浆管 |
| 10 | 移交井巷工程 | m³ | 17214.6m³ | 417158.39m³ | 井筒 2745m³ |
| 11 | 矿井总投资 | 万元 | 静态 149975.82 | 吨煤投资 499.92 | 流动资金 1284.3 |

（二）项目管理形式

赵楼矿井由兖州矿业集团投资建设，同时也由集团组织建设，即业主和具体实施的单位同是一家。为做好该矿井的建设项目，集团在具体的管理模式法上仍采用了现代管理的方法，这一形式既发挥了项目管理总承包的优点，又结合了国内传统的行政管理特点，充分发挥了两种形式的特点。

由于建设单位对项目整个过程和具体业务内容熟悉，因此它既是业主的身份，又是具体管理者。集团层组织专门管理班子，作为项目管理机构，负责项目总体管理工作。项目的具体实施工作，包括地质勘探、设计、施工等分别由下属企业单位承担，对集团负责各自的工作并由集团统一管理。形成了专门管理机构的项目管理总包、地质勘探、设计、施工分包的管理形式。这种管理形式，既利用了集团公司自身以及各专业人员的特点和集团各层次的积极性，又保证了各实施单位的目标和职责的落实，以及建设过程各环节和各下属企业之间的协调。项目的管理模式为项目的顺利运转，以及项目高质量的实施和良好的经济效益，建立了有效的组织基础。从实施效果看，不仅节省了项目在管理方面的部分资金投入，并且顺利地完成了项目要求的高标准、高效率目标，取得了很好的效果。

二、项目前期准备工作

（一）地质勘探和设计工作的协调

地质勘探和设计工作是矿井建设的关键。协调二者之间的关系是加快井筒开工的主要条件，赵楼矿井在上级对矿井项目建议书同意立项的批复后立即组织对井田精查、可研报告和初设工作进行了统一安排并做到相互配合，后期又与施工单位密切配合。如，在对井田进行精查时就由设计单位提出了井筒位置，地质勘探单位结合精查施工井筒验证孔的工作，冻结施工单位根据验证孔资料提出井筒冻结方案，实施冻结施工。在精查报告和初步设计提出后即开始井筒施工单位招标和井筒开工前的准备工作。这样，首先开工的风井井筒工程从项目建议书批准到井筒冻结开钻只用了一年的时间。

（二）井筒位置的选择

赵楼矿井煤层埋藏深，从地表到井底的深度近千米；上覆岩层中，松散层厚同时还具有膨胀性，施工困难性比较大，而且矿井建设具有要求标准高、建设工期短、工程量大的特点，因此井筒施工更成为了整个项目建设的关键，其中井筒位置的选择又是具有整个项目的战略性意义。为此，集团公司总结了众多矿井的建设经验和教训，对困难问题开展了有针对性的预研工作，项目取得了良好效果。

确定井口位置主要考虑了以下几个原则：井口位置应尽量选择在新生界较薄处，以减少施工难度和节省投资；工业场地的位置应以尽量减少压煤量；井口应靠近首采区和储量中心，以减少建设初期投资和尽早出煤；井底车场及硐室处于相对坚硬稳定的岩层中。

根据该矿井精查资料显示，整个矿区上覆冲积层厚度在470～734m之间，在矿区东南部位置存在一个穹窿构造，井口设在穹窿构造顶部可以获得较浅的冲积层。以此确定的井口位置经三维地震勘探及施工验证孔证实，上覆冲积层厚度为473m，3煤层和6煤层底板均为坚硬的细（粉）砂岩。经过与另两个井口位置方案比较，该方案具有明显优越性，井筒穿过的冲积层较薄、施工难度小、初期总投资省、工期短、交通便利且靠近储量中心，便于后期开采矿区东北部（天然焦），能够兼顾全井田的开拓。

（三）井筒表土施工方法的选择

由于井筒位置冲积层厚度为473m，根据井筒检查孔资料显示，第三系黏土层在236.9～473m之间，厚度236.1m，其中黏土层累计厚度为223.15m，占94.52%，黏土层多且厚，均为松散弱含水的冲积层。据此条件对最适合的冻结法和钻井法表土施工方法进行了比较。

1. 冻结法凿井方法的适应性

当时国内实现的最大冻结法凿井深度为650m，穿过的最厚冲积层为567.7m（巨野矿区龙固矿副井）。冻结施工的核心是“两壁一钻一机”问题。高垂直度冻结钻孔施工采用减压钻进、高性能泥浆并辅以纠偏钻具进行定向钻进，能够实现800m超深冻结孔偏斜率小于2‰的目标；低温制冷水平目前国内设备机组可以实现制取－40℃的低温盐水；冻结壁设计可以充分利用计算机数值模拟分析，建立不同井壁结构形式和冻结壁相互作用模型来进行优选；同时国内有较多深厚冲积层矿井的冻结施工经验可以借鉴。井壁结构包括现浇双层高强钢筋混凝土或外壁预制高强钢筋混凝土弧板（砌块）、内壁现浇钢筋混凝土形式在国内均有采用。

2. 钻井法凿井的适应性

国内已施工完成的最大钻井直径为 9.3m（深 465m，井径 7.0m）；最大钻井深度为 580m（龙固矿主井，钻井直径 8.7m，井径 5.5m）。国内已经施工及正在施工的 300m 以上的深井达到 18 个。钻井法已成为一种成熟、可靠、安全、高度机械化的施工方法。该种方法适于在地质条件复杂的冲积地层中施工，而且由于井壁在地面预制和养护，其井壁强度高、质量好。

3. 施工方法的比较

（1）技术可行性：冻结法凿井施工适应性强，施工可靠；可以一次施工到底，没有大的工序转换，保证施工的连续性。钻井法由于受当前钻井机具的限制，成井直径有一定限制；同时泥浆池、井壁预制场地占用场地较大，影响工业场地永久建筑的施工、对场地有污染。但是两种技术对该矿井都是可行的。

（2）施工速度：钻井施工速度较慢，目前国内钻井成井速度平均约 27m/月。根据赵楼矿井井筒要求，需采用二级扩孔技术，仅冲积层和风化基岩段的钻井工期将达到 610 天，加上钻井与基岩掘进之间的两个月转换工期，总工期将达到 670 天。冻结法施工包括冻结造孔，总工期为 540 天。因此钻井法将比冻结法工期长 4.3 个月。

（3）投资比较：冻结法单井施工总费用约为 11005 万元（造孔及冻结费用 6607 万元，冻结段、基岩段掘砌及措施费用 4398 万元），使用钻井法施工总费用约为 10171 万元（钻井费用 8466 万元，排浆场地费用 400 万元，基岩段掘砌及措施费用 1305 万元），钻井法较冻结法能够节约 834 万元。

（4）施工设备和机具：目前国内大的冻结公司有三家，设备及人员相对都充裕，方便配置和使用。钻井法所用的大型钻机目前国内共 6 台，都在使用中，若待其施工结束或从新加工钻机都会延误项目的建设期。

4. 结论

综合以上分析两种施工方法技术上都是可行的，尽管钻井法比冻结法成本低，但从建设工期、场地占用和设备配置方面比较冻结法优于钻井法，特别是对于建设工期的要求，冻结法明显优于钻井法。最后确定三个井筒冲积层均采用冻结法施工。

三、项目实施过程中的工作

（一）冻结方案的优化

1. 冻结壁设计

针对赵楼矿井深部黏土层具有含水量低（13.77%～26.99%）、膨胀性强（406m、418.9m 处膨胀力高达 551kPa；深 448m 处黏土层的自由膨胀率为 88%，膨胀力为 306kPa）、结冰温度低（−0.76～−4.96℃）、冻胀量大等不利于冻结施工的特点，经大型计算机模拟计算、现有的公式和类似矿井实例的反复比较，确定风井、主井和副井的浅部和深部冻结壁厚度分别为 4.5/6.3/6.5m 及 9.0/9.0/9.5m，浅部和深部冻结壁平均温度为−8℃和−10℃，盐水温度−30～−33℃。

2. 冻结管布置

根据冻结壁设计，冻结管布置采用双圈孔加内辅助孔的方式。为积累经验，三井筒采用不同的三圈孔布置方式。主井内圈孔深到风化带，中圈长短腿冻结；副井采用内圈插花式深到风化带的方式；风井采用的是中圈孔一个深度，内圈深到风化带的布置方式，三种方式都可以保证冻结壁的均匀与稳定。为解决井筒上下部冻结壁的厚度不一致，采用不同的供液管下管方式。冻结孔外圈采用单管局部中深部冻结，冻结管230m以上采用局部保温，局部冻结可以通过减少上部冷量供应，降低冻结成本。

内圈孔双管供液，前期为反循环，长管回液，加快上部冻结，冻结壁早交圈，减少上部塌帮。并在掘砌过程中根据冻结情况调整成为正循环，把短供液管改作回液管，以减少上部冻土对井壁的冻胀力，集中冷量强化下部冻结。

中圈冻结孔采用单根供液管，长短腿差异冻结，230m以上靠中圈及内圈形成冻结壁厚度和强度；230～480m靠中圈降低冻结壁平均温度，提高冻结壁强度，同时基岩段靠此圈封水，形成冻结岩帽。

3. 冻结站设置

根据矿井建设总工期的要求，同时尽量减少装机容量，我们确定开机顺序避开积极冻结的高峰期，采用三井共站的模式布置冻结站。开机顺序是风井先开机、主井开机延后1个月、副井开机延后主井4个月。整个冻结站按2.5个井筒冻结能力进行配置（2个井筒积极冻结，1个井筒维护冻结）。整个冻结站共安设48台螺杆压缩机（QKA25LP型10台，PLG25ⅢTA型14台，KA20CBY型24台）、2台活塞压缩机（8AS-17型），总装机容量为20840kW，折合52738kW（标准制冷量），能够满足在最高热负荷期51611kW（标准制冷量）的装机需求。同时为保证工程正常施工，在制冷系统安装时预留了设备备用接口，一旦需要可随时增加制冷设备。

4. 信息化施工技术

由于赵楼矿井深部厚黏土层所具有的低含水量、强膨胀性、结冰温度低的特点，为实现井筒冻结和支护的安全，防止出现冻结管断裂、井壁破裂等事故，建立了信息化井筒施工监测体系。该监测体系与井筒冻结测温系统整合在一起，通过对地层冻结参数监测、井筒工作面温度（包括空气温度、井帮温度、井底温度、冻土进入井内的宽度）监测、变形监测（包括井帮变形、底臌变形、井壁收敛）、已成型井壁段温度监测和冻结压力的监测，并以此进行冻结温度场、冻结壁受力与变形反演、预测，掌握外层井壁的强度增长和外载增长状况，评估外层井壁的安全性，指导深部地层的井筒掘砌施工。主井在外壁施工到井深−373m位置时监测发现该层位井壁和内部钢筋受力出现异常，为保证该处井壁安全，经研究果断实施了内壁套壁。后期的近外壁及内壁监测表明，套壁后该处井壁受力趋于稳定，保证了该处井壁安全。副井井筒通过信息化监测，实现了内外壁掘砌一次到位，内壁整体套砌，有利于井壁砌筑质量和加快砌筑进度。为有利于井壁维护，还对进行了长期的观测。

（二）利用永久设施措施

赵楼矿井工业广场狭窄，场内设施布置紧凑，时间紧。为减少临时施工用设施和设备在空间和时间上不影响永久建筑的施工与安装，需要尽量采用永久设施和设备进行施工，减少大临工程。

1. 利用永久井架凿井

赵楼矿井主井和副井均采用永久井架进行凿井。凿井期间采用永久井架进行提升和悬吊需要在井架设计前期兼顾凿井天轮平台的布置。永久井架基础设计要与冻结系统的设计进行充分沟通，协调好井架基础与冻结沟槽、冻结孔的空间关系。

现场施工时要合理安排好冻结孔、冻结沟槽、井架基础和翻矸架基础的施工，使其能够同时施工完成，保证冻结和掘砌施工工序间的衔接。在井筒冻结期间进行永久井架安装、凿井设备安装和施工准备。当井筒冻结具备开挖时，井筒施工设施也同时安装完成。

利用永久井架进行凿井省去了凿井井架的安装拆除。在完成井筒施工后可以使用永久井架进行临时改绞或直接进行永久装备，将永久提升系统的准备时间向前移到整个工程的准备期，可以缩短凿井井架和永久井架之间的提升系统转换时间，缓解因改绞对整个关键工程提升系统的影响，能够大大缩短建井工期。

2. 利用永久压风机房和变电所

压风机房采用永久建筑和设备，有利于整个矿井的压风系统进行集中管理，避免了各施工单位分散设立压风站所造成的浪费，同时也避免了后期临时与永久系统转换所可能对整个矿区运转造成的影响。并通过对机房设计优化，改混凝土结构为钢架结构，缩短了施工工期。

矿井建设期间采用永久变电所，保证了冻结站大负荷用电安全，避免了因电源质量而造成的不必要损失。

（三）井筒施工机械化设备配套

井筒施工机械化作业线的配套主要是根据现有设备情况、井筒条件和综合经济效益等方面进行考虑具体如下：

1. 井筒施工工艺

赵楼矿井井筒施工采用了大型机械化凿井设备。主副井筒施工采用永久井架（风井采用V型凿井井架）、配置4m³大吊桶和大功率提升机（2JKZ-3.6/12.96和2JK-3.5/20）、落地式汽车排矸、三井筒分别设置搅拌站、外壁砌筑采用2.5～4.0m可调整段高整体可伸缩模板、内壁套壁自下而上整体浇筑。基岩段采用FJD-6.7伞钻打眼、中深孔爆破、HZ-6型中心回转抓岩机装矸、4～4.5m整体模板混合作业。

2. CX45型挖掘机使用效果分析

CX45型挖掘机是第一次在立井井筒施工中使用。在井筒冲积层采用CX45型挖掘机进行机械挖土装土施工，突破了原来人工作业的模式（风井冲积层施工仍采用人工掘进，HZ-6型中心回转抓岩机装土）。

CX45型挖掘机在井径7.0m的立井冲积层段施工效果非常好，具有动作灵活、外形结构紧凑、挖掘和装载能力大、适应性强、故障率低的特点。小型挖掘机在大直径井筒中的使用，不仅满足了掘进和装载的需要，而且可节省较多的人工，安全作业环境也得到改善，具有较好的经济效益和社会效益，为实现井筒快速施工开辟了新的装备途径。

该挖掘机由凯斯工程机械公司生产，主要性能参数见表4.1-3。

主井使用挖掘机与风井使用人工方法挖掘比较：

(1) 施工效率高。在2005年2月份浅表土段施工中，风井断面平均60.8m²，月进尺110m，掘进体积6688m³。主井施工的断面平均约70m²，月进尺103m，掘进体积7210m³。两个井筒均采用三个班掘进、一个班支护。掘进班风井每班平均32人，主井平均每班20人；支护班两个井筒使用的人数基本一样。主井使用掘进工主要对井帮进行刷大，在人工使用量上主井平均每日比风井少36人。主井月掘进工作量在使用人数少的情

CX45 型挖掘机性能参数表 表 4.1-3

<table>
<tr><td rowspan="4">总体概况</td><td>总重量（kg）</td><td>4780</td><td rowspan="7">性能</td><td>行驶速度（km/h）</td><td>4.6/2.9</td></tr>
<tr><td>铲斗容积（L）</td><td>0.18</td><td>回转速度（r/min）</td><td>0～9.5</td></tr>
<tr><td>铲斗宽度（mm）</td><td>650</td><td>爬坡能力（°）</td><td>30</td></tr>
<tr><td>工作尺寸<br>（长×宽×高）(mm)</td><td>5860×5650×3600</td><td>铲斗挖掘力（N）</td><td>3630</td></tr>
<tr><td rowspan="3">发动机</td><td>类型</td><td>直喷，水冷，柴油机</td><td>动臂举升力（N）</td><td>2500</td></tr>
<tr><td>输出功率（kW）</td><td>27.2</td><td>对地压力（N）</td><td>2.7</td></tr>
<tr><td>燃油箱容量（L）</td><td>50</td><td>额定工作半径（m）</td><td>1.5～4.5</td></tr>
</table>

况下比风井要大。现场使用挖掘机装满一罐土的时间是 2.5～3.5min，包括挖掘和装载。特别是对于致密土层，挖掘机可以实现挖掘与装载一次完成，在冻结密实部位可以使用液压镐进行破土，大大节省了工人的劳动强度。

（2）工作环境得到改善。挖掘机采用液压驱动，工作面噪声很小。使用气动机具掘进的普通掘进方式工作面噪声较大。

（3）安全程度得到提高。挖掘机司机就地操作，灵活方便，且参与施工的人员少，相互影响小，特别是无尾回转设计保证了在狭窄空间内方便工作，安全程度高。采用长绳悬吊抓岩机作业其摆动幅度大，且远距离操作，加之人员多，安全程度相对小。

（四）井筒临时降温

1. 井筒气温状况

矿井属地温正常为背景的高温区，平均地温梯度 2.20℃/100m，非煤系地层平均地温梯度 1.85℃/100m，煤系地层平均地温梯度 2.76℃/100m。由于煤层埋深平均在 900m 左右，初期采区大部分块段原岩地温达 37～45℃，处于二级热害状态。结合临近龙固矿井和其他高地温矿井的经验，在井筒施工期间采取了临时降温措施。

2. 降温方案

降温方案是利用现有制冷机组，通过板式换冷器制取 3～5℃的冷水，在风室内进行喷淋，对局部扇风机吸入的空气进行冷却降温，然后向井下掘进工作面供应冷风，风机出风口冷风温度在 9～11℃。为兼顾井底平巷施工，主井和风井井筒施工前期均按两套风室设置，副井设置一套风室，为降低风筒阻力，三井筒均采用玻璃钢风筒供应冷风。

通过主风井降温系统运行，使得工作面环境温度下降了 3～5℃（与井下高温涌水量多少有关），稳定在 26～28℃之间，满足了现场施工需要。7 月 3 日因暴雨降温系统停机（风井停机 8h，主井 24h）。根据实测，制冷机组停机 1.5h 后风井吊盘位置空气温度即上升到 34℃，信号工无法长时间工作，被迫间歇轮流上井休息。主井系统停机 12 小时后（夜晚零点）工作面空气温度上升到 31～33℃（地面空气温度 25℃），施工效率大大降低。在恢复送冷风后，工作面空气温度迅速下降到 27～29℃，满足现场施工需要，验证了该系统的制冷降温效果。

临时降温系统为高地温、高水温矿井掘进施工降温提供了一套简便、可靠的解决方案。

（五）基岩段防治水

1. 井筒水文条件

根据水文地质资料预测，赵楼井筒所处位置，基岩段主要包括上石盒子、下石盒子、3煤顶底板砂岩、三灰四个含水地层。岩层高角度裂隙发育，上下层间导水性能好，预测井筒内最大涌水量为75$m^3$/h。

2. 基本治水措施

为保证在基岩段顺利施工，制定了“探、注、排、导、壁后注”的施工方案。

“探”，即在井筒掘进工作面进入含水层位前，施工1～2个探水孔，如探测涌水量小，单孔出水量小于3$m^3$/h，继续施工掘进；水量较大，则在掘进工作面封堵钻孔后施工止浆垫，进行工作面预注浆。

“注”，即在井筒掘进工作面进行预注浆。每次预注浆段高根据下部预测含水层及探水钻孔情况确定，一般注浆段高在60～80m左右，最大段高达到120m。采用在孔口管内反复钻孔、逐层自上而下注浆封堵方式。注浆材料选用普通水泥单液浆，水泥＋水玻璃双液浆封堵孔。对于水压大、裂隙发育弱的层位采用超细水泥浆。预注浆一般控制在单孔涌水小于0.5$m^3$/h即停止注浆。工作面预注浆的方法成功穿越了单孔最大涌水量为119$m^3$/h的砂岩含水层。

“排”，即在井筒施工吊盘上设置大功率、高扬程排水泵。三井筒均选用D50－11×10卧泵，在吊盘上层和中层盘安设两台排水泵，最大排水能力达到70～80$m^3$/h。

“导”主要是针对井壁涌水措施。在进行砌碹作业前，设置导水板和导水管，将井壁出水导引到井筒内，减少出水对井壁混凝土浇筑的影响，后期再集中进行封堵。

“壁后注”即是在下一次工作面预注浆施工完成止浆垫后，利用止浆垫凝固期对已完成井壁接茬缝进行壁后注浆封堵。最后在完成全井筒掘砌后再集中对井筒基岩段进行一次壁后注浆。

赵楼矿井主、副、风三井筒分别进行了5次、5次和7次预注浆，最后进行一次壁后注浆进行封堵，井筒验收时三井筒涌水量分别为5.63$m^3$/h、4.9$m^3$/h和3.97$m^3$/h，均小于验收规范6$m^3$/h、且无集中出水点的要求。主井井筒综合掘砌速度为83.87m/月（不含箕斗装载硐室），副井井筒综合掘砌速度为63.12m/月，风井井筒综合掘砌速度为69.87m/月。三井筒经综合评选均获得“山东省煤炭工业优质工程”。

### 4.1.3　立井井筒工程项目建设

一、大直径千米深井建设的现状及其施工组织方法

（一）深立井井筒建设概况

根据国内目前矿山立井施工项目的统计和对潜在市场的调查，大直径深立井井筒项目逐年有明显增多的趋势。我国煤矿深立井矿山主要分布在山东、安徽等地，受矿藏埋深条件的制约，现代化煤矿的立井井筒工程具有深度深、断面大、服务年限长、质量要求高、施工难度大的特点，因此，解决大断面深井的施工技术和机械化配套工作已成为急迫的客观要求。

（二）大直径千米深立井配套施工设备的选择

为加快深立井的施工速度，提高劳动生产率，依据目前国内凿井定型设备，并结合大型施工单位的施工经验及技术力量条件，大深立井凿井施工较合理的设备选择方案通常是：

1. V型凿井井架或利用永久井架；

2. JKZ系列2.8～4.0m凿井专用绞车提井、10～25t稳车悬吊或部分采用井壁吊挂方式；

3. 吊盘上布置双HZ系列中心抓岩机；SJZ6.9-SJZ6.10伞钻凿眼，中深孔光面爆破(眼深4～5m)；3～4m$^3$吊桶排矸、乘人，翻斗式汽车排矸；

4. 3.6～4.0m整体金属液压模板（结构加强型）；集中混凝土搅拌站配合3/2.4m$^3$底卸式吊桶下放混凝土；

5. $\phi$800～1000mm双风筒通风，风机选用两台对旋风机；排水选用吊盘上安设高扬程卧泵配排水钢管，高压快速接头。

这套方案可以充分发挥设备性能，协调各工序。通过优化劳动组织和科学管理，井筒施工综合进度可望在90～100m/月的水平。根据以上配套方案，中煤三公司采用和实施了相应的施工组织工作，取得了良好的效果。

（三）大直径千米深立井的施工组织

1. 深立井掘砌作业方式

立井施工时采用混合作业方式，根据地质条件，适当选择掘砌段高，不做临时支护，掘砌可以适当地平行交叉作业（出矸与浇注混凝土），使掘砌循环在尽可能短的时间内完成。同时，在施工管理中建立专业班组，实行定时限量滚班制作业。这样的作业方式具有工艺简单、管理方便、安全性好、成井速度快、施工成本低等优点，目前被国内外普遍采用。

2. 深立井机械化配套方案

根据大深立井工程施工特点，以及各单位施工队伍素质和技术装备情况，在进行选型设计时将钻眼深度与掘进段高匹配；一次爆破矸石量与装岩能力匹配；提升能力与装岩能力匹配；吊桶容积与抓斗容积匹配；支护能力与掘进能力匹配，确保正规循环率。下面列举目前大深立井机械化配套方案（表4.1-4），已在生产实际中均取得较好的效果。

**大直径千米立井施工机械化配套设备实例表** **表4.1-4**

| 序号 | 设备名称 | 顾南进风井<br>直径8.6m，井深1038.6m | 朱集回风井<br>直径7.5m，井深1019m | 口子东副井<br>直径8.0m，井深1032m |
|---|---|---|---|---|
| 1 | 凿井井架 | 永久井架凿井 | V型凿井井架 | 永久井架凿井 |
| 2 | 主提升机 | 2JKZ-3.6/12.96一台 | 2JKZ-3.6/12.96一台 | JKZ-2.8/18一台 |
| 3 | 副提升机 | 2JK-4.0/15.5一台 | JKZ-3.2/18一台 | JKZ-2.8/15.5一台 |
| 4 | 装岩 | HZ-6中心回转抓岩机2台 | HZ-6中心回转抓岩机1台 | ZH-4中心回转抓岩机2台 |
| 5 | 凿岩机钻架 | SJZ6.10型伞钻一台 | SJZ6.9型伞钻一台 | SJZ6.9型伞钻一台 |
| 6 | 提升吊桶 | 主副提采用4m$^3$ | 主副提采用4m$^3$ | 主副提采用4m$^3$、4m$^3$、3m$^3$吊桶 |
| 7 | 外壁模板 | MJY-8.6/3.6型（变径时模板增减加快） | MJY-7.5/3.6型（变径时模板增减加快） | MJY-8.0$^N$/3.6型（变径时模板增减加快） |

续表

| 序号 | 设备名称 | 顾南进风井<br>直径 8.6m，井深 1038.6m | 朱集回风井<br>直径 7.5m，井深 1019m | 口子东副井<br>直径 8.0m，井深 1032m |
|---|---|---|---|---|
| 8 | 内壁模板 | 液压划模 | 液压划模 | 多套组装金属模板，每节高度 1.2m |
| 9 | 凿井绞车 | 采用 JZA-5/1000A 一台 JZ-10/600A 一台；JZ-25/1300 十五台 | 采用 JZA-5/1000A 一台 JZ-10/600A 一台；JZ-16/1000A 两台；JZ-25/1300 十台；2JZ-25/1300 一台 | 采用 2JZ-25/1300A 两台 2JZ-16/800A 一台；JZ-16/1000A 两台；JZ-25/1300 十台；JZA-5/1000A 一台 |
| 10 | 排水泵 | 吊盘上安设 100DG100×10 型卧泵两台 | 吊盘上安设 100DG100×10 型卧泵两台 | 吊盘上安设 DG50-80×12 型卧泵两台 |
| 11 | 通风 | FBDNO8.0 型/2×45 型对旋风机两台<br>两路 ϕ1000mm 胶质风筒 | FBDNO8.0 型/2×45 型对旋风机两台<br>两路 ϕ1000mm 胶质风筒 | FBDNO7.5 型/2×37 型对旋风机两台<br>两路 ϕ800mm 胶质风筒 |
| 12 | 翻矸方式 | 采用自动卸矸<br>汽车排矸 | 采用自动卸矸<br>汽车排矸 | 采用自动卸矸<br>汽车排矸 |
| 13 | 揭煤施工 | 利用新技术快速测定瓦斯压力，在井筒布置 ϕ273mm 聚乙烯瓦斯抽放管路，使用抽排法揭煤。管路采用井壁吊挂方式固定 | | |
| 14 | 效果 | 平均月进度 95m<br>最高月进度 130m | 平均月进度 90m<br>最高月进度 135m | （即将完工）<br>最高月进度 158m |

二、大直径千米立井施工组织实例

以某净径为 ϕ8.6m、深度为 990m 的深立井为例，说明大直径千米立井机械化配套作业线的具体实施。

（一）井筒冻结段施工

1. 冻土掘进及外壁砌筑

在井筒中布置两台凯斯无尾挖掘机 CX55B 挖土装罐及两台 HZ-6 型抓岩机挖掘，配合人工用铁锹、风镐和高效风铲。井筒提井采用 2JKZ-4.0/15 凿井专用车，副提升采用 JKZ-2.8/15.5 绞车，各配套一套单钩 4.0m$^3$ 吊桶提升。视冻结和土层情况，选择 1.5～3.5m 高 MJY 整体金属模板以及高为 0.3m 的环形斜面接茬模板浇筑混凝土，采用 DX—3/2.4m$^3$ 底卸式吊桶下放混凝土，实行短段掘砌平行混合作业。

2. 冻结基岩段施工

当井筒掘进进入冻结基岩风化带后，风镐风铲挖掘困难时，需采取钻爆法施工。

钻眼施工采用 SJZ-6.10 新型伞钻。为防止爆破震动损坏冻结管，要采取控制装药量、浅孔爆破（眼深度不得大于 1.8m）等措施。爆破采用防冻的岩石乳化炸药，1—6 段秒延期电雷管，地面 380V 电压起爆。打眼施工要严格按照爆破图表，分片包干、定人定钻，钻眼施工做到“准、直、齐”；打周边眼时要根据各段冻结管的偏斜图合理布置炮孔，确保炮孔与冻结管的安全距离符合规范要求。坚持光面、光底、弱冲、减震的爆破技术。

3. 内壁浇筑

内壁浇筑采用液压滑模砌壁，有利于加快内壁施工速度，保证井壁整体性。浇灌混凝土采用DX-3/2.4$m^3$底卸式吊桶经分灰器直接入模。滑模模板共设有22个提升架，44个千斤顶，模板外径8650～8750mm，模板结构强度均进行了加强，总重量达到17901kg。

4. 内外井壁夹层注浆

为了保证冻结段复合井壁质量、提高井壁防水性能，在内层井壁套砌后，必须适时进行内外井壁间的夹层注浆。注浆时机一般在夹层解冻时进行。为此须要实时监测解冻情况，把握最佳注浆时间。

（二）井筒基岩段施工

1. 钻眼爆破

凿岩采用SJZ6.10型伞钻配6台YGZ-70凿岩机同时作业，4700mm长的钎杆，$\phi$55mm十字形钎头钻眼。采用直眼分段挤压式掏槽，炮眼深为4300mm。钻眼施工要求定人、定钻、定眼位、定时间、定质量、定数量，分40°扇形区间操作。T220号岩石水胶炸药，周边眼药卷直径为35mm，其余炮孔药卷直径为45mm，雷管为抗水、抗杂散电流毫秒电磁雷管，反向耦合连续装药，串并联联线，高频发爆器起爆。施工中尚应根据工作面岩石软硬程度，及时调整爆破参数，提高爆破效率。

2. 抓岩排矸

基岩段出矸采用布置在吊盘下方的两台HZ-6型中心回转抓岩机。主井筒提升采用2JKZ-4.0/15凿井专用绞车，副提升采用JKZ-2.8/15.5绞车，各配套一套单钩4.0$m^3$吊桶提升（副提升施工到800m深度后，更换为3$m^3$吊桶），出矸（含清底）时间9h。为便于清底，缩短清底时间，要求光底爆破，爆破后工作面实底呈现锅底形状。

3. 砌壁

砌壁采用MJY型整体金属刃角下行模板。为方便脱模，缩短立模时间，在模板上设8根工字钢导向，在浇灌口上设环形斜面板，保让接茬严密。模板的有效高度为3.8m。

混凝土用混凝土输送车从地面集中搅拌站运至井口，由DX-3/2.4$m^3$底卸式吊桶下放至吊盘，对称浇筑。冬期施工时，须用热水拌制混凝土，确保入模温度不低于15℃。在基岩含水层砌筑时添加防水型。

（三）临时排水方案

井筒施工中，要对照井检孔柱状图，坚持"有疑必探、先探后掘"的原则。

当工作面涌水小于10$m^3$/h时，可通过BQF-50/25风动潜水泵用吊桶排水；工作面涌水大于10$m^3$/h时，采用工作面设置BQF—50/25风动潜水泵，将水排至吊盘水箱由100DG-100×10型卧泵排水，同时结合工作面预注浆封堵。井筒内排水管为$\phi$108×4mm钢管。

（四）临时改绞

1. 临时改绞后的井内布置

井筒施工完毕，须将吊桶提升方式改为临时罐笼提升，井上下设置进出平台，井筒内设置钢丝绳罐道并由液压拉紧装置固定。井筒内设有单层双车1.5t凿井罐笼一对，由2JKZ-4.0/15凿井专用绞车提升。井内同时布置有$\phi$1000mm玻璃钢风筒2路，作压入式通风；布置$\phi$219×6mm、$\phi$159×10mm无缝钢管2路作为压风和排水管路，另有$\phi$89×6mm供水管，两路MYJV15kV3×95高压动力电缆。

2. 临时改绞主提升绞车提升设计内容

临时改绞的提升设计内容包括提升钢丝绳选择、提升机电机功率及静张力等验算。

根据上述数据，临时改绞选用 2JKZ-4.0/15 新型凿井专用绞车应满足使用要求。

三、大直径千米深井建设发展与要求

采用先进的施工工艺和选用适宜的机械配套方式是大深立井安全快速优质施工的保证。但是，目前国内定型生产的凿井装备已经很难满足 1000m 以上或更深的立井筒机械化快速施工的需要。要进一步提高大深立井施工速度，保证施工的安全性，尚需对目前的施工工艺和配套设备进行改革和研发。鉴于目前煤炭建设发展现状，为满足千米以上更深立井井筒快速施工的需要，施工企业应与相关专业设备厂商及科研单位合作。

急待研究的关键技术及其装备的内容包括：

研制大直径深孔凿岩设备，包括新型液压伞钻，满足垂直炮孔、圈径大于 12m、凿孔深度大于 5m 的要求；

大抓斗中心回转抓岩机，抓斗斗容大于 $1.0m^3$，以及工作面清底装矸设备；

新型凿井吊盘，宜采用液压迈步式吊盘形式，改进其悬吊方式；

大段高和高刚度金属板，要求模板高度达到 4.5～5.0m；

超深井凿井专用绞车，可以同时满足临时改绞时双 1.5t 标准矿车的提升要求；

超深井施工用凿井井架等。

### 4.1.4 冶金工程项目总承包建设

一、工程概况

（一）项目背景

由北京某设计院总承包的某钢铁（集团）有限责任公司的炼钢厂项目（以下简称某钢厂二炼钢厂工程），于××年 6 月 20 日破土动工，到次年 3 月 24 日主厂房第一根柱子开始安装，仅用 7 个月零 10 天，到 11 月 4 日顺利热试出钢，成为我国冶金建设史上一个非常成功的大型工程建设项目。该钢厂二炼钢厂工程竣工后，现在已经成为我国一个特大型钢铁联合企业，形成了年产铁、钢各 420 万吨、钢材 300 万吨的综合生产能力。

国家计委已批准的该公司薄板坯连铸连轧项目于 1999 年 5 月开工建设，按照工艺要求，需要建设一座与之相匹配的炼钢车间。二炼钢工程竣工之前，公司拥有 5 座 80t 转炉和 2 座 500 吨平炉，其中平炉年生产能力 120 万吨。平炉炼钢冶炼工艺落后，与转炉炼钢相比，吨钢能耗率高出 100kg 标煤以上，成本约高出 200 元左右，而且难以与连铸机相匹配；再加上生产效率低，环境污染严重，在国外早已被淘汰，也是我国 2000 年限期淘汰的炼钢工艺。因此，该钢铁公司决定实施二炼钢厂改造工程，淘汰 2 座平炉及模铸设备，建设一座 210 吨转炉及相应的公辅设施，年产钢水 208 万吨，为薄板坯连铸连轧生产线提供高质量钢水，以充分发挥薄板坯连铸连轧生产线的生产能力，达到规模经济生产。

（二）项目总承包效果

该项目的总承包单位—北京某设计院，是全国冶金企业设计院中具有雄厚技术实力的大型企业设计院，当年在与数家具有总承包工程资质的单位的激烈竞标中，以明显优势一举中标，于同年 6 月 22 日与该钢厂签订了《某钢厂二炼钢工程项目总承包合同》，项目合同总价 7.48 亿元。在双方全力支持下，该设计院精心组织 47 个施工单位，以一流的速度、一流的质量，高速低耗优质地完成了项目建设：交付试生产工期比合同工期提前 150

天；在保证项目功能的前提下，工程质量达到热负荷试生产一次成功，炼出优质钢水；在合同标的额较低和全面完成合同内项目的情况下，项目成本与合同标的额基本持平。

该项目是一个比较成功的总承包项目，曾获得国家级优秀总包工程奖和全国第二届总包项目铜钥匙奖，其项目管理的经验、作法，值得研究和借鉴。

二、项目团队建设与自身工作

（一）项目启动程序

合同签订后，总承包单位立即进行了项目启动的准备工作，充分考虑项目的特点、要求和困难，在此基础上对项目开始全面启动。主要工作有：

1. 确认总承包合同内容，并对合同进行评审。根据合同要求和项目的具体条件，对建设工程项目进行了合理分析和有效测算，为公司决策提供重要依据。

2. 根据项目涉及的内容和要求，考虑实际需要，提出项目经理部机构组建形式及人员配备的条件。

3. 成立项目经理部，配备项目经理，并确定项目组织架构、相互关系，以及项目组成员及人员分工。

4. 组织召集了项目组成员第一次工作会议，明确各部门和个人的主要职责和任务，并确立了工作例会制度。

5. 组织编制项目实施策划文件。项目经理根据工程总承包合同要求编制项目实施计划。在项目实施计划中特别明确了以下内容：

（1）项目的范围，包括项目可交付成果和项目目标；

（2）项目的主要风险。对主要风险进行深入定性和定量分析，并明确应对措施和应对费用；

（3）项目工作分解结构（WBS）。对每个工作包都要进行成本估算、计划时间和职责分工；

（4）建立设计、采购、施工、开车工作的原则，明确设计和采购裕量、分包方案、提前安排的工作计划以及主要控制点的实现日期；

（5）建立与业主的协调程序；

（6）明确项目的变更控制计划；

（7）明确人力资源计划和人选；

（8）实行月报告制度。规定设计、采购、施工、开车经理每月向项目经理提交月报告；项目经理每月向公司项目主管和业主提交月报告。

6. 把各项工作分配落实到相关经理。根据工程特点，项目部设置了设计经理、采购经理、施工经理、开车经理等。

7. 根据合同总额确定了项目部的人数和岗位设置。

项目部包括：项目经理、项目副经理、设计经理、现场经理、施工经理、商务经理、采购经理、开车经理、控制经理、安全经理安全工程师、技术工程师、信息管理员、现场设计小组、财务经理、行政经理等。

（二）项目团队的建设

工程总承包项目的成败关键是要有一个优秀的项目团队。二炼钢厂工程项目部的团队成员比较年轻。针对这一特点，项目部一方面对成员合理分工，明确职责，同时又通过团队成员间的相互帮助，团队活动，创造一个和谐的团队环境，形成一个团结和有战斗力的集体。

在这过程中，项目部坚持以核工业“四个一切”精神作为团队精神，要求全体成员贯彻“事业高于一切，责任重于一切，严细融入一切，进取成就一切”的精神。同时通过关心单身员工的生活问题，解决员工家庭的实际困难，尽可能减少项目部成员的后顾之忧，开展增强项目部的凝聚力活动，使项目成员能全身心关注项目的管理工作；项目部还可以通过组织旅游，聚会，联谊等各种活动来丰富团队的业余生活，增加成员集体感，荣誉感和凝聚力。项目部还结合总承包部的具体特点，引进先进的科学管理流程、方法和管理模式，鼓励青年成员的创新积极性，更好地激发干部员工的潜力，创造有利于人才实现价值和脱颖而出的良好环境，让全体成员感到项目部是一个“用武之地”，做到事业留人，待遇留人，感情留人，让人才安心项目，献身项目。

（三）工程资料管理

为了有效地对技术文件及管理资料进行控制，确保文件的适用性、有效性，防止使用失效或作废的文件，规定了项目部文件和资料的控制范围、编号、审批、标识、发放、更改、换版等日常管理以及外来文件的控制要求和方法。

1. 文件分类。项目部根据项目的特点将文件分为“依据类文件”、“基础类文件”、“条件类文件”和项目活动发生的“其他文件”。

2. 文件的控制要求

总承包工程依据类文件及上级文件由项目部综合办公室负责接收，送项目经理批阅。工程施工图由项目部根据合同发放到相关人员并留有发放记录；工程洽商记录及变更，必须有设计人员、顾客或其他代表与项目部专业技术人员签字生效，发放并留有记录。项目部应具备覆盖本工程施工的全部所需技术规范和标准，由项目部办公室专门保管、建账。由工程总承包部和顾客协商拟定的合同，双方签字盖章生效，根据需要下发，保留记录。项目过程中的文件由项目部办公室根据项目经理签发单分发。

文件分为“受控”和“非受控”两种形式发放。“受控”文件加盖“受控”章并按规定作好发放记录，“非受控”文件分发作好登记记录。“受控”印章在办公室保存。

3. 项目管理软件的应用

本项目采用了先进的计算机软件管理手段。计算机的软件选择通用的 P3 项目辅助管理软件，这样有利于操作，便于掌握。同时，根据项目的现场条件建立了内部局域网，方便文件传阅、交换和处理。所有存档文件均建立电子文档，并实现共享（保密文件除外）。项目管理软件的目录将所有分包商均包含在内，同时配备专职信息管理员，负责网络和设备的维护工作。

三、项目组织与协调工作

（一）设计交底及施工图会审管理

1. 设计交底

项目部负责组织由设计单位向建设单位和施工单位进行的施工图交底工作。图纸交底工作要做到不仅向直接责任单位交底，而且应向衔接该项图纸的有关单位交底；交底的地点一般应设在项目的所在地。项目部在接到详细设计文件后，要迅速分发给承担工程施工的各个单位，以及使用单位、监理单位、物资供应和质量监督等单位，督促各单位对详细设计进行预审。项目部负责汇总、审查各预审单位提出的问题，并以书面形式送至设计单位。施工图交底工作分为装置（或单项）交底和专业交底两部分，原则上按主项分专业集中一次进行，特殊情况下可要求按照施工程序分次进行，详细设计的图纸交底应达到这样的目的，即：了解设计意图；熟悉设计文件的组成和查找办法，以及图例符号表达的工程意义，明确设计、施工、验收应遵守的标准、规范，比较同类工程的经验教训，解决建设单位和项目部及所有涉及单位人员的疑问和问题。

2. 施工图会审

在单项工程开工之前，工程项目管理部负责组织设计单位、施工单位、使用单位、监理单位、物资供应单位的技术人员参加施工图会审。会审前应确定具体的会审参与单位(清楚图纸的有关单位)，会审主要事项，根据会审事项，编制会审纪要并加盖公章后发放有关单位。施工图会审内容包括符合性审查、工艺要求会审和施工条件会审三部分内容，审查设计是否符合国家有关强制性条文和其他重要规程及合同要求。项目部应拒收质量不合格的施工图或责成修改，并可对由于图纸质量不合格造成的损失，按建设工程设计合同的相应条款提出处罚意见，对会审中确定的问题要求设计单位修改。经审查确有必要对基础设计进行修改的重大问题，应按规定报设计原审批部门批准。

3. 施工条件会审

施工条件会审的主要内容包括：查对图纸、说明书、相关技术文件、材料表等是否齐全，是否与目录相符，有无遗漏，有无设计漏项；施工图中的技术条件、质量要求及推荐或指定的施工验收规范是否符合国家和行业现行的标准、规范。设计选材、选型是否合理，是否影响安装，采用的新技术、新工艺、新设备、新材料与国内现阶段施工条件及技术水平是否相适应。专业图之间，专业图内各图之间，图与表之间的规格、型号、材质、数量、方位、坐标、标高等重要数据是否一致，是否有“错、漏、碰、缺”及不能或不便于施工操作之处。

（二）施工、安装分承包商的确定

确定施工、安装的分承包商，原则上要采用公开招标的方式确定；对符合采用邀请招标条件的也可采用邀请招标方式进行。招标工作由项目经理组织，项目经营部负责实施。确定好分包商后要向相关分包商通报，以便于分包商间的联系和相互协调工作。

（三）材料采购及管理

材料采购和管理工作对工程项目的质量、费用控制等方面有重要影响。项目部在整个采购工作中，注意了以下方面的内容：

1. 明确项目部的材料管理职责，着重做好的内容有：审批施工单位的材料计划；参与设备材料的招标的供应商的确定；组织入场材料的复验；定期召开材料供应协调会，解决施工中出现的材料缺口问题；负责协调不合格材料、设备的退货工作，为材料设备索赔提供必要的依据。

2. 在材料采购过程中应坚持了以下原则：

(1) 坚持招标采购。由项目经理部和业主代表共同审查供货单位资质，具备条件的，方可参加投标；对于特殊情况不能进行招标采购的材料，要按照比质、比价，比运距、比信誉的原则确定供货商。

(2) 原则上不让设计单位推荐供货商，对于特殊专用设备、材料，需设计单位推荐的供货厂家的，应要求其推荐三家以上供货单位供择优选定。施工单位自购的用于工程上的物资，供货商的选择须经项目部批准。

(3) 物资采购过程中应坚持公正、透明、择优的原则。对于技术要求较高的设备或材料订货，应在合同签订前由工程项目经理部组织公司各有关部门、生产单位、设计单位等与供货商进行技术交流，并签订技术协议，作为订货依据。

(4) 订货时应以概算价为依据，原则上不突破概算价；如确实超概算的，由公司主管领导批准后方可订货。

3. 进行物资采购招标时应坚持优质、优价的原则，并按相应的工作程序进行。

4. 项目采购文件由项目经理组织有关人员编制。

四、施工过程管理和财务管理

（一）施工过程管理

1. 施工总平面管理

施工总平面管理包括对施工单位生活、施工暂设设施布置的审查，施工现场的“四通一平”的检查，厂区总图、竖向的施工布置管理，定位测量的管理。施工总平面管理的原则为布置合理、节约用地、节约材料、节约能源，减少交叉、便于施工。组织落实“四通一平”工作。

2. 施工安全管理

工程施工期间应严格按照以下安全管理制度进行现场安全管理：安全技术交底制；班前检查、班后验收制；周一安全活动制；定期检查与隐患整改制；管理人员和特种作业人员上岗制；安全生产奖罚制与事故报告制。

项目部明确由专业责任工程师负责检查各施工队及专业分包商的安全工作，并负责分部分项工程安全技术书面交底的工作，保证签证手续齐全；分析安全工作难点、确定安全工作的重点，分析和预控施工过程中施工条件、施工特点。

安全防护设备如有变动，须经项目部安全总监书面批准，变动申请应同时有变动后相应有效的防护措施，工作完后须按原标准使之恢复。所有的这些书面资料由安全总监保管；安全生产防护设施应进行必要的、充足的投入。且必须按公司规定购买定点厂家的认定之产品。

3. 文明施工管理

文明施工管理主要注意了以下几方面：平面布置及临设工程管理、施工过程文明施工、材料堆放管理、设备构件管理。

4. 加强施工临时用水、施工现场用电的管理

（二）工程款支付与财务管理

总承包工程进度款支付办法必须在工程总承包合同和分承包合同中予以明确，在项目实施过程中应严格按照合同文件规定执行。

总承包商（设计院）的财务部门为项目设立了项目专用账号，以统一对外收支与结算、方便项目资金的收支预测。项目经理部负责对与项目造价有关的项目流动资金的使用实施管理。项目经理部编制有年、季、月度资金收支计划，上报承包商财务部门审批后实施。

项目部坚持“保证收入、节约支出、防范风险和提高经济效益”的项目资金管理原

则。项目经理部严格按承包商的授权，配合承包商财务部门及时进行资金计收；并严格按承包商下达的用款计划控制资金的使用。

项目经理部按会计制度规定设立财务台账，记录资金收支情况，并做到及时盘点盈亏，加强财务核算；坚持做好项目的资金分析，通过与项目控制部门的配合，进行计划收支与实际收支对比，找出差异，分析原因，改进资金管理。项目竣工后，结合成本核算与分析进行资金收支情况和经济效益总分析，上报企业财务主管部门备案。总承包企业（设计院）根据项目的资金管理效果与项目经理部建立有具体的奖惩办法。

在项目竣工完成后，项目财务人员应立即启动项目竣工决算工作，保证按照合同规定的时间和要求向业主递交工程竣工结算报告及完整的结算资料，以保证工程及时竣工移交和提高项目的效益。

### 4.1.5 国外水泥厂工程项目建设

一、境外水泥厂粉磨站工程项目组织管理的主要做法

（一）项目概况与项目管理机构

1. 项目概况

2005 年我国某公司在国外承担一个法国的水泥厂粉磨站的机电安装工程。由于前期准备工作比较充分，施工组织得当，工程工期、质量和施工管理均得到法国业主好评。该公司在本项目实施过程中，还充分结合了我国的传统做法做了一些有效的工作，取得了有益的经验。项目的成功，给企业积累了宝贵的经验，增强了企业参与国际项目的相信，也为企业建立的一定声誉，使后续国际投标工作带来了便利，从而使企业进一步拓宽海外市场打下了坚实的基础。

2. 境外项目的组织机构建立及其职能分工

为适应国外环境和业主要求，该项目经理部设置了项目经理、现场经理，作为该承包公司项目经理部的领导层，同时增加与业主对应的商务经理、技术经理、安全经理、行政经理（实际是业务主管）等。国外有的大项目，行政经理、技术经理也属项目的领导班子，这要根据业主的管理机构与要求等实际情况设置，这样对接分工更显清晰，责任更加明确，有利于现场的配合与沟通。

（二）管理要素的调整

1. 管理理念及技术标准与业主对接

管理理念要始终贯彻“以人为本”，突出一个“团队和谐”，最终落实到“工作卓越”上。以往经理下辖的部门以及监理的对象，处理问题的姿态都是属于对管理对象的态度。现在在国外，作为监理者实质上也是为业主服务的一部分，因此必须改变以往下达命令式的态度为协商沟通的形式，同时坚持以标准为解决问题的准绳，达到以理服人的效果。

对于不同版本的技术标准，应该首先与业主对接，统一思想，形成业主认可的统一版本，自身工作也顺利，也避免管理中出现纠葛。

2. 管理程序和方法与业主对接

现场管理也和技术标准一样，统一按业主认可的 ISO 9000、ISO 14000、OHSAS 18000 三个体系运行操作。

3. 管理资源的调整

吊装机具当地租用，材料当地采购，主要施工力量由国内带队伍，另外招聘少量当地

技工和零工。这样可以加大对人力资源的管理力度，减少设备管理的投入。

首先是要加强对施工队伍的管理以及人员教育和培训，要注意应使其适应境外的国情及新的管理方法，尤其是出国人员注意事项和相关要求的教育；第二是对特殊岗位的工人，要求尽快完成培训考试工作，取得所在国的上岗证；第三是由国内带入工地的设备，工具材料出国前要取得CE认证。

(三) 交流与沟通

无论是组织机构或是管理关系的调整，都是为达到使业主满意的目的。

1. 加强与业主的交流与沟通，是境外承包工程的一项重要而有困难的工作。要使业主从怀疑走到与项目部融为一体的地步，有许多环节，其中提高沟通能力，特别是解决语言沟通关，是很关键的工作。

2. 提高自身的综合素质，尤其是诚信、技术、管理素质，以此使项目部在业主面前树立一定的威信，让业主对项目管理成员的行为有信任感，能大大有利与双方的沟通和理解。

3. 认真组织好第一项工程对树立企业的信誉有重要作用，所以企业一定要做好项目的准备工作，使项目开好头，让业主满意，第一项工作的好坏，本身就是一项重要的沟通。让业主认识企业、了解企业，并给业主留下良好印象，从而可以使工程的后续工作获得业主的谅解，而能更顺利地实施。

二、境外项目成本管理的一些认识与对策

(一) 成本管理是项目管理的核心

国际项目成本控制更显重要，国际项目一般都是严格执行FIDIC条款，严密而又严肃，尤其是罚则，惩戒十分严厉，奖罚分明。只有全方位控制工程成本，认真分析成本风险，提前采取防范措施，才能保证工程顺利圆满的实施。

(二) 国际工程中的成本风险防范

1. 国际税收

国与国之间税赋税种差别较大，尤其是欠发达地区税赋较重，税种繁多，且税法政策复杂，而且逐年变化。只有掌握哪些税收可以享受当地政府的减免政策，哪些税种由业主缴纳，哪些税种由承包商缴纳，各税的税率目前是多少，计算基数是什么，将来走势如何等方面内容，才能准确地估算出税赋的支出。然而初出国的施工企业往往忽视了这一点，给企业造成了一定损失，给工程操作带来难度。

防范措施：投标报价前就应了解清楚当地的税法及承包商应缴纳的税种，税率及变化的趋势和优惠政策，报价时予以考虑。工程管理过程中与业主及税务机关处理好关系，并随时收集有关信息，把税赋降到最低限度。

2. 汇率风险

一方面国际上的汇率随时波动，且越来越大；另一方面一般施工企业管理人员缺乏外汇风险预测知识和能力，难以适应越来越大的汇率波动。加之项目执行过程中一些不确定的因素，如项目收汇时间，收汇金额等，导致很难利用金融工具进行外汇套期保值。若处置不当，仅汇率一项，往往就会造成资金的大量流失。

防范措施：首先是要提高财务管理人员及相关人员（包括采购人员，商务经理等）专业知识和综合素质是防范外汇汇率风险的关键。要善于在成本效益、风险收益原则中进行科学预测和组合，运用各种金融工具和手段来维护自己的经济利益，做出较合理的外汇买卖决策。

其次是要正确选择合同计价货币，并在合同中附加保值条款，以避免汇率风险。如在合同交易中首先确定计价货币，然后再选择一种保值货币，并把两种货币之间的汇价明确规定在合同中。

第三是利用提前或滞后的外汇收付时间，也是承包商项目管理过程中经常采用的减少汇率风险的一种手段。

最后是要通过金融机构推广的外汇汇率避险工具，帮助防范外汇汇率风险。如：远期外汇买卖业务，即指双方根据合同约定的日期，按约定的汇率进行交割，这样公司就可以事先将某一合同的外汇成本固定下来，避免汇率波动带来的损失，这是国际贸易中最常用的一种方法。

防范外汇汇率风险是一项复杂的工作，外汇交易更是一门技术性很强的业务，有对外业务的企业应将此项业务做为重要课题来研究，以达到企业外汇保值增值的目的。

3. 资金风险

国外项目，目前大多数是总承包项目。合同中签订的预付款金额仅设备订货都是不够的，同时还要支付设计及工程开工前的准备费用，一旦资金断链，将会给工程工期带来极大的危险，也会给工程成本造成威胁。

防范措施：提高资金营运水平，降低资金使用成本，以现金流监控为切入点实施全面预算管理，提高资金的使用效益，一些做法包括尽量控制应付款及应付款的比例，并在不影响企业信誉的前提下，尽量缓付和延付；公司资金集中使用；加大款项回收力度；材料、设备招标采购，降低采购成本；盘活闲置资产，降低闲置成本；工程实施过程控制，防止效益流失等。

4. 合同风险

包括价格风险、工期风险、质量风险、安全卫生风险、运输风险、供货风险等都直接关系到工程成本，必须加以防范。

（三）合同管理中的成本问题

1. 合同的制定与执行

在规定的时间内，按规定的标准完成规定的工作，这是履行合同的本义，也是项目执行的基准。尤其是国际项目合同的执行是非常严肃的，通常是奖罚分明，如有违反合同则赔偿、罚款都是一丝不苟，因此合同的制定、遵守、按质按时完成合同是获得合同利益的基本条件，必须引起承包商足够重视。

2. 合同也是保护自身利益的工具

同时，作为承包商也应学会通过合同争取自身的利益。凡超出规定范围之外的工作均应向业主索取费用，包括非承包商原因以外的一切增加的工作。这就需要现场管理人员在熟悉合同的基础上，及时办理增加工作的现场签证，定期索赔，虽然非常繁琐，但却是极为重要的工作，项目部千万不可疏忽。

三、质量和安全管理的要点

（一）境外项目质量与安全管理的特点

1. “安全第一、预防为主”同样是企业根本方针

"安全第一、预防为主"不仅是口号，也不仅仅是国内的方针。在当今以人为本的社会里更是要在工程中一步步地落到实处，尤其是在境外施工，安全管理更显得特别重要，安全事故损害企业人力财力所造成的困难，以及社会影响、在外人员及其家庭的心理影响，以及对企业、甚至对国家影响，都要比在国内的事故更大些。

2. 国外质量与安全要求的环境特点

(1) 首先业主或监理对安全管理要求就非常严格，每一个环节每一个部位的施工几乎都要有文字的方案并亲自现场把关，不允许产生丝毫的松懈和漏洞。

(2) 承包商自身也格外重视，任何一家承包商也不愿把自己带出的施工人员因安全事故留在异国他乡，企业也不好给家人交代。另外处理事故非常麻烦，耗费大量财力、人力，给企业效益和信誉都会场造成较大损害。

(3) 然而由于人员构成素质参差不齐，尤其是分包商的队伍；或者是境外不稳定、不安全的环境条件的影响要比国内复杂得多。

(二) 安全工作的要点

1. 境外施工，除要采取得力的安全防范措施外，重点应加强对有关人员的安全意识教育，教育内容应包括安全知识，安全技能和自我保护技能，以及社会、工作环境特点和重要注意事项等方面的教育和培训。

2. 为把安全事故造成的损失降低最低，承包商应主动办理工程保险和人力保险。

3. 重视应急工作。应急工作的原则，这就是以人为本，把人员伤亡及危害降到最低程度。应急工作也应本着预防为主的方针，对事件源评估准确到位，预防与控制措施得力。企业及项目部要对所在国的政治、经济、法律、治安、民风、民俗、信仰、自然条件、气候条件、水资源，流行病情况医疗、卫生情况要做详细的了解，并对项目施工及管理过程中的事件源、危险源做详尽的分析，做到心中有数，并制定出有效实用的应急预案，把各类事件降到最低程度。

(三) 质量工作要点

1. 同样要贯彻质量是企业的生命的观念。工程质量的优劣是我国企业在境外能否站住脚的关键。

2. 值得注意的是要从在合同谈判开始就应重视质量问题，注意前期工作的质量问题(规范、标准等)，确定采用的质量标准；且要争取能采用我国自己的标准，实行外国标准应及时转换"消化"。发生有合同中无明确规定的质量标准的争议和分歧部分，可能只能尽量满足业主要求，使他们满意。

3. 施工质量管理严格按照 ISO 9000 运作，并贯穿整个施工的全过程。从设备材料进场检验直至工程验收交付。每一个步骤，每一个环节，操作、检验、记录、确认都形成闭环，从而保证整个工程质量的优良。

4. 既要重内在施工质量，也不可忽视外观质量。内在质量是使用需要，而外观质量是视觉感观和心理需要。另外也要注意控制质量返工及质量过剩（过精）的情况。

四、境外项目管理的经验与体会

(一) 转变管理理念

转变管理理念，尽快融入国际化社会。国内施工企业步入海外市场，尤其涉足于比较发达国家或发达国家的投资商所建的工程项目，双方都会有一段"磨合期"，"磨合期"越短，工程步入正常的管理就越快，工期就会越短，尤其对于从国内带出分包队施工，“磨合期”的长短甚至决定了能否按期交付的关键。而“磨合期”重点又是管理及理念的“磨合”。当然国内也有许多先进的企业，出国后会很快适应，但大多数企业必须经过这个阶段。要注意的问题有：

1. 重文字交流，强调工程中所有事件的可追溯性。工程初期这样的函件更多，我们有些人就难以适应，感到繁琐，翻译忙得不亦乐乎，殊不知这些恰恰是我们应该学习的。ISO 9000 标准是这样要求的，这也是为工程后期索赔与反索赔留下有力的证据。

2. 质量标准的磨合。以往施工人员习惯执行我国的标准，出国后却要执行欧、美标准。

3. 重视施工过程中的细节管理。我们的分包队伍起初很不适应，如不管吊装大小物件都要文字的方案。实际吊装中稍有变动，建设单位的工程监理就会干涉。

4. 强调“以人为本”，落实“以人为本”。尤其是在现场的安全管理上的要求，几近苛刻的程度。任何人员进现场必须经过安全培训，考试通过。无论是参观还是访问，进现场必须穿工作服，工作鞋，戴安全帽，防护镜，防护手套等，五大防护缺一不可。对于超过工作时间仍在工作要罚款，不经批准的加班叫侵犯人权等。有些要求我们很难适应，但是，这些绝大多数是先进的，正确的，只要我们抱着我们与国际接轨而不是国际与我们接轨的理念，很快就会适应。

（二）构建协调环境

1. 加强与自已员工的沟通

境外施工，尤其是偏远艰苦或欠发达的国家，这种沟通显得尤其重要。出国人员远离祖国和亲人，尤其是部分施工人员，出国前后心理反差较大，有时会出现低落的心情或表现出一些不和谐的举动，针对这种情况要理解，“动之以情，晓之以理”。沟通的方式很多，如谈心走访、座谈、文体活动、聚餐、郊游等，使工地变成一个和谐团结的大家庭，使大家有一个安全感，归属感，幸福感，就会焕发出施工人员在工作中的积极性，从而维持项目稳定团结的局面。

2. 加强与业主的沟通与交流

项目实施过程中，大量的摩擦和分歧出于互不了解，缺乏信任，因误会而产生。这就要求项目部一方面转变观念，按业主要求搞好施工，打几个漂亮仗的同时多与他们沟通，及时征求他们的意见，并在业余时间多与业主沟通，关系融洽了，互相理解了，许多问题就会迎刃而解。

3. 加强与驻在国我国使领馆的沟通与交流，以取得使领馆的支持理解和帮助。并通过他们了解当地的民风、民情、民俗，以免步入误区。

4. 加强与当地政府的沟通和他们处好关系，以避免当地居民的骚扰影响工程顺利实施。

（三）提高自身素质

1. 管理人员应尽快过语言关，语言是沟通的主要途径，因语言障碍产生大量的误解和纠纷是不值得的。

2. 管理人员应尽快适应国外项目管理。管理人员若不转变观念，和业主对着干，施工人员就无所适从，工程就无法顺利进行。

3. 加强对全体施工人员教育和培训，尤其是农民工的教育和培训。不仅从专业技能，安全意识，知识和技能的培训，还应对他们进行出国人员礼仪，注意事项等方面知识的培训。

（四）充分利用当地华人优势

尽量招聘当地华人专业技术人员加入我们的管理团队工作，有许多优越性：

1. 懂专业，易沟通，其管理当地分包商更是他们的优势。

2. 容易溶入我们的团队，有祖国来的亲人的亲近感，且无后顾之忧，稳定，认真，积极主动。

3. 为我们的团队输入新的理念，以自己的身体力行，言传身教带动我们的管理及施工人员，并在我们与业主之间架起更多的沟通平台。

## 4.2 矿业工程质量及安全生产管理案例

### 4.2.1 立井井筒施工质量事故案例分析

一、井筒概况与井壁结构质量事故过程

（一）井筒概况与井壁结构

1. 矿井与井筒建设概况

某矿井设计生产能力为60万吨/年，服务年限65年。矿井中央工业场地布置有主井、副井两个立井井筒，两个井筒间相距80m，其中主井井筒净直径5.0m，深度525m；副井井筒净直径5.5m，深度512m。井筒将穿过厚度360m的深厚表土层。井筒表土段的井壁设计采用双层钢筋混凝土结构，外壁厚度700mm，内壁厚度650mm，混凝土强度等级为C40。基岩段设计采用单层井壁结构，厚度450mm，混凝土强度等级为C30。

2. 井筒的井壁结构设计优化

为了加快矿井建设的速度，尽快发挥经济效益，在井筒开工前，建设单位组织相关专家对井筒施工图设计进行了审核，审核结果认为，目前高强混凝土技术已经比较成熟，可适当提高混凝土的强度等级，以降低井壁厚度，从而可减小掘进工程量，加快施工的进度。为此建设单位委托某研究单位对该矿的主、副井井筒井壁结构进行了设计优化，将表土段混凝土的强度等级提高到了C50，井壁厚度减薄了100mm；基岩段不变。设计单位依据建设单位提供的相关研究报告数据对井筒施工图设计进行了修改，并提交了施工图。

（二）井筒施工与井筒渗漏水质量事故

1. 井筒掘砌和井筒渗漏水质量问题

在井筒的施工中，主、副井分别由两家不同的施工单位中标承建，由一家监理单位进行监理。为了确保井筒的施工质量，各单位都制定了比较完善的施工质量保证措施。

主井施工单位在施工中，井筒表土段采用冻结法施工，短段掘砌开挖，吊桶输送混凝土，在表土施工到设计深度后，从下向上利用液压滑模一次套内壁。基岩段采用钻眼爆破法施工，混合作业施工方式，利用溜灰管下放混凝土浇筑井壁。井壁混凝土的配合比由相关试验单位根据现场条件试验结果提供。

副井施工单位在施工中，井筒表土段也采用冻结法施工，短段掘砌开挖，溜灰管输送混凝土；但在表土施工到设计深度后，从下向上利用普通金属拆卸式模板套内壁。基岩段同样采用钻眼爆破法施工，混合作业施工方式，仍然利用溜灰管下放混凝土浇筑井壁。

在整个井筒的施工中，监理单位重点对井筒的开挖过程和井壁浇注质量进行了监控，要求施工单位严格控制表土层开挖时的井邦温度和变形量，混凝土配合比应进行试配，施工中应按规定进行检测和检验。

井筒施工到底后，建设单位组织相关部门对井筒进行验收，主井井筒质量符合要求，总涌水量 3.5m³/h；但副井井筒表土段井壁在井深 200～300m 地段渗漏水严重，整个井筒的总涌水量达到 15m³/h，不符合《矿山井巷工程施工和验收规范》的相关规定。建设单位要求副井施工单位进行治理，该单位进行了井筒壁后注浆，但效果不明显，仍然达不到规定的要求。于是，建设单位对副井施工单位进行了处罚，并对工程进行了结算，扣除了部分工程款，用于副井井筒的井壁注浆封水工作。

2. 注浆处理与事故

建设单位邀请了一家专业注浆公司来进行井筒的壁后注浆工作。该注浆公司施工技术和设备先进，但由于承揽的工程项目较多，该公司将该井筒的注浆工作转包给了另外一家注浆单位，并且获得了建设单位的同意。

转包的注浆单位在井筒的壁后注浆工作前提出了注浆封水方案，并得到了承包单位（注浆公司）和建设单位及监理单位的同意。工程实施到井深 235～240m 区段时，在井下注浆孔钻进中发生了钻孔涌水现象。施工人员立即升井、向技术人员汇报，技术人员制定了相关的解决措施，利用导管导水和快凝水泥进行封堵，但实施中由于水的压力较大未能封堵住钻孔的涌水，反而出现了涌水带砂现象，而钻孔还同时不断扩大。当注浆单位技术主管人员到达现场时，发现钻孔涌水冒砂十分严重，已无有效办法进行封堵，只能迅速撤离施工人员，同时通知建设单位做好相应的安全预防工作，防止井筒突水涌砂后可能引起的相关事故。

建设单位及时通知并撤离了井下的全部施工人员，但由于副井井筒的突水涌砂严重，还来不及将设备撤离时，井筒已经被水淹埋，井下施工设备被埋，地表也出现下沉，地面工业场地主要建筑物出现倾斜，矿井遭受了巨大的经济损失，所幸未发生人员伤亡事故。

（三）事故处理

事故发生后，当地政府和建设主管单位召开了事故分析会议，会议上多数人员认为注浆单位应对该事故承担主要责任；但注浆单位强调他们严格按程序施工，在发生注浆钻孔涌水时及时采取了措施，并提出了相关证据；认为关键是水压力太大，常规方法封堵不住，事故应当属于不可预见的范畴；另外注浆单位还提出，注浆施工钻孔深度严格按规定进行，不可能有出现钻透井壁的现象，如果出现钻透井壁问题，则应该为井壁厚度不够问题，要求进行深入调查。

会后决定由建设主管部门牵头，相关研究单位参与，进行专家论证。论证会议主要对处理措施提出了意见，确定了井筒淹井事故与井壁施工质量、井壁注浆堵水施工程序等因素相关，要求恢复对副井井筒冻结，重新砌筑井壁，并由原主井施工单位承担副井的恢复施工。

在副井井筒的恢复施工中，施工单位将原副井表土段井壁全部爆破拆除，爆破后的井壁混凝土有较多蜂窝出现，内层井壁厚度均符合设计要求。建设单位根据发现的这一情况，及时与原副井施工单位、监理单位进行了沟通，并调查取证，查阅了全部的施工报表，但没有发现井壁有质量缺陷的记录，说明实际井壁质量缺陷与记录报表所反映的情况有出入。

二、质量问题分析

（一）分析性意见

1. 该矿井井筒处于深厚表土层中。近年来的研究表明，随矿井开采和疏排水因素的影响，表土层会发生不同程度的沉降，由此将产生作用在井筒井壁上的垂直附加力。附加力最终会使立井井壁发生破坏，这是近年来我国华东地区深厚表土层中立井井壁发生破裂的根本原因。为防止井壁的破坏，一方面可增加井壁的强度，提高其抵抗垂直附加力作用的能力；另一方面也可设置可缩井壁来释放垂直附加力对井壁的作用。对于采用冻结法凿井的立井井筒，井壁的施工质量、保证井壁强度是有效预防井壁破坏的重要条件。

由于附加力的复杂性，目前对附加力的计算、设计还没有定论。正因为复杂，设计单位在该项成果尚未形成规范性条文的情况下，更应对此予以充分重视，在确定设计尺寸前应有充分的研究性工作。

2. 在立井表土段的井筒施工中，井壁质量对井筒的安全性更为重要。随着矿井开采深度的增加，表土层厚度的增加，井壁所受到的作用力越来越大。从技术方面讲，增大井壁厚度和提高混凝土强度是目前设计单位的普遍作法，其中通过提高水泥强度等级、改善混凝土配比、添加外加剂等措施提高混凝土等级的增加混凝土强度的办法可避免过多地增大井壁厚度，对控制掘进工程量的增加和加快井筒的施工速度都有重要意义。但是，由于井下施工条件的限制，特别是混凝土浇筑工作，受到多种因素的影响，苛刻的混凝土配比及施工工艺可能难以达到最终的目的。例如，本矿井副井井筒的表土段施工，内壁采用溜灰管输送混凝土，容易出现离析现象，混凝土应在井下进行二次搅拌，方能保证其和易性；另外如果混凝土的坍落度较低、流动性不好，如果不注意加强振捣，也会使混凝土出现质量方面的缺陷。如果在相对不厚的混凝土井壁内部出现“蜂窝”，对井壁的质量影响要较低等级、厚井壁的影响要大得多。因此，不能认为这仅仅是混凝土等级的技术问题，高等级混凝土施工一定要和高管理水平的施工相适应，这是深井采用高等级混凝土容易忽视的重要问题。

3. 该矿井在副井井筒施工结束后，验收发现井筒涌水量超过规范的规定，采用井壁注浆处理是必须的，但是原施工单位的注浆效果不好。这不仅是注浆效果和原注浆单位的施工技术问题，还给后续的二次注浆工作带来了困难，容易封堵的渗水通路被堵，原本可以一次封堵的细小通路也被封堵。建设单位另外邀请专业注浆公司本应该充分认识这部分注浆堵水工作的困难，认真对待。但是注浆公司却将承包的主要工作分包，最终酿成重大事故，注浆公司应承担违反承包规定和管理失责的责任。

4. 对于转包的注浆单位，在注浆工程实施过程中已经知道井壁渗水严重的情况，应当意识到原施工井壁的质量可能存在的问题，包括注浆可能钻透井壁的后果。因此在进行工程准备时应该有一套可靠的应急预案，防止可能出现的事故。单方面认为井壁厚度不够，不能用来作为免责的理由。

（二）主要结论性意见的分析

1. 事故分析确认主要原因在于井壁的施工质量这一结论是正确的，同样的条件，主井井筒施工未发生任何问题，说明副井施工单位的施工技术和管理水平存在缺陷，恢复施工中发现的井壁有“蜂窝”现象也说明了这一点。混凝土浇筑质量差导致井壁的“蜂窝”，从而出现井壁渗漏水。对于注浆单位也有不可推卸的责任，准备不充分，管理不到位，措施不全面，最终会导致工程事故的发生。

2. 监理单位存在质量控制不力的责任。井壁混凝土浇筑存在严重的质量问题没有被及早发现，混凝土浇筑程序和工艺方面存在问题未能及时指出和纠正。

3. 对于建设单位，尽管各项工作的程序和方法都没有存在原则问题，但对工程的转包、对施工单位、监理单位的监督管理都存在有缺陷。因此，该矿井发生如此重大的事故，直接原因是施工质量问题，间接原因应是管理不力。副井原施工单位和注浆承包和分包单位应当承担主要责任，承担所造成的经济损失；建设单位和监理单位承担次要责任；由于损伤较大，相关人员都将承担法律责任。

### 4.2.2 煤矿巷道施工质量事故案例分析

一、事故基本情况与分析

(一) 事故过程

1. 工程概况

某煤矿新井东区回风下山设计全长1100m，坡度为8°～10°，半煤岩巷道，断面需要破7号煤层顶板1.0m；巷道断面为直墙半圆拱，净宽3.8m、净高3.4m，净面积11.36$m^2$。

煤层顶板岩性主要为泥岩、砂质泥岩、粉砂岩、细砂岩及中砂岩。直接顶板为泥质岩，局部为粉砂岩及砂岩，厚0～7.45m，厚度变化大，结构松软，吸水软化，强度较低，稳定性差。老顶为砂岩，厚0～20.10m，岩相变化大，不规则裂隙发育，见有方解石脉及泥质物充填现象。煤层直接底板为泥质岩石，泥岩、砂质泥岩，局部为粉砂质泥岩及粉砂岩，厚0～2.45m。基底为灰色中厚～厚层状细粒砂岩，厚0.45--7.50m，岩相变化大，为半坚硬～坚硬岩石。煤层的上覆岩层，从直接顶至老顶为软弱～坚硬型，再往上为软弱～坚硬型的相间复合结构。这种软硬相间的结构虽然能阻止煤层开采时顶板裂隙的发展，但由于软弱岩石在水的作用下易发生软化，从而降低了顶板的稳定性；底板自上而下为软～坚硬型，直接底软弱岩石在水的作用下，易发生软化。

下山巷道设计确定为锚梁网-喷的支护形式，全断面布置13根锚杆。已施工近480m。

2. 事故经过

该工程施工至476m时，发现顶底板破碎变得更加严重，且涌水量有加大趋势。检查发现有一小断层穿越，未引起技术及管理人员的重视。

掘进施工采用先下后上的分次放炮、先掘进下部的方法。当日中班，班长李某接班后安排工人耙迎头矸石，然后就开始钻工作面下部的炮眼，眼深1.7m。完成下部钻眼工作后，装药爆破，一次起爆，循环进尺为1.6m。爆破后，班长李某首先在矸石堆上进行了敲帮问顶，确认安全后安排工人在工作面钻打用以挂回头滑子的生根锚杆眼，安好滑子，开始工作面出矸石。待矸石高度剩下2.0m左右时，班长李某布置蔡某和他一起在滞后的工作面后方打锚杆眼，其他人在后面出矸石。到晚上7时25分左右，顶部5个锚杆眼完成，班长即安排蔡某等5人安装锚杆。面向迎头左侧的跟班队长张某拿着锚杆，右侧的班长李某拿着钢带梁，中间的蔡某转身接别人递过来的树脂药卷时，突然发生顶板冒落，冒落尺寸长2.3m、宽1.9m、最高处1.7m，蔡某及另一工人躲闪不及，被冒落的矸石砸倒，经抢救无效死亡。

(二) 事故原因分析

1. 直接原因

(1) 顶板破碎、裂隙发育，已经受到水的影响，顶板岩石强度降低，巷道稳定性失去保障；

(2) 工人蔡某及另一工人在空顶下作业，被冒落的矸石砸倒而死亡。

2. 间接原因

(1) 对地质条件认识不清。首先是发现有断层穿越，没有重视；断层区域由于岩石破碎严重，这不仅会降低围岩自身稳定，而且还会引起地下水渗流等严重情况。其次是对地下水对巷道顶板泥岩的危害认识不足；泥岩本身软弱，遇水后强度会受到严重影响，而此时已经发现顶板有淋水，仍未处理。

(2) 作业规程中的支护措施不合理或不完善，措施针对性不强。施工中采用了先进行下部掘进，再利用矸石堆进行工作面支护的作业程序，违反了禁止空顶作业的规定。特别在顶板岩性条件恶化的情况下仍采用这一错误的做法，是直接造成伤亡事故的重要原因。

(3) 当发现有断层等地质条件变化后，原支护设计，以及施工技术措施没有进行相应调整，设计及施工技术主管人员没有提出修改支护设计方案的要求，使原支护方案及施工措施不能适应在断层的围岩破碎、稳定时间短的复杂地质条件。

(4) 检查发现，施工不规范，没有达到光面爆破的效果，岩面凹凸不平超过规范要求，并使锚杆托盘难以紧贴岩面，致使锚杆约束围岩变形的作用效果差，使围岩发生离层而最终冒落。

(5) 质量检查、现场管理以及监理都没有及时认识地质条件变化给围岩稳定带来的影响，没有发现和指出支护强度不够、施工措施不合理、施工质量等问题。

(6) 掘进一区没有做好对职工有关的工程技术措施等交底工作，安全教育不够，工区干部、工人对规程、措施掌握不牢，对生产安全与质量工作有疏忽。

二、处理意见

(一) 整改要求及相应的技术措施要求

1. 重新审查与修改施工段的设计及施工技术措施，保证设计工作的合理和进一步优化。新的设计与技术措施中应充分考虑断层影响，以及围岩破碎、泥岩及渗漏水的条件。根据围岩的具体状况，要求在断层影响区域范围内增加支护强度，采取诸如适当增加锚杆密度或长度、钢带支护强度等措施。

2. 严格执行规范关于顶板管理的相关规定，严格执行禁止空顶作业的规定，并落实到作业规程和技术措施中。对该巷道的具体情况，要求采用诸如单体液压支护或前探梁或是喷射混凝土加前探梁复合支护形式的临时支护形式。

3. 设计、施工单位要全面检查设计与施工技术措施的合理性，认真补充、完善设计内容和掘进工作面的作业规程、措施；同时要求认真进行安全工作和技术交底，组织全体相关人员进一步学习、贯彻、执行，并进行考试。

4. 施工单位质量、安全管理人员和监理机构，应加强施工质量检验，并严格监督按照设计施工，严格遵守施工技术措施，确保工程主体安全和质量。

5. 切实落实安全生产责任制和岗位责任制，规范职工的安全和质量行为，加大反“三违”、反事故力的度，对“三违”人员从重、从严、从快处理，消除人的不安全因素。

6. 施工单位应认真吸取事故教训，举一反三，对照安全法律、法规、规程，排查隐患，特别是排查思想上的安全隐患，消除麻痹思想，增强职工的安全意识和自主保安意识。同时，进行全公司、全方位的安全大检查，落实责任，限期整改，做到不安全不生产，避免同类事故再次发生。

（二）责任人处理

1. 掘进队跟班队长对这起事故负有现场管理责任，给予行政撤职处分。

2. 掘进队主管技术员对这起事故负有重要技术管理责任，给予行政撤职处分。

3. 掘进队当班班长对这起事故负有重要责任，给予行政记大过处分。

4. 掘进队队长对这起事故负有重要管理责任，给予行政撤职处分。

5. 掘进队党支部书记对这起事故负有重要管理责任，给予其党内撤职处分。

6. 分管掘进副总工程师负有技术管理责任，给予行政记过处分。

7. 分管掘进副矿长对这起事故负有领导责任，给予行政记过处分。

8. 矿长对这起事故负有一定领导责任，给予行政警告处分。

9. 对有关责任人进行相应的经济处罚。

### 4.2.3　井巷施工透水安全事故案例分析

一、王家岭透水事故

（一）矿井和事故概况

1. 矿井基本情况

王家岭矿为基建矿井，设计生产能力600万吨/年。该矿所在区域小窑开采历史悠久，事故发生前该矿井田内及相邻共有小煤矿18个。发生事故的王家岭矿碟子沟项目井巷工程由中煤能源集团下属的中煤建设集团第一建设公司（以下简称中煤一建公司）第六十三工程处（以下简称中煤一建六十三处）施工，北京康迪建设监理咨询有限公司（以下简称康迪监理公司）负责监理，中煤西安设计工程有限责任公司负责设计。中国煤炭科工集团西安研究院电法勘探研究所承担井巷探测项目。

2. 事故概况

2010年3月28日13时40分许，王家岭煤矿北翼盘区101回风顺槽发生透水事故，发生透水事故时当班下井261人，升井108人，有153人被困井下。

（二）事故救援过程

1. 科学决策，抽水救人、通风救人、科学救人

事故发生后，党中央、国务院高度重视，胡锦涛总书记、温家宝总理和张德江副总理立即做出重要指示，要求采取有力措施，调动一切力量和设备，加大排水力度，千方百计抢救井下人员，严防发生次生事故。

事故发生当晚，张德江副总理紧急赶赴王家岭透水事故现场，指导事故抢险救援工作。28日23时50分许，张德江副总理抵达王家岭矿，代表党中央、国务院亲切慰问救援人员，要求抢时间，争速度，调动各种资源，实施科学救援。

救援指挥部28日晚迅速成立，下设抢救、医疗、宣传、善后处理等小组。3月29日零时20分，张德江副总理主持召开现场会，作出三项决策：

（1）抽水救人，尽最大努力从各方调集抽水设备，以最快的速度安装，以最大能力排水；

（2）通风救人，向井下强压通风，为井下被困人员提供生存支持；

（3）科学救人，成立专家组，科学评估，以最快的速度、最有效的办法进行抢救。同时，要防止瓦斯、塌方等次生事故。

2. 救护队紧急集结，救援设备聚集现场

事故发生第二天，救援急需物资、抽水设备迅速调拨，十多支矿山救援队、三千多人从各地先后奔赴事故现场。

4月4日，山西省卫生厅抽调153辆救护车全部达现场，另有80辆在周边城镇待命，同时由山西省三大医院组成的12个专家组、156位救护人员也已经到位待命。

3. 加快排水，全力以赴，争分夺秒

3月29日1时许，出事煤矿水位已不再上涨。加快排水进度，确保已安装排水泵正常工作是抢险救援的重心。排除20多万立方米的积水成为救援的头号任务，多台水泵开足马力、昼夜不停工作。

3月31日，重达13t的主井泵安装完毕，并加紧调试，投入使用后排水量可达450$m^3$/h。截至4月1日16时，已投入的13台水泵，累计排水4.42万$m^3$，总排水量达1485$m^3$，井下水位下降95cm。

4月2日下午，1台排水能力450$m^3$/h的大功率水泵实现正常排水，3个水平钻孔向主平峒排水，累计投入运行的14台水泵，排水能力为1935$m^3$/h，另1台排水能力450$m^3$/h和6台100$m^3$/h的水泵正在抓紧安装。4月2号晚6点，水位下降了3.3m，排水量达到6.6万$m^3$。

4月3日，新增6台排水能力100$m^3$的水泵安装完成，开始向南大巷倒水，并继续通过平峒2、3、5号钻孔向外排水。共安装水泵20台，总排水能力达到2535$m^3$/h，截至4月3日0时，排水7.4万$m^3$，水位下降4.2m。

截至4月7日20时，井下共有19台水泵接力排水，实际总排水能力为1450$m^3$/h，累计排水22.04万$m^3$。

4月9日，总排水量已达25.3万$m^3$。

4. 钻孔，打通生命通道

在十多台水泵开足马力排水的同时，救援指挥部又决定，从地面垂直钻孔，打通矿井巷道。4月1日早晨9点18分，2号钻探孔被一次性成功打通。4月2日下午2点10分，从2号钻探孔里传出敲击声，钻杆提升后在钻杆底部有一根被拧上的铁丝，表明井下还有生存人员。从4月2日18时，通过地面2号孔源源不断地向井下被困人员输送几百袋营养液，以及纸笔电话等物品，为被困人员提供了生命的保障和求生的信心。

5. 救援，与时间赛跑，与死神抗争

八天八夜的生死救援，八天八夜的不舍不弃。在中央领导的深情关怀下，各相关部门通力协作，3000多救援大军顽强拼搏，全力以赴。

4月3日下午1点10分，救援先遣小组下井开始搜寻被困人员，救援人员将沿3条路线进行搜救，经过30多个小时的搜索，到4月4日22时许，有10个救援分队共计100余人陆续下井展开搜救。

4月4日22时24分，井下救援人员传来消息，发现回风巷里有矿灯闪烁，距离大概有300m远，被困矿工在求救。指挥部立即决定，抢险救援队员乘橡皮筏进入回风巷，迅速营救。

4月5日零时30分，第一名被困工人成功升井，到5号下午5点，经过八天八夜的艰苦奋斗和科学抢险，总计115名矿工安全升井，成功获救。

（三）事故分析

1. 事故原因

事故的直接原因是：该矿 20101 回风巷掘进工作面附近小煤窑老空区积水情况未探明，且在发现透水征兆后未及时采取撤出井下作业人员等果断措施，掘进作业导致老空区积水透出，造成＋583.168m 标高以下巷道被淹和人员伤亡。

事故的间接原因是：地质勘探程度不够，水文地质条件不清，未查明老窑采空区位置和范围、积水情况；水患排查治理不力，发现透水征兆后未采取有效措施；施工组织不合理，赶工期、抢进度；缺乏对职工进行全员安全培训，部分新到矿职工未经培训就安排上岗作业，部分特殊工种人员无证上岗。

2. 事故处理

按照有关规定，该事故有 39 名事故责任人受到了处理。其中，9 名涉嫌犯罪的事故责任人被移送司法机关依法追究刑事责任，30 名企业人员和党政机关工作人员受到党纪、政纪处分。同时，山西省人民政府向国务院作出深刻书面检查，中煤能源集团向国务院国资委作出深刻书面检查。由山西煤矿安全监察局依法对华晋焦煤公司处以 225 万元罚款，对中煤一建公司处以 210 万元罚款。

3. 经验教训与整改要求

这起煤矿特别重大透水事故，损失惨重，教训深刻，影响恶劣，充分暴露出事故相关单位在安全生产工作中存在的严重问题，反映出安全生产方针、政策措施在一些地方和企业没有得到真正落实。我们应该深刻吸取这起事故教训，进一步增强做好安全生产工作的责任感、紧迫感和使命感，切实改进和加强安全生产工作，有效防范和坚决遏制重特大事故的发生，努力促进全国安全生产形势的持续稳定好转。

（1）严格落实企业安全生产主体责任。要认真贯彻落实张德江副总理在全国安全生产电视电话会议上的重要讲话精神和《国务院关于进一步加强企业安全生产工作的通知》（国发［2010］23 号）要求，以强化企业安全生产主体责任为重点，继续深入开展“安全生产年”活动。特别是要认真贯彻中共中央办公厅、国务院办公厅《关于做好 2011 年元旦、春节期间有关工作的通知》和《国务院安委会办公室关于切实做好 2011 年元旦春节期间安全生产工作的通知》（安委办明电［2010］106 号）的要求，切实抓好年初岁末的安全生产工作，为全年的安全生产工作开好局、起好步打好基础。

（2）全面加强建设项目管理。按照国家发展改革委、国家安全监管总局等四部门《关于进一步加强煤矿建设项目安全管理的通知》（发改能源［2010］709 号）要求，地方人民政府要对本地区煤矿建设安全工作负总责；项目建设单位必须落实法定代表人建设安全第一责任人的责任，全面负起安全管理职责，严禁压缩工期和超能力、超定员、超强度组织施工；项目施工单位要对煤矿建设施工负建设安全主体责任，并严格施工现场安全管理，严禁转包工程和挂靠施工资质；项目监理单位要对煤矿安全施工承担监理责任，要强化责任意识，严格审查安全技术措施，对存在重大隐患的，要立即督促进行整改；项目设计单位要对其设计负责。

（3）切实加强防治水工作。煤矿企业和煤矿建设施工单位要认真贯彻《煤矿防治水规定》，坚持“预测预报、有疑必探、先探后掘、先治后采”的原则，落实“防、堵、疏、排、截”综合治理措施。建立健全水害预测预报制度、水害隐患排查治理制度、水害防治技术管理制度，不断促进矿井防治水工作制度化、规范化。存在水患的煤矿企业，要采用适合本矿井的物探、钻探等先进适用技术，查明矿区水文地质情况，特别是本矿区范围内及相邻煤矿的废弃老窑情况，准确掌握矿井水患情况。采掘工作面物探不能代替钻探，必须进行打钻探放水。探放水要制定专门措施，由专业人员使用专用探放水钻机进行施工，保证探放水钻孔布孔科学合理并保证一定的超前距离，探放水钻孔必须打穿老空水体；探放水时，要撤出探放水点位置以下受水害威胁区域的所有人员，发现有透水预兆时，必须立即撤出受威胁区域的所有人员。要采取有效措施治理隐患，水患消除后方可继续施工作业。

（4）全面提升煤矿安全保障能力。煤矿企业要进一步明确安全避险“六大系统”建设完善的目标、任务、措施及进度安排。要建立投入保障制度，加大安全投入，从人、财、物等各方面保证建设进度，强力推进安全避险“六大系统”的建设完善工作。要根据矿井主要水害类型和可能发生的水害事故，制定水害应急救援预案和现场处置方案，储备足够的抢险排水设备和材料；处置方案应包括发生水害事故时人员安全撤离的具体措施，每年应对应急预案进行修订完善并进行1次救灾演练。

## 二、矿井井筒淹水事故及抛碴处理

### （一）井筒突水事故过程与分析

#### 1. 突水事故经过

某矿主井井筒全深862m，其中松散表土层深587m。井筒净直径5.0m，基岩段共有7个含水层，预计井筒涌水量980m³/h。井筒上部采用冻结法施工，冻深702m，下部采用地面预注浆。发生淹井事故前，井筒掘进深度达到806.7m、砌壁施工深度为803m，井筒基岩已穿过第五含水层。这一日（×月27日）早班在井筒内的吊盘处（井深804.5m）发现一高角度断层，断层岩性为泥岩。刚开始发现断层时井壁的出水量为5m³/h，然后涌水量越来越大，很快增至180m³/h。即使排水设施全部开启仍没有减少井筒水量的效果，井内水位不断上涨。因为井筒净断面直径只有5m，井筒深、断面小，虽然原有的的排水设施可以满足井筒正常涌水的排水要求，但是无法满足断层突水、涌水量剧烈增的抢险排水问题。加上井筒断面较小，新增加排水设备的能力有限，因此到29日中班13时突水已经淹没转水站，无法继续排水，只能撤人、撤出相关设备，井筒被淹。

| 柱状 | 深度(m) | 含水层 | 柱状 | 深度(m) | 含水层 |
|---|---|---|---|---|---|
| | 587.40 | | | 734.00 | |
| | 634.28 | | | 755.80 | H4 |
| | | H1 | | 779.64 | |
| | 655.70 | | | 787.40 | H5 |
| | 674.00 | | | 820.80 | |
| | 692.40 | H2 | | 826.80 | H6 |
| | 708.30 | | | 853.06 | |
| | 714.30 | H3 | | 857.50 | H7 |
| | | | | 874.77 | |

图4.2-1　各含水层深度及柱状

#### 2. 突水事故分析

井筒基岩段有7个含水层，各含水层深度及柱状见图4.2-1。主井突水的直接原因就是断层沟通导水的涌入。

（1）直接原因

造成断层沟通的主要原因是施工前没有这一断层资料。根据安全规程要求，井巷穿过断层前必须执行“有疑必探、先探后掘”的原则。因为没有提供断层资料，所以就没有进行探水工作。由于筒掘进前不能预料有断层，揭露后又未注意到有断层，直到有较大出水才引起注意，但此时对断层的主要特征仍不清楚。因此整个过程没有采取预防措施，也无法落实有针对性的抢险措施。事后经过对该段岩性观测分析，发现该一段高的岩石破碎比较严重，破碎带岩性主要为泥岩，同时夹有少量的砂岩，且破碎的岩石上面有明显的柔痕，才断定属于断层破碎带。断层角度很大，井筒在掘砌时发现有抽帮现象，抽帮的高度大约有 2m。从涌水量情况分析可以断定，断层应该沟通了 M4，M5 含水层。

(2) 间接原因

造成突水的间接原因是对地面预注浆效果不好。从技术上分析，由于含水层埋藏较深，要求地面预注浆形成对深井筒帷幕的良好效果，相对比较困难；再加上受掘进时放炮松动的影响，就更容易导致 M4，M5 含水层的沟通。事故后的检查也说明了这一情况。另一方面，也存在思想上疏忽的问题。由于施工中受井筒“已经完成地面预注浆的防水措施”的影响，所以对水害的危险性有所忽视；更没有对深井地面预注浆的隔水效果和可能的危险作出正确的判断，因而对水害的警惕性不高，预防措施不力。所以突水发生后，抢险的思想、物资、方法等准备不充分，没有能及时采取有效的抢险措施，导致最后只能淹井。

(二) 抛碴封底方案的决策和设计

1. 治理井筒淹井的方法和决策

国内外治理淹井的方法基本分为两类，一类是采用强排、疏干的方法；另一类是先堵后排再进行工作面预注浆的方法。强排疏干的方法虽然较简单，但方案须要一定的地质水文条件，还需要具备大流量、高扬程的排水设备，并且需要一定的布置空间。由于该主井的设计净直径为 5.0m，空间小，可布置的排水设备能力有限。同时，此井筒涌水已经和含水层贯通，水源丰富，因此实施该方案不仅耗时长，而且经济极不合理；此外，即使将水排到井底后，高压涌水点的封堵也是极困难的，因此该方案的可靠性差。更重要的是，在大涌水、高水压条件下采用强排水会造成井筒的岩帮不稳，可能会使抽帮进一步扩大，威胁岩帮稳定，从而会加剧已砌井壁的进一步破坏。因此，采用隔断突水水源、排干井筒积水恢复井筒的办法显然更合理些。

在水路已经导通、水量又大，并已进行过地面预注浆的条件下，如何实施隔断水源、保证方案可靠，同时尽量经济有效，是采用第二种方案的关键。尽管在紧急商讨中列出了若干处理方案，但是经过分析认为都有一定缺陷，或者拖延时间长而且不经济，或者堵水效果不可靠，有的还会威胁井帮安全。最后决定大胆采用抛碴注浆封底办法。

抛碴注浆的第一步工作不是“抢险”抽排水，而是先做抛碴准备，似乎是造成了“贻误”抢险战机的后果，因此有人担心方案的合理性，也引起争论。但是最终分析认为，抛碴注浆处理涌水淹井，是考虑了排水能力无法解决、涌水量大且水源丰富的淹井条件，是避免追求“心理安慰”而注重实际效果的一种指导思想，是“避险求安”、“避难求易”的策略，同时也有在浅井筒中实施抛碴注浆成功处理淹井的先例。根据抛碴注浆封底方法的原理，它应该是完全可以实现的，应用这一技术的成功概率大，也相对更经济合理。

2. 抛碴注浆封底方案的设计

(1) 静水抛碴注浆原理

静水抛碴注浆的基本过程就是待井筒涌水升至水位稳定后的静水位时，在井内下三趟末端带有出浆花孔的输浆管至井底工作面，然后从井口向井下抛石碴，石碴达到一定厚度后，就可以连续对石碴注单液水泥浆。通过水泥浆充填石碴空隙并渗入涌水通道、浆液脱水结石，实现封堵井底涌水的目的。

(2) 封水层结构设计

封水层要实施两个功能，即抗渗水和涌水，以及抵抗涌水压力。实施静水抛碴注浆首先是要求注浆材料能和石碴一起固结，形成一种低渗透或无渗透性的封水层，所以浆液要有充填和一定渗入涌水通道的能力，可以起到堵绝水源的作用；同时，还要求脱水固结的封水层要靠包括石碴和水泥浆液形成的固结石，作为一个整体有足够的强度，能抵抗水压力的作用，并在自身厚度的自重，以及封水层与井壁接触面间的摩擦阻力（包括固结期间形成的粘结力），平衡井底部向上的水压力。

根据以上原理，封水层厚度可通过公式获得比较精确的理论结果。但有的公式中常有一些参数选择比较困难而使计算结果存在随意性，因此实际操作时可以采用经验公式估算。

止浆垫的厚度计算经验式：

$$B = P_0 r/[\sigma] + 0.3r = 5 + 0.3 \times 2.5 = 5.75\text{m}$$

$$[\sigma] = (1/2) \times R/K$$

式中 $B$——止浆垫厚度（m）；

$r$——井筒净半径，2.5m；

$K$——安全系数，取2；

$P_0$——注浆终压，通常取静水压力的1.3倍，此处取9.1MPa；

$R$——水泥极限抗压强度；

$[\sigma]$——混凝土允许抗压强度，MPa。

根据以往施工经验，注浆充填石碴空隙不均一性，以及抛碴封水段与井壁结合性差，粘结强度低的条件，一般取计算结果的2倍。又考虑到该矿井主井800m以上段约11m的井壁受到压力破坏的情况，为保证一次成功，不出现渗、涌水现象，实际确定抛碴层厚度为25m。这样共需要石碴492.6m$^3$。

封水层包括工作面残留的矸石和部分矸石等沉积，其上由抛碴层覆盖，井筒平面均匀分布三根注浆管直达残留矸石面。其静水抛碴注浆示意图如图4.2-2所示。

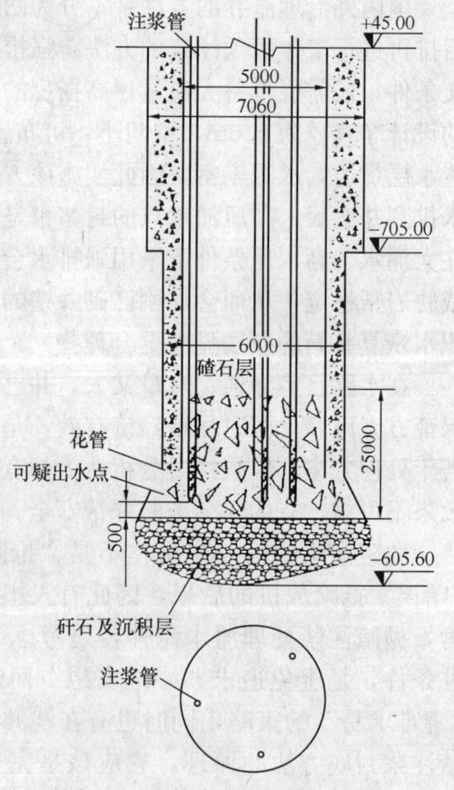


图4.2-2 静水抛碴注浆示意图

3. 封水层注浆量的计算

主井净径5m，封水层抛石碴492.6m$^3$。实测碎石孔隙率为50%，全部胶结需浆液246m$^3$，水泥浆水灰比为1∶1，实测结实率为72%，故水泥浆液341.67m$^3$，每1m$^3$水泥浆用水泥750kg，则水泥总用量为256.3t。考虑注浆管前面残留矸石层厚度，同时要求注浆过程中的浆液应向突水裂隙中流动，在封水层注浆的同时，能够封堵淹井的导水裂隙。因此，水泥准备用量必须要比计算的量超出一些，所以设计提出应准备300t水泥，实际本次注浆工作消耗水泥282t。

（三）抛碴封底治理淹井技术的实施

1. 注浆管下放及设置

（1）注浆管入井

为保证安全、牢固、稳定，注浆管采用稳绳悬吊送入井下。注浆管的接头丝扣上要求用白铅缠麻，紧扎丝扣。注浆管用卡子固定在钢丝绳上，下入井底（距井底0.4m），上口接头可露出盖板门0.5～1.0m。

（2）注浆管设置

考虑井筒净直径5m，为保证输浆管路的安全性，并保证达到扩散充填封水的目的，设计井筒内布置三趟注浆管，要求在注浆管下端焊接一根2.5m长的花管，前端锥形，花眼孔径10mm，眼距100mm，分布在长2m的范围；每圈3个眼，并上下错开。

2. 抛碴

该矿主井采用在封口盘上吊桶口位置设两个溜槽，用铲车直接将石碴倒入溜槽内，自然落入井中。这次抛碴共计投入碎石计493m$^3$，经下放吊桶测得碎石层面距井底约25m，顺利地完成了抛碴工作。

3. 浆液流向控制

封水注浆前，井内水位必须达到稳定的静水位才能形成注浆的必要条件，这是考验处理涌水的胆量和实现抛碴注浆的一个关键技术。若未恢复到稳定水位，注浆时井底涌水会使浆液向封水层上部扩散，并被涌水冲散，而封水层底部却没有水泥浆，导致封底失败。反之，若有意识地使井内水位高于地下水稳定水位，则可形成负压，有利于浆液向涌水裂隙流动、扩散、充填，达到封堵目的。根据排水后工作面打钻探测封水层的实测和结构分析计算，至少35t水泥浆被挤压注入到井筒以外的导水裂隙中去了。

4. 注浆结束标准

一般注浆工程的结束标注是达到设计的注浆终压，注浆量小于设计的注浆量，维持10～30min即可。封水层注浆的条件和对象比较特殊，这一标准已不再适用。封底注浆必须是一次完成的工程，不允许中断或反复，什么情况下方可结束，必须掌握各方面资料作出判断，同时也是有规律可循的。

（1）总注浆量控制

注浆前必须根据封水层构成的情况，准确计算所需要的注浆量。注浆过程中实际注入量必须达到这一标准。

（2）取样检验

该主井封底注浆时，使用了自行加工的钢制锥形取样器。在注浆的后期，用钢绳将取样器放到碎石层表面，隔一段时间提升上井口查看，开始提出的只是清水，后来取样器中可看到稀水泥浆，直到取出了浓水泥浆，说明浆液已经扩散漫到封水层面，注浆可以结束。

（3）作图分析

在注浆过程中及其前后，要不断地定时监测注入的浆液量和井内水位变化情况，及时绘图进行分析，也可说明注浆是否可结束。

图 4.2-3 是该主井封水层注浆过程中累计注浆量和井内水增量随时间的变化曲线。4∶00以前，注浆量大于井内水增量，说明一部分浆液正在充塞井底的主导水裂隙；此后两条线基本平行，说明引起突水淹井的导水主裂隙已经封堵，注入的浆液已全部用于充填封水层的碎石和抛碴的孔隙。固结后的抽排水水量和水位监测也可以证明注浆效果。

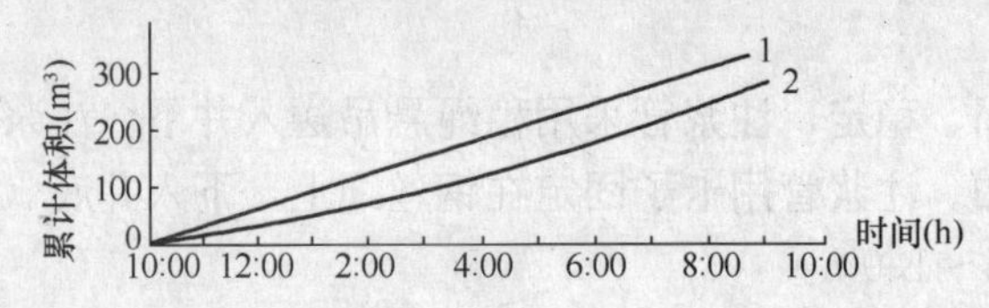


图 4.2-3　主井封水层水增量、注浆量与时间的关系曲线

1—累计注浆量；2—累计水增量

上述三种检测封水层注浆能否结束的方法与标准，要求同时使用，以便检验和相互对证。

（四）抛碴封底治理淹井的技术要点及经验教训

1. 该井筒涌水成功处理的关键技术

（1）抛碴注浆的决策

决定采用抛碴注浆技术是经过争论、分析最后决定的策略，实际证明这一处理的方案是正确的，达到了预计的效果，施工单位、监理单位、建设单位都对此次处理表示非常满意。

（2）采用静水压力注浆方法

等待涌水静止平衡后再行注浆似乎是“消极”的，实际是有科学根据的方法。采用这一方法保证了堵水的成功和顺利。

（3）可靠的监测措施

浆液在碴石和水中流淌，看不到摸不着，其可靠性就要靠实际过程中的监测。本次注浆效果的监测除采用经验性的内容外，还有些比较有效的方法，成为注浆决策的依据，也成为了成功注浆的保证。

2. 经验和教训

（1）该主井突水是由于断层导水沟通上部两含水层，初始水量仅有 $5m^3/h$，之后水量快速增长。由于水压达 8MPa，已砌井壁遭来压破坏严重，因此在封水层设计时要充分考虑井壁破坏这一因素（破坏段约 11m）。抛碴层的设计厚度增至 25m，将已破坏的井壁埋在抛碴层里，保护井壁避免可能的进一步破坏，同时再通过注浆加固井壁，这一措施既保证了整个处理过程安全可靠，又起到了加固深立井基岩段单层素混凝土井壁的效果。

（2）在井筒净径较小的竖井深部，遇高压（8MPa）、大水（瞬时用水量 $180m^3/h$）的淹井事故，是建井史上少见的情况。在方案决策、治理技术、处理工艺以及作业条件上，遇到了很大的困难。解决这一问题的关键是经过充分分析后的科学大胆决策，以及根据工程实际情况和长期工作经验的仔细谨慎实施。此次成功地实施了深水下 800m 抛碴、注浆构筑封水层恢复井筒的技术方案，经 23h 完成了连续注入 341.67m³ 水泥浆；井筒排水到底后，工作面实测涌水量为 27m³/h，与淹井前工作面实测涌水量 27m³/h（含淋帮水）相接近，这说明堵水果很好。该方法工艺简单、效果可靠，是我国深井突水淹井治理工程的一次成功的尝试。

三、巷道施工突水淹井事故

（一）事故概况即事故经过

1. 事故概况

1997 年 4 月 15 日 22 时 20 分在建的济宁二号井（下称济二井）1305 工作面轨道巷施工迎头透水，造成 10 名人员遇险，经过近 86 小时的奋力抢救，有 7 人获救，3 人遇难。

济二井是新建井，年设计能力为 400 万吨，于 1997 年 7 月 1 日正式投产。井田面积约 90km²，其中可采煤层 7 层，平均总厚 10.92m。矿井属于低瓦斯矿井，煤尘爆炸指数为 37%～39%，有煤尘爆炸危险。投产时主采 3 上、3 下煤层，此二层煤均为有自燃发火危险，自燃发火期为 3～6 个月。

2. 事故发生经过及事故区域概况

4 月 15 日中班（16 时至 24 时）施工人员除运输巷带式输送机司机高某、刮板运输机司机刘某和轨道巷带式运输机韩某外，其余人员均在迎头掘进、支棚。21 时左右、发现迎头顶板下 20cm 处有成线滴水。副队长打电话向队技术主管作了汇报，22 时 22 分左右，运输巷带式输送机机头瓦斯断电仪报警。因电话不通，高某逐与在场的矿安监员和瓦检员一起去查看情况，在运输巷中间部位遇到刘某。刘说“里面水大，把油桶都冲出来了”。四人立即向队和矿调度室汇报，然后又返回查看情况。至 23 时 30 分掘进迎头、开切眼和 320m 的运输巷被淹，涌水水位到标高－560.5m 处而水位趋于稳定，共淹没巷道长度 658m，估算水量为 17000m³（根据积水区测算，巷道积水量为 9800m³，采空区积水量为 7200m³）。此时，有 10 名施工人员遇险。

矿井连接 1305 工作面的运输巷 890m，开切眼长度为 180m；轨道巷属沿空送巷，计划长度 940m，当时已施工 158m，超过 1306 工作面开切眼煤壁 4m。开切眼与运输巷的交叉点为最低点，标高为－589.5m。轨道点出水点标高为－567m，涌水来源系与该掘进迎头相邻的 1306 工作面采空区水。1306 工作面煤厚 2～3.6m，平均厚度为 3.08m，煤层倾角为 2°～10°，平均 6°。倾斜方向推进，工作面长度 130m，推进长度 632.4m。该面回采其间曾发现砂岩顶板在裂隙处有乳状水珠滴落，在接近终采线时（1 月 7 日距终采线 24.9m），出现较明显的淋水，直到工作面回采结束。1305 工作面透水位置如图 4.2-4 所示。

（二）事故抢险经过

1. 抢险措施

矿调度室接到井下透水事故报告，首先向矿领导和集团公司领导进行汇报，并通知救护大队出动。济二矿在救护队和公司领导未到底现场之前（济二矿距集团公司驻地 40km）迅速采取了如下措施：

（1）22 时 22 分，通知井下不得关停局部扇风机。

（2）安排有关人员去迎头撤人并准备排水设施。

（3）22 时 52 分安排人员准备将通往迎头的水管改为压风管强行通风。

22 时 30 分救护大队赶到现场，随后集团公司领导也赶到现场。从矿方提供的技术资

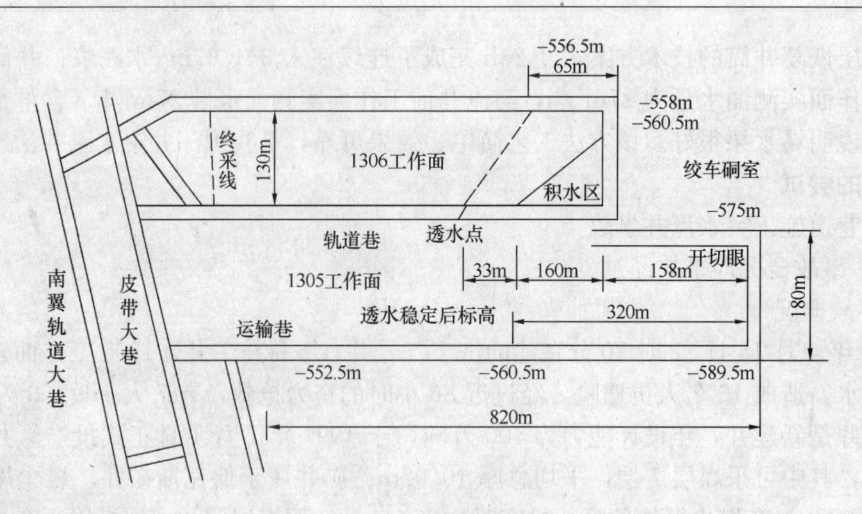


图 4.2-4 1305 工作面透水位置示意图

料分析，透水点的水位比运输巷最终稳定的最高水位低 6.5m，透水点又与 1306 采空区相通，水势迅猛，短短 70min 突水量达 17000t，通往透水点的惟一通道已全部被水淹没长达 658m；而水流经过的巷道又无特殊制高点，涌水流经的巷道中不大可能产生气室，10 名被困人员生死不明。因此抢险的首要任务是以最快的速度排水救人，现场作出以下三项决定：

（1）由救护大队协助，尽快把通往迎头的洒水管改为压风管，保证迎头供氧；

（2）加快排水速度；

（3）救护大队现场值班，重点监测现场气体情况和水位下降情况，确保排水人员的安全，当巷道标高最低点的水位离开巷道顶板时进入灾区进行抢救。

2. 抢险经过

16 日 0 时 30 分洒水管已改为压风管，开始强制性供风。随后一台 80m³/h 水泵安装就绪并开始排水。为加快排水速度，抢险救灾指挥部调本矿区主要的排水设施和人员参战，并向省局和有关水泵厂请求支援设备。16 日 7 时 40 分调来的第一台 400m³/h 水泵安装就绪开始排水。13 时 40 分第二台 400m³/h 的水泵开始排水。

救护大队根据多方面资料对灾区内可能出现的情况进行了认真分析，考虑可能出现的灾区巷道被淤泥堵塞、二次透水、巷道破坏严重、有害气体超限等各种情况制定了具体的行动安全措施，并得到救灾指挥部的认可。按照预计 18 日 19 时完成排水工作的安排，救护大队从 18 日 13 时起调集了 3 个小队到达现场参战，其中隶属直属中队的小队进入探险救人，一队现场待机，一队井口待命。14 时救护大队向全体参战人员（包括救灾指挥部人员，救护队员、矿通风、机电、巷修、掘进等有关人员）传达了行动方案及具体的安全技术措施，以及包括矿方协助人员的分工。18 日 17 时 30 分参加抢险人员全部到位。

由于排水过程中遇到多种困难，直至 19 日 5 时 50 分才排至巷道标高最低点（开切眼与运输巷交叉点）。当水面与巷道顶部距离 20～30cm 时，负责探险的直属中队趟水进入灾区探察。6 时 20 分进入开切眼发现上方 20m 处有微弱的灯光。通过喊话，听到了遇险人员的呼救声，救护人员紧急将 7 名被困遇险人员的眼睛蒙住、用头部顶着担架将他们全部抬出，6 时 32 分 7 名遇险人员全部脱险。直属中队又奉命继续寻找被困的其他 3 人。

当进入开切眼80m处时，发现一名遇难人员。继续往前侦察时，在距开切眼30米处轨道巷中的带式输机下发现了2名遇难人员，至此3名遇难人员全部找到。

（三）透水后被困人员生存的分析与计算

1. 基本情况

根据后来脱险者叙说，4月15日21时45分左右发现顶板局部成线滴水。由于掘进头煤层大迎头只留了2名掘进司机和一名班长（3人均遇难），其余7人退到绞车硐室处（开切眼最上端）。副队长就用这里的电话向队技术主管汇报了现场情况。过后不久发现从迎头出来一股烟雾（可能是透水时里面压力大，部分水蒸气被挤出造成的）7人准备去迎头查看，但在轨道巷中行走时听到一声巨响，大水随即而来，水头有1～2m高，开关也被水冲得在水中飘动，7人被迫退回，并躲躲在干式变压器上。水位逐渐上升，直到水位稳定后距顶板约0.7m左右，于是他们在这里采取一系列自救措施，尽量避免说话、保持平静、减少耗氧量和体力消耗，轮流使用矿灯观察水位变化情况等。经过3个多小时后，都感觉呼吸有点沉闷（$O_2$含量减少，$CO_2$浓度增加所致）。但是不久发现附近水中有水泡冒出，大量新鲜空气涌入他们顿感清醒，不久又发现水位在下降，更增强了他们的自救信心。

后经对遇险人员躲避处附近的水位线痕迹的勘察确定，未被水淹没的巷道空间体积约为50$m^3$（经计算为49.4$m^3$）。但是由于遇险人员的呼吸、有机物及无机物的缓慢氧化、各种有毒气体涌入等原因，会使维持生命必须的$O_2$减少、窒息性气体$CO_2$增多，直接威胁遇险人员生存条件。

2. 生存时间估计

能够维持7名人员的最长生存时间，可以根据以下两种方法计算，并以最小时间确定：

（1）按$O_2$浓度的下降计算

当空气中$O_2$浓度降到10%～12%时，人的呼吸感到极度困难，但还可以生存。如再下降人就进入昏迷状态而死亡。因此一般把$O_2$浓度降低到10%作为人生存的极限值。

1）未透水前检测报告该处的$O_2$浓度为20%，遇险人员被困后该处可供呼吸消耗$O_2$为：

$$49.4\times(20\%-10\%)\times1000=9880(L)$$

2）遇险人员被困后按平静立姿状态每人每分钟0.5L耗氧计算，7人每小时耗氧量为：

$$0.5\times7\times60=210(L)$$

3）7名遇险人员在未被水淹的空间能生存的最长时间为：

$$9880/210=47\ (h)$$

（2）按$CO_2$增加的浓度计算

一般空气中$CO_2$增加到10%时遇险人员会出现呼吸极度困难、发生昏迷的状态；当$CO_2$继续增加时人就会有死亡危险。因此一般把$CO_2$浓度增加到10%作为人生存的极限值。

1）未透水前该处风流中$CO_2$浓度为0.5%。避险空间允许的$CO_2$增加量为：

$$49.4\times(10\%-0.5\%)\times1000=4693(L)$$

2）按遇险人员平静立姿状态每人每分钟呼出0.4L的$CO_2$计算，7人每小时呼出的$CO_2$量为：

$$0.4\times7\times60=168\ (L)$$

(3) 7名遇险人员在未被水淹的空间能生存的最长时间为：

$$4693/168=27.9\ (h)$$

计算结果表明，遇险人员最长的生存时间为27.9h。实际本次从透水到脱险，计有80余小时。实际上延救生命的关键措施就是抢救时及时决断将洒水管改为了供风管，从而增加了灾区的供氧量。同时幸运的是，洒水管正好在遇险人员躲避处有一处断裂口而使大量气体漏出（遇险人员发现有水泡冒出）。

（四）事故原因的分析和经验教训

1. 事故原因分析

这次1305轨道巷掘进施工突水事故，被认定为责任事故。原因有以下几个方面：

(1) 没有坚持“有疑必探、先探后掘”的原则，违反《煤矿安全规程》有关规定。这是造成事故的直接原因。

(2) 对3层煤顶板砂岩含水认识不足，对采空区积水了解不详。施工措施编制中没有对此制订专门的探放水措施；在有出水征兆时，又没有果断的撤人措施。这是造成事故的主要原因。

(3)“安全第一”的思想树立的不牢，安全生产责任制不落实、安全监督检查不力，安全管理存在漏洞。这是造成事故的重要的原因。

(4) 安全教育薄弱职工安全素质低，不了解透水征兆。这也是造成事故的一个原因。

2. 经验教训与体会

(1) 救灾指挥部对现场情况了解清晰，组织指挥有方、有条不紊，决策果断、抢救措施及时、周密，从强力排水，到果断供风，这些措施对抢救遇险人员中斗起到了关键作用，为抢救的成功赢得了宝贵时间。

(2) 遇险人员具有一定的应急知识，措施合理，正确判断形势后确立了一定信心是能够自救的重要条件。

(3) 果断、及时改水管为风管，为延长遇险人员的生命提供了生命基本条件的保证。

(4) 救险人员的严密组织和有力措施，以及忘我精神，为落实抢险措施、成功抢险作出了贡献。

### 4.2.4 煤矿瓦斯、火灾安全事故案例分析

一、井口烧焊引起的瓦斯爆炸事故

（一）矿井概况及事故经过

1. 矿井基本情况

国外一煤矿为开采深部资源增建一个副立井工程，由我国某施工单位中标施工。项目设计井筒净直径为6.5m，单层钢筋混凝土井壁结构，厚度500mm；井口标高+50m，井深785m。矿井分为多水平开拓，共设有6层马头门，标高分别为－360m、－480m、－560m、－630m、－700m、－770m；其中－360m水平为矿井当前的生产水平。项目除要求在－360m水平以单向马头门与矿井已有巷道贯通外，其余五个水平均为双向马头门，要求完成各个水平的马头门及两侧20m巷道掘砌施工并在其后工作面用喷混凝土封闭。

井筒穿过多个厚度不大的煤层，其中－630m水平马头门处在煤层中。该矿属低瓦斯

矿井，当前井生产水平为－360m，－360m 水平以下均还未有与新付井贯通的巷道（见图 4.2-5）。

由于前期项目准备充足，施工组织设计考虑周到，机械化施工设备效率发挥较高，项目获得了较高的施工速度，最高月进尺达到 105m，创造了该国立井施工新纪录，最终提前 10 个月完成合同任务，且工程质量全优，受到业主好评，并被该国媒体多次报道，为中国公司赢得良好的声誉。但是在井筒安装期间，因为施工中的疏忽而发生了一起井筒瓦斯爆炸事故，不仅造成企业自身人员的伤亡和不必要的损失，也影响了企业在国内外的信誉和形象。

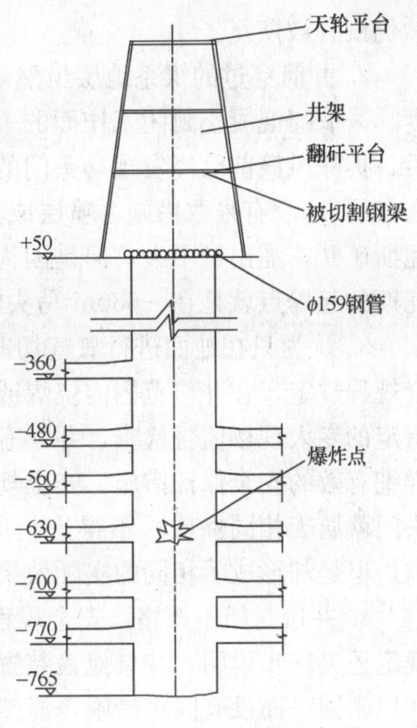

图 4.2-5 井筒剖面示意图

2. 事故过程

井筒和马头门掘砌施工完成后，首先要将凿井期间所用的吊盘、管线拆除，然后下放安装吊盘以及管路、电缆等，以便进行后续的井筒永久装备工作。在拆除凿井吊盘前，由于正常通风，井筒内－770m 水平瓦斯经检测其含量为 0.01，其余各处瓦斯也均不超标。

当准备将吊盘提出井口拆除前，井口下方直径 800mm 的铁风筒弯头在井筒断面上挡住了吊盘的提升。于是为使吊盘提出，铁弯头被先行拆除、通风工作中断；然后吊盘被提出地面、井内管线被陆续拆除。因为风筒还没有被恢复，所以局部扇风机也不能工作，通风工作一直停着。此时井口的井盖也被拆除，临时采用直径 159mm 钢管密集排列的方法临时封闭井口，同时地面井架等改装工作也开始进行。

这一状态一直延续到风筒拆除后的第四天上午 10 时，作业人员在井口正上方的井架翻矸平台上用氧气切割钢梁。气割掉落的钢渣正好从封盖井口的钢管间缝中掉入井中，通红的钢渣火星引爆了井内瓦斯。爆炸生成的巨大气流顺着像炮筒一样的井筒射出，将井口密排的钢管掀翻，天轮平台和翻矸平台的几根钢梁也被飞起的钢管打得变形；同时在进行气割的工人被抛出距井口外有 30m 左右，在翻矸平台上工作的另一名工人也被振落掉到地上，造成二人伤亡。

（二）事故原因分析

此起钢渣火星引起的瓦斯爆炸事故的直接原因非常清楚，但是，每一件安全事故的发生都不是孤立的，其背后总是有若干个连环性的疏忽“凑巧”综合在一起。这起安全事故很能反映这一实质问题。

1. 在瓦斯矿井、独眼井筒内施工，拆除风筒、停止通风数天，从而造成瓦斯积聚，这是本次瓦斯爆炸的基本条件。施工中忽视了瓦斯矿井的通风问题严重性，尤其在独眼井筒等通风条件恶劣的情况，通风的要求就和呼吸一样，不到万不得已不能停止，暂停、恢复要有专门措施，暂停以后一定要及时恢复。根据安全规程规定，因检修等原因停止通风机运转时，必须制定停风措施。本案例就是因为项目部没有重视通风问题的严重性，没有制定专门的措施，没有明确的施工安全措施依据，使风筒弯头取掉后 4 天时间井筒通风竟然仍没有被恢复。

2. 井筒穿过的煤系地层虽然煤层厚度不大，但煤层层数多，积聚后就会形成一定浓度。采取喷混凝土封闭工作面的一个重要目的就是为了封闭瓦斯渗出，但是完成喷混凝土后、拆除风筒前已经发现马头门的混凝土喷层有剥落现象（尤其是－630m 水平的马头门在煤层），没有采取措施，喷层成为虚设，暴露的煤层成为瓦斯渗出的良好通道。虽是低瓦斯矿井，涌出量不大，但是因为有四天时间井筒未通风，给瓦斯积聚创造了条件。本次瓦斯的起爆点就是在－630m 马头门位置。

3. 认为只在地面进行氧气切割操作，忽略了在井架范围内动用明火的安全规定。安全规程规定，在井口范围内烧焊或动用氧气切割，每次必须制定安全措施，并且还要求有指定的专人现场监督检查，并要有瓦斯检查措施和消防灭火设施。实际施工中却没有制定详细有效的安全保证措施。安全规程还规定，未喷浆封闭的煤层巷道（如－630m 水平马头门就属于相同性质）不得进行电、气焊工作。虽然气焊工作不在－630m 水平马头门内，但是却形成了相同的实际效果。

4. 井口封闭不严格。安全规程规定，安装井架或在井架上的设备时，必须盖严井口。规定还进一步说明，井口掩盖装置必须坚固可靠，能承受井架上坠落物的冲击。用钢管在井口密铺，而没有固定措施，显然放置是不牢靠的。如果发生物品或人员坠落（如，井架上的人往井口掉落），就很难起到防坠作用。虽然本次事故因为瓦斯往井架外面冲出而没有造成坠落事故。

5. 采用密排钢管作为封闭井口手段的错误，还在于它无封闭的作用。按照安全规程要求，在井口等地烧焊时，必须在工作地点下方用不燃性材料设施接受火星。密排的钢管既不能替代“接受火星的设施”，管子来回移动造成的管子间空隙甚至不能阻挡烧红的钢渣掉入井筒内，更何况是可能点滴火星。正是因为此，烧焊的钢渣火球成为了瓦斯爆炸的引火源。

6. 高空作业人员没有佩戴保险带作业，以致井架上的工作人员受井筒冲出来的瓦斯气体作用，而被甩出数十米或掉落地面。安全规程明确规定，井架上或井筒内的悬吊设备上作业时，必须佩带保险带，就是为了可以预防各种可能的意外危险情况。该项事故，就是没有佩带保险带而失去了最后一道保护屏障，最终酿成伤亡事故。

以上六项，如有一、两条不出差错，可能也可以避免或减轻事故的严重程度。不幸的是，这些失误被“凑合”在了一起，以至于最后的事故难以避免。

（三）事故的教训

1. 加强施工工序转换过程中的组织领导和安全管理。工序转换时，项目管理人员、施工人员均将发生调整和变化，人员思想重点偏离，安全管理工作容易被忽视。原管理、作业人员思想松懈，新人员未完全进入角色，于是施工中的一些安全隐患就不能及时发现和处理。该项目井筒掘砌施工期间管理工作比较正规，即使在工程相对复杂、难度大时均出色地完成了任务。转入永久安装装备时，掘砌人员安全思想松懈，安装人员安全思想准备不足，安装准备工作头绪又较多，重要的安全事项没有被顾及，加之在井口上下的狭小区域内集中的人员较多，一旦发生事故甚至躲避都很困难。

2. 单井筒安装，对井筒内通风的问题应特别重视。井筒内安装免不了会有电焊、氧气切割等明火作业。单井（独眼井）通风几乎全部要依靠局部通风机，因此，保持通风系统的正常运行是安全的保障。该项目施工中认为安装准备期间井筒内暂时无人作业，对拆除通风系统的严重后果没有充分考虑，故对没有恢复通风系统，即使在井筒中停止通风达四天之久也没有在意，以致最终酿成严重后果。

3. 井筒施工期间，无论是井筒掘砌或安装施工以及井筒中暂时无人作业时，均应将井口封盖严密，一是防止人员和物品坠落；一是隔断火源串通，要求作到万无一失。特别是在井架及附近同时有多项作业时，一定要考虑互相的安全干扰；安排平行交叉作业时一定要考虑以安全为前提。尽量避免井口过多聚集作业时人员，在井架上进行主要作业时，应按照高空安全作业的要求，应停止在井口的其他工作。

4. 高空作业人员一定要按照安全规程要求配戴安全保险带。作业人员往往认为自己轻车熟路，嫌麻烦而不佩戴保险带，成为习惯性违章，而没有考虑可能有各种意外情况的出现给自己带来的危险。本案例如果严格执行佩戴安全带的条件，至少可以减少伤亡损失。

5. 归根结底，每次安全事故总是和一项或几项违章行为联系在一起的。有的是“嫌麻烦”，有的是不了解、不熟悉，也有的是不清楚安全规程条目的核心内容而造成的疏忽。例如该项事故中的停风改装通风系统的严重性，对煤层工作面的喷混凝土“封闭”目的和要求，对井口进行烧焊须要设置接火设施等，以至于出现问题，不了解问题所在及其严重危害，不知道要及时采取有效措施的重要性。

二、煤矿矿震安全事故与分析

（一）事故过程介绍

1. 矿井条件与现场概况

山东鲍店煤矿为低瓦斯矿井，煤层自燃发火期为3～6个月。矿井采用立井开拓，二翼对角式通风，主采煤层采用综合机械化采煤与综采放顶煤开采方法。2003年矿井年生产726万吨。

事故发生地点在2310采面的一号进风联络巷。联络巷西部为2310、2311工作面采空区，北部为大马厂断层与2310停采线之间的煤柱，东侧、南侧为大马厂断层，断层外为2306切眼。其中2311工作面于2003年5月31日停采，2310工作面于10月9日停采，并于2002年11月1日开始对二顺槽进行了永久性封闭和注浆充填堵漏工作，包括在2310运输顺槽（采空区回风巷）侧距停采线10m和50m处分别砌筑两砖厚（俗称“50砖”）的砖墙（密闭4号、5号），在距2306岩石集中运输三叉门口里5m处砌筑一砖半厚（“37砖”）砖墙等三道永久性密闭墙（密闭6号）在2310轨道顺槽（采空区进风巷）侧距停采线9m和15m处分别砌筑了“37砖”和“50砖”砖墙（分别为密闭1号和2号，下同）以及在2310的一号进风提升斜巷处砌筑“24砖”等三道永久性密闭墙（密闭3号），见图4.2-6。

2. 事故过程

（1）事故的发现及基本情况

2004年9月6日下午14时30分，矿调度室接到关于2310密闭墙前顶部出现有白色烟雾的异常情况汇报，矿领导根据井下情况的汇报，初步分析认为2310一号联络巷密闭墙前可能有高温点，并立即组织有关人员进行勘察。安全检察、生产、通风等部门12人接到通知后于15时20分到达现场，通过检查发现，2310轨道顺槽密闭墙（密闭1号）

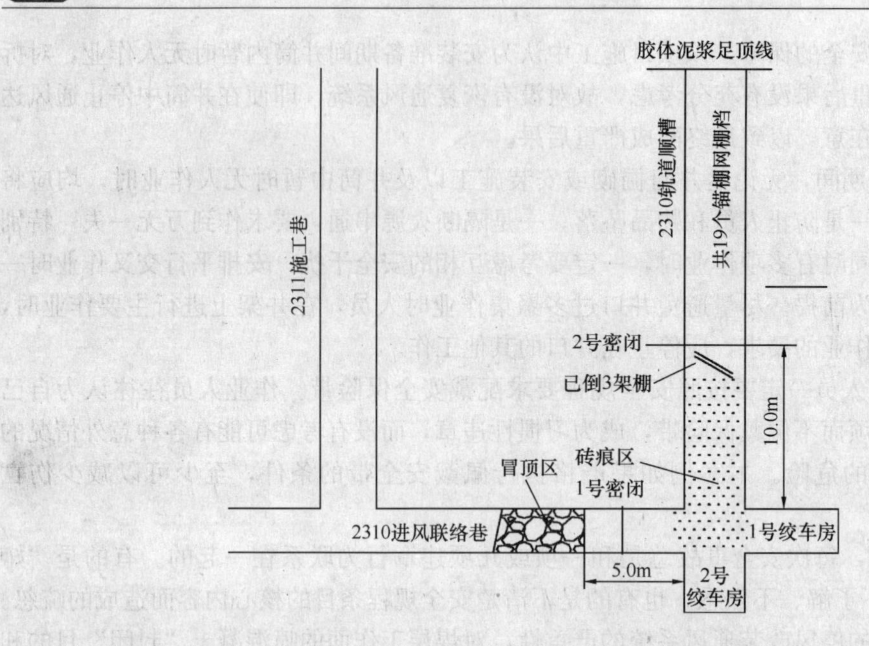


图 4.2-6 事故发生状况示意图

前顶部有微量烟雾，附近 2310 轨道顺槽、2311 运输顺槽、2312 运输顺槽及 2304 岩石集中运输巷，除 2310 轨道顺槽密闭墙内 $CO_2$ 浓度为 0.1%外，其他均无异常；而密闭墙内约每隔 20min 就有一次白色气体冒出，经测量含有 CO 气体。当时分析认为是煤炭自燃发火迹象，决定采用密闭墙前喷混凝土和向采空区注浆的封闭措施。

17 时 10 分，安检处长等 4 人到达下山底部车场安排风水管路，其余 8 人在现场进行注浆准备及气体检测。18 时 19 分安检长等 4 人在距事故地点约 70 余米处的 2305 联络巷上车场突然听到“噗”的一声、随即一股强气流将在场人员的帽子吹掉，等他们赶回现场，发现一号联络巷的密闭墙被摧毁、碎砖向外抛出 50m，密闭墙前发生冒顶，碎砖将在进行注浆准备工作的 6 人击倒在上山斜坡上，另外 2 人被击倒在 2310 灭火道巷道内。

事故发生后矿立即成立事故抢救指挥部，分现场抢救、伤员救护、地面稳定三条线开展工作。在现场的安检处长等人立即调集附近施工人员实施抢救，将受伤人员撤到距事故地点 80m 的 2305 上车场安全地点，并于 19 时 02 分全部伤员被送上井。

17 时 43 分矿调度室向上级集团公司调度室及公司救护大队汇报井下异常情况，18 时 18 分集团公司领导陆续到矿，19 时 30 分一名送达矿医院的伤者抢救无效死亡。19 时 45 分集团公司向省煤矿安全监察局济宁办事处汇报，21 时济宁公安分局也赶到现场，23 时 50 分又一名伤员抢救无效死亡。

(2) 现场勘查

2004 年 9 月 6 日 22 时调查组对事故现场进行第一次勘查。勘查发现的现场情况是：

1 号密闭墙被摧毁，砖块大多数已破碎，有砖面上带有硬化的水泥砂浆，破碎砖块散落在 2310 一号进风联络巷上部平车场及其下山内，最远处达 69.5m。从 1 号密闭墙处向外，碎砖块的数量逐渐减少、破碎的程度呈增大趋势；巷道顶板和二帮的支架面向密闭墙侧有明显被击打的痕迹。1 号密闭墙处的工字钢棚梯形支护已被摧垮并发生冒顶，冒落体全部为顶煤、煤体上无碎砖块；在 2310 一号进风联络巷及下山中，离 1 号密闭墙 12.5m

的二架摩擦支柱支撑的木棚及临近的一架工字钢棚被摧倒，并发生顶板冒顶，冒顶长度为2.5m、冒高2.5～3m，冒落体全部为顶煤，煤体上无碎砖块。离1号密闭墙105m处工字钢梯形棚的棚间发生冒顶，冒顶长度0.8m、冒高3.5m，除这三处冒顶外周围巷道没有明显破坏的痕迹，密闭墙前四岔口巷道顶板为锚索支护，也没有冒顶。2310一号进风联络巷内及设备上散落了大量黑色粉尘，该巷道内及2311施工巷内没有高温过后的痕迹和结焦物。四岔口离1号密闭墙前2.5m处的DW80-350水泵断路开关被掀翻到5.5m处远，其上有黑色粉尘；二冒落区间靠巷道右帮（面向1号密闭墙，下同）PZ-V5喷浆机上有黑色粉尘；2310一号进风联络巷距1号密闭墙66m处的D-25提升绞车后的QC83-80N开关被掀歪并靠在绞车座椅上，座椅靠在绞车上。

由专业救护人员进入2号密闭墙前后的调查勘查情况报告如下：

1）1号密闭墙处冒顶区长度约为4～5m、冒高2～3m；冒顶区向里为十字交叉巷，顶板完好（为架棚支护）。

2）2号密闭墙向里至胶体泥浆足顶线共有19排排距为900mm锚杆的支护，顶板完好；密闭墙向里底板呈上坡状，已干缩成豆腐状的胶体泥浆的表面层有飘落的细灰尘。

3）2号密闭墙以外至对面的绞车窝，由密而稀地散落着从2号密闭墙抛射出来的较为完整的砖块，抛射距离近（小于17m）、破碎的程度轻；碎砖上落满黑色的细灰尘。在绞车窝发现约有5处被飞砖击打的痕迹。

（3）有害气体检测

现场第一次对有害气体的检测，发现1号密闭墙外2311施工巷CO为0ppm、$CO_2$浓度为0.06%、$CH_4$为0，周围采空区密闭墙内气体成分没有发生变化。

2004年9月7日15时30分左右第二次勘查测定气体情况稍有变化，1号密闭墙外2311施工巷CO为5ppm、$CO_2$为0.06%、$CH_4$为0.02%，其他情况没有明显变化。1号密闭墙向里到四岔口的气体成分基本一致。1号密闭墙入口处上部有少量白雾、并有吞吐现象。

事故发生后，从市地震局调查获得的、设在距鲍店矿约10公里的地震观测点的监测资料表明，从2004年7月27日到9月12日共监测到的矿震有27次，均为3级左右，最高为3.1级（8月5日）。从9月1日至12日每天都发生有矿震，其中9月5日3时46分为2.8级、9月6日13时29分为1.5级、9月7日2时42分为1.9级、9月8日6时40分为1.9级、9月9日3时04分为2.9级。

（4）人员伤亡情况

1）调查发现，2310一号进风联络巷上山斜坡上被击倒（倒、坐、躺倒）的有6人，最近的人离1号密闭墙为21m；另一人受伤躺在四岔门左拐角处，距其1m左右还有一人在2311施工巷被击倒趴在地上，后自己沿回风巷安全撤出。

2）经医院诊断，伤亡人员的皮肤上并留有颗粒状的砖、砂击伤痕迹，属于被冲击波以及高速砖块的撞击伤，后两人还分别有1度和2度烫伤。二死者另有法医鉴定。

（二）事故原因分析及经验教训

1. 事故分析

根据本次事故原因的特殊性，事故分析采取了排除法。

（1）瓦斯、煤尘爆炸的可能性分析

9月6日15时20分，当矿检查人员发现2310 1号密闭墙前顶部有微量烟雾时，检测密闭墙内CO为360ppm、$CO_2$为0.1%、$CH_4$为0%，其他均无异常。事故发生后，2310轨道顺槽处从9月6日17时25分到9月7日3时30分三次检测，CO为0～80ppm、$CO_2$为0～0.3%、$CH_4$为0～0.2%，说明事故前后该地点周围气体组份没有发生重大变化，$O_2$和$CH_4$的浓度没有大幅度下降。从受伤人员情况看，8人均为爆震伤害，体表及着装无明显烧伤痕迹，内脏无烫伤等热力伤害，无CO中毒现象。从事故现场看，巷道内无过火痕迹，残留物无结焦和烧伤痕迹。因此，分析排除瓦斯、煤尘爆炸可能。

(2) 水煤气爆炸的可能分析

对现场勘查资料分析，2号密闭墙以里为锚网支护、顶板完好，底板为已干缩为豆腐块的胶体泥浆，其表层有飘落的细灰尘。从水煤气爆炸成因分析，消火道和2310轨道顺槽注浆钻孔及管路没有形成对2310工作面停采线的注浆施工条件，也没有施工迹象。由此判断，不存在注浆消除自燃火源而引起水煤气爆炸的条件。

(3) 冲击地压的可能分析

冲击地压虽然会形成冲击波，但事故范围内不具备发生冲击地压的应力聚积条件和诱发因素；2号密闭墙里侧没有发生冲击地压的空间条件；2311施工巷及2310一号进风联络巷无明显表面位移；除冒顶区外，其他巷道支架无明显变形。因而，可排除冲击地压的可能。

(4) 矿震的可能分析

该区域的地质与生产技术条件以及开采活动可能引起矿震的条件主要有以下几个方面原因：

1) 三层煤的老顶多为厚20余米的中砂岩，在事故区域的上覆岩层赋存情况变化较大，2311综放面停采线内侧的勘探钻孔显示该处三层煤上部91m处赋存着厚度94.27m、以石英为主的中砂岩，形成采空区上位巨厚坚硬岩层的条件，巨厚中砂岩的大面积断裂活动为矿震的发生提供了力源条件。

2) 2310、2311、2312综放面开采时都是朝向事故发生部位推进，且已先后停采，大范围采区的采空给上部巨厚岩层形成了大面积悬空的条件。

大马场断层形成对上覆巨厚中砂岩层的切割，增加了巨厚中砂岩岩层大面积的断裂机会及其活动性和失稳几率。

3) 2305煤柱凸角受到二侧采空区叠加的应力集中作用，随着时间的延续2305凸角处长时强度降低，煤柱凸角对巨厚中砂岩的支撑作用削弱。

4) 一采区下部1307综放工作面正在回采，该工作面距事故地点有800多米，因其采动影响而破坏事故地点的原来平衡状态，诱发事故区域的顶板破坏。

5) 从地表沉陷情况分析，2310工作面和1310工作面留有15m煤柱，地面有明显的自东向西凸起现象，高低相差1.9～2m；而2312工作面与2311工作面之间地表没有凸起现象，表明地表下沉不充分，即该区域顶板尚未完全垮落，存在顶板大面积垮落的机会。

地震台所提供的2004年7月27日至9月12日共计43天的监测资料表明，该时期矿震相当多，其中9月1日至12日更为频繁。

事故发生后的第三天又出现了类似的冲击。2004年9月9日3时9分该区域的矿震将2304岩石集中运输巷新建密闭墙（墙厚0.5m并留有1$m^2$的待封窗口）冲倒；将2310工作面1号联络巷新建的5m厚密闭砂袋墙摧毁，残留沙袋不到1m，毁坏的近2m；冲击风暴持续10s之久，没有热感，CO超过50ppm，但无人员伤亡、中毒、窒息等现象；发生冲击前回风侧CO升高趋势明显。地震局监测到当日3时左右有2.9级矿震。

（5）分析结论

综上所述，这起事故的原因是采空区上覆巨厚中砂岩大面积运动形成的矿震所造成，矿震产生的冲击波将2号、1号密闭墙摧毁、冲击波及抛出的密闭墙砖块导致人员伤亡。该事具有不可预测性。

根据上述分析，并经事故调查组鉴定、论证，认为事故是由矿震地质灾害引起，它具有不可预测性，故认定事故的性质为自然事故（非责任事故）。

2. 经验教训和后续防范措施

（1）防范措施

1）组织开展高强度开采条件下煤层顶板岩层活动规律的研究，根据其活动规律制定可靠措施防止矿震发生或减少矿震对开采活动造成的影响。组织开展对采区和工作面隔离矿柱尺寸的研究，合理确定矿柱尺寸，杜绝由于矿柱留设不合理造成的矿震事故。

2）加强这方面的安全教育，提高对此类灾害的认识，掌握此类事故的特征，熟悉避灾措施。

3）加强对地质灾害的预测预报，分析其内在规律，科学合理地组织采矿活动。

（2）发现矿震现象后的措施

1）在事故地域顶板仍然处于活动状态的时期，应暂时停止该区域内的采掘生产活动，采取隔离措施防止人员进入，在该区域和类似的区域没有制定安全有效措施前不得从事作业活动。

2）立即请有关专家进行分析和排查，研究制定封闭该区域的方案、合理确定密闭强的结构、材料、制定严密的施工安全措施并加强该地区有害气体的检测监控防止事故扩大。

### 4.2.5 冶炼车间分包施工质量事故案例分析

一、转炉项目分包管理疏忽所致的工程质量事故

（一）工程内容与事故概况

1. 工程及项目分包介绍

某施工企业通过竞标，获得了一座120t转炉生产连铸工程的施工项目，并与业主签订了工程施工总承包合同。该施工企业对项目实行了以项目经理责任制的项目管理，中标后成立了该工程的项目经理部，明确了项目经理的职责；同时建立了可靠的安全管理体系，按照“安全第一、预防为主”的原则，严格按安全、质量检查，以确保整个工程的安全，不发生任何重大质量、安全事故。

该工程工期紧张、工种繁多。根据合同允许部分工程进行分包的约定，施工企业对工程实施了多项分包工作。在选择分包单位时该企业按照工作程序严格操作，使工程的分包工作得以顺利进行，并在签订工程分包合同时明确划分了总包单位与分包单位的安全生产责任。

根据工程性质和分包单位条件，连铸工程项目的连铸机大包回转台的土建工程与安装工程被分别分包给两家施工单位。大包回转台是连续铸钢机生产过程起始阶段的关键设备，它伸开的双臂两端放置钢水包，作业时负责从炉窑接受钢水然后旋转到另一方向

浇灌。

2. 分包质量事故概况

大包回转台的地脚螺栓是由设备制造厂提供。根据供货合同，地脚螺栓的安设应由供货厂家到工地指导作业。由于设备制造厂的业务多、人员紧张，在土建工程施工完毕后，一直没能派技术人员到实地指导安装。考虑到工期紧张，制造厂略作交代后同意负责安装施工的分包单位自行安装地脚螺栓工作。双方都认为工作并不复杂，安装单位就按照经验完成了地脚螺栓的安装工作。在交付设备制造厂来安装设备时，设备制造厂发现安装分包单位在进行地脚螺栓定位过程中采用了点焊与固定架定位的方法，立即对安装分包单位提出意见，认为由于地脚螺栓动焊后不能满足后续安装的定位和设备工作性能要求，因此必须全部报废。结果为重换地脚螺栓及其拆装工作，以及对已施工的部分基础进行处理。计算事故共造成直接损失 5 万元，返工费 4 万元，工期影响 25 天。

（二）事故处理与分析

1. 事故处理

该事故发生后业主和总包单位经与安装分包单位和设备制造厂双方讨论，认为分包单位和厂家双方都有责任，应共同负担该工程的质量事故责任，并同意直接损失（包括基础处理）由设备制造厂与安装分包单位两方各承担一半，返工费由安装工程施工单位承担。

2. 事故分析与经验教训

（1）思想重视，是保证施工质量的关键

本项质量事故的起因是一个普通的地脚螺栓问题，双方都认为施工并不复杂，因此疏忽了安设这项地脚螺栓的工艺要求以及可能出现的问题，供货厂家既没有负责到工地指导作业，又没有充分交代安设地脚螺栓的操作规程要求及其质量的控制要点内容；而安装分包单位自认为“有经验、有能力”处理这一问题，终于酿成质量事故。由此可见，质量问题无论大小，必须谨慎对待。

（2）重视分包工程的质量管理工作

事故的根本原因应该归结为总承包企业没有协调好分包商的关系。总包施工企业虽然注意了本案例所涉及的土建和安装分包单位的质量控制，但是仍然疏忽了对设备供应商供货服务的质量管理工作。分包协议规定了总承包企业负责向安装分包商提供所安装的设备，它就应同时负责落实与设备供应商确定的服务工作，并协调其与设备安装分包商间的关系。虽然总承包施工企业没有承担最终的损失赔偿，但是由设备供应商没有及时到工地指导完成地脚螺栓安装所造成的这起质量事故，与总承包施工企业的协调失责有关。总承包施工企业应督促设备供应商及时到工地指导施工，即使同意安装分包商自行安装地脚螺栓工作，也应督促和检查设备供应商对作业程序、操作规程等交代和安装分包商的落实。安装分包商遇到设备供应商不能及时来工地指导，本应汇报总承包商处理，结果因为自行与供应商交涉造成差错，只能自己承担相应责任。由此可见，中标承担本项工程的施工企业作为该工程的总承包单位，在工程存在多项分包时，施工前理清分包单位间的关系，做好施工总体部署是十分重要的。

3. 质量事故的鉴定和处理

本项目质量事故发生后，经检查做出了鉴定和处理。根据工程质量验收标准的办法，认为本工程质量事故经过重新处理后，可以完全满足今后使用和安全要求，即属于可以返工后重新验收的范畴，所以允许返工处理，同时应要求返工处理后仍满足原来的质量规定。

二、焦炭塔罐吊装安全事故与分析

（一）工程承包关系和事故经过

1. 工程项目的承包关系

炼油厂公开招标 1.4Mt/a 延迟焦化设备扩能改造项目，经评标委员会评审后确定由其中一家工程建设公司中标，并由市建设工程招标投标管理办公室向该工程建设公司发出了工程中标通知书，一个月后，业主和工程建设公司（下称 B 公司）双方签订了安装工程合同。工程预算造价为 7668.39 万元，合同工期为 8 个月。

该工程属于厂内技改项目，因此未办理规划许可手续，同时因报建手续不全，施工许可及质量、安全监督手续未全部办妥。

项目经业主方推荐，部分土建工作分包给了某工程建设集团工程部（C 公司）负责。B 公司还与一建设防腐总公司有一项该工程的钢结构非标构件制作安装的分包合同（合同总价 90 万元），与市政建设工程公司签订了一项塔体容器区、机泵区及管廊的全部吊装和管道施工分包合同（合同总价为 98 万元）。施工过程中，B 公司因缺少大型吊装设备，便与另一个安装检修工程公司机械化施工处商量租赁一台 680t 环轨起重吊机，并提出由机械化施工处（E 公司）派熟悉吊机的现场施工人员配合施工。E 公司同意了工程建设公司的要求，并派员参与了工作。双方还于同年 6 月 13 日补签了这起租赁合同，总价共为 98 万元。因为 C 公司分包部分土建工作，所以 B 公司将起重吊机的环轨基础施工又交予了 C 公司负责。

2. 事故经过

该焦炭塔罐的吊装施工方案由 B 公司编制。在制定吊装施工方案中，B 公司咨询了 E 公司的现场施工人员，现场施工人员交代了环轨起重吊机基础的一些尺寸数据，操作过程和一般要求，根据这些经验 B 公司制定了 680t 起重吊机环轨基础的设计施工方案，并提供给 C 公司作为施工依据。C 公司于 6 月 7 日浇筑了起重吊机环轨基础混凝土。该环轨基础外径 20m、内径 16m、深 1.5m，下部为大石块，上部毛石找平，顶端为 10cm 厚钢筋混凝土。6 月 9 日，E 公司现场施工人员发现起重吊机环轨基础混凝土有局部下沉现象，经在场人员相互商量后决定采用 6 组路基箱板代替位于环轨混凝土基础上方的起重吊机自备的铁墩，以使吊机平衡。

焦炭塔罐吊装施工安排 680t 起重吊机以及 2 台液压汽车吊（分别为 225t 和 200t）的三机共同吊装作业，其中起重吊机作为主吊设备，液压汽车吊为辅吊。主吊机作业时实际回转半径为 29m。抬吊时，主吊机吊塔顶，两台汽车吊抬塔尾；三台吊机同时提升至一定高度后，塔尾两台汽车吊配合主吊机使焦炭塔呈垂直状态，然后主吊机停止提升并松下，以便两台汽车吊拆除塔尾吊具工作。完成塔尾吊具拆除后平板车即可离开现场，由主吊机完成焦炭塔罐就位工作。

6 月 15 日上午焦炭塔罐吊装工作开始。待两台汽车吊拆除塔尾吊具、平板车离开后，主吊机开始提升。主吊机将塔底部提到超过厂房栏杆高度（此时塔底高度约为 18m）后，主吊机停止提升、并开始向左逆时针回转准备就位。当旋转移动距离约有 2m 时，主吊机的主臂发生倾斜、塔罐从空中坠落倒向塔罐左侧，砸在邻近的钢塔架上，钢塔架解体倒塌，正在钢塔架上施工的30名作业人员被砸落，造成5人死亡、2人重伤、8人轻伤。

（二）事故分析

1. 事故原因

事故发生后事故调查小组到现场进行了勘查和分析讨论。经事故调查组调查分析认定，该事故的起因是起重吊机的环轨基础倾斜下沉，导致主吊机主臂倾斜、塔罐从空中坠落。检查环轨基础规格尺寸基本符合设计图纸，但是施工粗糙；检查B公司提供的设计图纸发现，其标明的环轨梁基础的尺寸仅适合于中等以上地基的条件，但是实际的地基条件却显然要差得多。显然，设计不当是这起事故的主要原因。事故调查小组的主要结论有如下几项：

（1）造成事故的直接原因是没有根据起重吊机的荷载和场地地质条件对吊机的地基承载能力进行核实，没有完整的吊机环轨梁基础设计和计算，根据现场实际的地质条件和造成环轨基础倾斜的结果判断，现有的环轨基础设计尺寸有误。同时设计工作比较粗糙，对基础的施工，除环轨的基础尺寸外，设计图纸上几乎没有其他更多的质量要求。最终导致环轨梁下地基承载力严重不足，起重吊机作业过程不稳，酿成重大事故的发生。

（2）基础出现下沉后没有认识到是地基问题，也没有预见到地基承载能力不够对吊车工作危害的严重性，仅是为进行吊车平衡对基础进行了垫平工作。这一错误的认识和所采取处理方法的错误，是造成这起事故的主要原因。

（3）本次吊装工作有比较多的危险隐患。因为吊装工作有许多安全条件的限制规定。如果严格遵守，这起吊装将会被停止或整改后再进行。但是施工现场没有严格遵守吊装安全规定，在安全措施没有到位的情况下进行了吊装作业，这也是事故发生的重要原因。

（4）项目管理不规范。表现在招投标工作不规范和合同管理不规范。由于招投标工作不规范，使项目没有充分准备的情况下就同意招标实施，造成项目匆忙上马，于是施工措施和规程的编制工作粗糙、安全考虑不周，施工环境条件不完善，合同管理不规范表现在合同关系混乱，合同签订日期迟于工程开工日期；事故在进行调查时还发现有《安装工程合同》的合同单位名称与单位印章不一致、部分合同中发包单位的法人委托人无委托书；《监理合同》无合同签订日期等等混乱情况，可见整个工作不规范。

（5）安全协议签订不符合要求。《安装分包合同》用协议专用章、合同专用章代替单位公章。现场监理记录不齐全，未严格按照监理工程范围和监理工作内容要求实施有效监理。建设单位和该项目的参建单位没有正确处理安全生产与施工进度的关系，安全意识薄弱。

2. 事故责任

事故发生后，对造成该事故的主要责任人和单位分别给以刑事和行政处分。主要处分情况如下：

（1）安装检修工程公司机械化施工处主任，作为吊机单位的现场主要负责人，凭以往的施工经验，口头提出了错误的施工建议，对特殊的吊装设备缺乏详细的技术交底，在吊机基础出现问题后，自行采取不恰当的加固措施，对事故负有主要责任；安装检修工程公司总经理，作为公司的主要责任人，对事故负有领导责任；安装检修工程公司机械化施工处副科长，作为吊机技术负责人和现场调度，对事故负有重要责任；安装检修工程公司机械化施工处工人，在本项目中任680t吊机主驾驶，违反“起重”十不吊的安全规定，对事故负有一定责任。

(2) B公司炼油厂项目部施工项目负责人，没有正确处理好施工进度与安全生产的关系，采纳了错误的口头建议，对施工协调组织和安全管理不力，对事故负有主要责任；B公司副总工程师，负责公司技术管理工作，批准了缺乏技术依据的施工方案，对事故负有技术管理的领导责任；B公司副总经理，负责公司生产安全管理工作，对工程项目的承发包管理、施工组织和安全生产管理不力，对事故负有领导责任；B公司安全员，对吊装区域内同时有非吊装人员在钢结构上进行施工的行为未有效制止，对事故发生负有一定责任。

(3) 市政建设公司副经理，负责工程的吊装工作，但吊装区域有非吊装人员在钢结构上进行施工，没有果断采取措施，对本事故的扩大负有重要责任；市政建设公司起重工，负责焦炭塔的吊装指挥，当吊装区域有非吊装人员作业时，没有采取停吊措施，对施工的扩大负有责任。

(4) 炼油厂现场安全员，违反起重“十不吊”的安全规定，对事故负有一定责任；炼油厂指挥部副总指挥，对施工现场的安全管理负有一定的领导责任。

(5) 监理公司现场监理员，对现场施工单位的状况掌握不完全，施工现场监督不力，施工记录不齐全，对事故负有一定责任。

(6) 市招标办在该工程各项手续不全的情况下就组织该工程的招标投标活动，且向B公司发出了中标通知书，违反了我国招标投标程序，对项目运转不规范，管埋质量不高的情况负有一定的行政责任。

(三) 经验教训

1. 此案例中某炼油厂作建设单位在项目报建手续和项目管理上存在缺陷，认为工程属于厂内技改项目，未办理规划许可手续，导致施工许可及质量、安全监督手续未全部办妥。思想上不重视是造成工程事故的原因之一。

该项目中B公司是承包商，在项目进行过程中由于施工需要分别与几个企业签订了分包合同。作为承包商B公司应加强工程的分包管理，做好协调和沟通工作，明确各分包单位的权、责、利。合同管理混乱，总包单位与分包单位之间、各分包单位之间关系不清，责任不明，往往是造成工程事故的重要原因。

2. 编制详细的施工方案，具体方案应由项目总工程师组织相关技术人员审定，待项目经理批准后方能实施，这是本项施工应有的程序。施工方案应详细，确定合理的吊装方案，并在施工中认真落实安全技术措施，特别要考虑好吊装设备占位和其他作业区的作业人员的防护。

3. 工程项目实施时要认真做好对人的不安全行为与物的不安全状态的控制，落实安全管理决策和目标。落实安全责任、实施责任管理。具体措施到位，长期坚持监督检查，及时发现事故隐患，当场进行处理，做到本质安全。起重机械在作业时要严格遵守“十不吊”原则：

(1) 超载或被吊物重量不明时不吊。

(2) 指挥信号不明确时不吊。

(3) 捆绑、吊挂不牢或不平衡可能引起吊物滑动时不吊。

(4) 被吊物上有人或有浮置物时不吊。

（5）结构或零部件有影响安全工作的缺陷或损伤时不吊。

（6）遇有拉力不清的埋置物时不吊。

（7）歪拉斜吊重物时不吊。

（8）工作场地昏暗，无法看清场地、被吊物和指挥信号时不吊。

（9）重物棱角处与捆绑钢丝绳之间未加衬垫时不吊。

（10）钢（铁）水包装得太满时不吊。

### 4.2.6 深基坑围护结构施工质量事故

一、某基坑工程概况与事故过程

（一）基坑概况

1.工程基本情况

某城市闹区有一商住高楼工程，其基坑为一长方形基坑，周长380m。原设计深为16.5m，由业主要求增加一层地下室，改为20.3m。基坑东侧距离深20m的城市交通隧道6m；南侧东、西两侧各有一栋高20余米的7层楼房，相距16m，该楼房为桩基础；西侧、北侧距离城市公路6m。

基坑施工由业主联系的一基础公司承包，主体结构工程部分经招投标选择了另一家建筑公司承担。基坑挖方及废土装运由基础公司分包给一土石方施工队，土石方公司考虑南侧相对比较空旷，因此将三台挖掘、装运设备布置在基坑顶面离边缘3～5m外，设备的负载工作总重达到近70t。

该项目曾因业主筹资等困难，多次变更施工单位，并在基坑施工中间改变了基坑最初的设计深度。从基坑开始施工至事故发生，前后已经延续近三年。发生事故前，业主才办完工程开工手续；此时项目主体工程（楼层结构工程部分）的施工单位已经介入，项目主体工程的监理单位也已经到位。

2.基坑工程地质条件

土层从上到下分布为：填土，厚0.7～3.6m；淤泥质土，厚0.5～2.9m；细砂层，厚0.5～1.3m；强风化泥岩，顶面埋深2.8～5.7m，厚0.3m，破碎比较严重；中风化泥岩，埋深3.6～7.2m，厚1.5～16.7m，微风化岩，深6～20.2m，厚1.8～12.8m。岩层埋深较浅，岩面有由南向北的20°倾角。地下水位在地坪下1.6m。

3.基坑支护设计

考虑基坑南侧为已有高层居民建筑，东侧有隧道紧邻基坑下方，设计确定在基坑的东侧、西侧，以及南与北侧的东段，上部采用6m土钉墙锚喷支护，6m以下采用人工挖孔桩，桩深20m，基坑四角设有三段钢管角支撑；其他地段为土钉墙喷锚，加两道预应力锚索。尽管基坑加深一层，考虑原设计的安全系数较高，故未对原来的基坑设计进行改动。

4.基坑施工

该基坑实际有土石方挖掘、装运和基坑支护两个单位参与施工，为抢工期两个单位间经常出现矛盾。土石方施工常常在土钉尚未到位时就超深开挖；基坑支护施工也急于求成，检查发现部分钢管支撑规定要焊接连接的部位没有施焊。

5.基坑监测

业主聘用了基坑变形等监测工作。监测单位在数月前已经监测到基坑变形较大，变形速率较高的情况；但是业主单位在接到监测单位的报告后，并未采取任何措施。一直到基坑发现有开裂现象后，找监测单位进行变形测量，结果是南侧东段（有钢支撑）部位最大位移4cm，其中事故前一天位移1.8cm；其余部位的最大总位移量达15cm，严重超过了位移警戒值。

（二）事故过程和损失情况

1. 事故过程

事故前十数天，附近居民已经在基坑南侧靠近高楼的地面上发现了有裂缝，并报告土石方公司，但是土石方公司无人理睬，既不重视，也没有报告基础公司。直到事故前一天的晚上，有居民专门向基础公司反映，基坑南侧的楼房基础出现裂缝，要求检查。在一起察看过程中，发现一楼房的墙脚已经出现30m范围的新开裂裂缝，宽度达到2cm。施工单位在紧接着的基坑检查时，看到在基坑上部土钉支护与挖孔桩交界的上方1m左右有数条纵向裂缝，才觉察问题严重。之后立即与土石方施工队交涉要求在基坑南侧顶面离坡面5m处的三台大型起吊、装运设备撤走。设备刚撤离后半小时（离检查楼房裂缝3.5h），基坑南侧边坡即发生严重滑塌事故。事发前，基坑坑底的锚索夹片曾每隔1min出现2～3次破裂的“叭、叭”声，5min后声音开始密集，直到基坑倒塌。事故前基坑内工人尚未完全撤出，造成5人受伤、6人被埋，其中3人被救，3人死亡。

2. 事故应急处理

事故应急处理的基本方针是首先抢救被埋人员，尽量挽救生命，其次是考虑附近居民生命和住房安全，并保证事故不再扩大，同时考虑尽量减少事故对城市交通等社会影响。具体措施包括1）挖土寻找被埋人员，抢救生命；2）对失脚的居民住房进行地脚加固，混凝土灌注，保证居民住房安全；2）采用泵送混凝土加固交通隧道；3）混凝土对基坑护面，防止坡面受雨水冲刷；4）部分影响道路的坡面进行灌浆处理；5）基坑回填。

3. 损失情况

除造成伤亡事故外，因基坑倒塌，引起一栋7层高楼倒塌，另一栋高楼部分悬空、桩柱暴露，部分楼层受损；危楼的商户停业，居民撤走200余户；附近还有部分商户还因此造成失火损失。为保证交通隧道运行安全，进行隧道加固工作，当天隧道停止通行1天。总计直接损失超过亿元。

二、事故分析

（一）事故直接原因分析

1. 基坑超深开挖。原设计基坑开挖深度16.5m，后因地下层增加，基坑深度达到20.3m，但是原基坑设计未作相应改动，桩的底脚深度仍只有20m，造成基坑柱脚悬空。

2. 基坑施工拖延影响。基坑施工前后已经有近三年时间，原来作为临时结构的基坑支护，大大超过了其只有1年的服务年限。后期施工前，没有对基坑稳定性及原有支护的可靠等重要内容进行鉴定和必要的加强。

3. 对基坑的工程地质条件分析有失误。该基坑的基岩虽然比较浅，但是没有对岩面倾斜方向的不利因素有专门处理措施。由于岩面朝向基坑内部，基坑开挖容易造成土体向坑内滑动；同时，地下水位在基岩强风化层之上，地下水渗漏会促成土体沿岩石坡面滑动。检查发现，虽然施工时对出现土坡滑动采取了一些加固措施，但是没有考虑到岩面的倾斜影响，没有针对性的相应措施；在施工中已经发现基坑强风化带层面位置有漏水渗入时，仍未注意岩面倾斜及渗水的影响，使当时的加固范围不够，更没有提出专门的预防措施。

4. 基坑施工质量差。基坑施工单位没有按照规程要求，执行“分层开挖、先撑后挖”的原则。在土钉墙施工尚未到位或未能承载时就超深开挖；没有按设计规定施工内支撑结构，造成内支撑结构不可靠，受力不稳。

5. 基坑坡顶边缘超载。在没有对边坡稳定进行验算的情况下，土石方施工队在基坑南侧坡顶上布设了三台大型挖掘、吊装、起运设备同时负载工作，合计重达近 70t，造成土坡超载。

6. 抢险救灾措施不及时。基坑施工设有位移监测，出现土坡位移异常后，仅将数据口头报给业主单位，没有报告基础公司和土石方施工队等施工单位，没有提出书面警报，没有引起业主和施工单位的重视；当附近居民发现有地面裂缝时，土石方施工队没有作为，自身不重视，也未报告基础公司，失去了最后防止事故发生的抢险救灾时机。

（二）基坑事故的施工管理问题和责任分析

1. 该项目的业主单位在许多问题上严重违反了相关管理规定。其中主要有：

(1) 项目在没有施工许可的情况下，即擅自违法进行基坑施工。业主和施工单位曾接到多次施工与安全监管部门的停工指令，但是仍坚持非法施工，一直到主体工程开工前，才获得施工许可。

(2) 施工图纸未通过审查批准，擅自开挖施工。业主自作主张增加地下室楼层数，加深基坑深度，却没有要求对基坑支护进行相应的验证，没有修正设计和施工。

(3) 擅自违法发包，并多次变更施工单位，致使基坑工程拖延近 3 年之久。最终的基坑施工单位也是由业主自行决定。

(4) 该项目长期未委托监理单位实施监理，一直到临事故前、主体工程已经开始，才有监理工作介入；整个基坑工程施工未委托监理，一直没有专门的监理工作。

业主单位的其他错误包括忽视基坑监测报告、忽视对基础公司私自分包土石方工程的管理，忽视周围居民对基坑安全异常的报告、未及时采取基坑坍塌的应急措施致使最终出现人员伤亡等。

2. 设计单位的错误主要在于业主提出地下室变更后，设计文件没有提出保障施工作业安全的要求，更改地下室的设计后没有提出与基坑支护相衔接的技术和安全问题的要求和意见。

3. 施工单位无施工许可条件下违法施工，虽然有多次责令其停工，仍违法继续施工；对基坑长期施工对支护的有效性问题的不清楚，没有验算和相应措施；本身施工质量差，出现重大安全隐患后又未采取有效消除危害的措施；私下进行土石方工程分包，使土石方施工队在尚未有相应的施工的专业资质的情况下，违法承包，又未协调好自身与挖土施工队间的关系，直接影响基坑施工质量；并盲目接受了业主要求超挖基坑的深度；对土石方施工对在基坑周边布置三台大型施工设备未予以制止，造成基坑边坡超载。

4. 土石方施工队未有施工专业资质，违法承包；违规超挖；安排三台大型施工机械在基坑南侧坑顶超载施工，施工方案和设备布置、使用未得到主管单位批准和同意。

5. 主体工程施工单位未对基坑长期施工其支护失效问题组织专家论证，未对影响上部结构有重大影响的基坑设计和基坑施工提出意见并采取有效措施。

6. 监测单位发觉重大变形情况下虽然有口头报告，但是没有向业主发出书面警告的报告，并未报告设计单位和施工相关部门。

7. 虽然主体工程已经开始时监理单位才开始进入工程，但是监理单位对影响上部结构有重大影响的基坑施工质量和安全问题未提出任何异议。

总之，以上单位如有一个能稍微注意，加强施工质量和安全管理，遵守工程项目建设的相应规范，就能避免或减小事故发生的可能性。

# 5 建造师职业道德和执业相关制度

## 5.1 注册建造师职业道德行为准则

### 5.1.1 职业道德和职业道德规范

一、职业道德及其社会意义

（一）职业道德及其基本特点

1. 职业道德的属性

职业道德属于社会道德范畴的一个特殊部分，是和职业活动密切相关、充分体现职业特点的一种由社会道德所规范的行为要求，也就是职业道德规范主要是通过执业过程来体现社会道德，职业道德同样是道德准则、道德情操和道德品质的一种综合表现。

职业道德是社会各不同职业对社会道德应负的道德责任和义务，又是对执业人员从业活动的要求和一种职业自律的准则。

2. 职业道德的基本特点

职业道德有强烈的职业背景，有特定的职业关系。对于不同的职业会有不同的职业道德要求，它们必然和其职业行为密切相关。例如，医生要有医德，教师要有教德；医生的一项基本医德是治病救人，教师职业道德的一项重要内容是为人师表、教书育人，等等。这些不同职业的职业道德都是由特定的职业行为要求所构成。由此可知，对于建造师的职业道德，同样是应该根据建造师的职业内容和职业要求，充分体现建造师职业在社会道德环境下应承担的职业责任内容。

每个职业的职业道德都是经过长年的历史积淀而形成的，因此，职业道德充分体现了本职业范围内传统的行为要求、心理素质要求和良好的职业习惯等内容，它有较强的连续性。职业道德同样要在职业环境中发展，随着社会生产和文明程度的进步，职业道德也会不断地前进，适应当时的社会环境要求。

正因为职业道德是长期历史积淀所形成的，因此它的很多内容可以体现在规章制度、工作守则、劳动规程、服务公约、行为须知等明文规定中。所以从业人的职业道德在很大程度上体现在对这些规定的自觉遵守。

职业道德和社会道德一样，还具有内在性特点。所谓内在性，就是职业人员的职业道德由其内在的整体素质和心理品质所决定，这些整体素质及心理品质和职业人员的教育程度、实践经验、个人经历、环境影响，甚至身体条件等许多方面因素有关。

职业道德不仅与职业背景密切相关，而且其基本精神和宗旨应该是和社会道德一致的，它应该是社会道德的延伸。社会道德作为意识形态的特殊形式，必然是社会经济关系的反映。职业道德在这方面应有强烈的体现。例如，当代的职业道德应当充分地体现现阶段的社会主义的物质文明以及精神文明要求，反映“八荣八耻”精神；同样，当代的职业道德也应当充分反映国家在市场经济的形势下，遵循市场经济规律下的公平公正、诚信的社会道德。

（二）职业道德的社会作用

2001年9月20日，中共中央在《关于印发〈公民道德建设实施纲要〉的通知》中指出：职业道德是所有从业人员在职业活动中应该遵循的行为准则，要求各类机关、企事业单位把遵守职业道德的情况作为考核、奖惩的重要指标，促使从业人员养成良好的职业习惯，树立行业新风。

职业道德是社会道德体系的重要组成部分，它一方面具有社会道德的一般作用；另一方面它又具有自身的特殊作用，具体表现在：

1. 在职业交往中调节从业人员内部以及从业人员与服务对象间的关系

职业道德的基本职能是调节某些人员间的关系。一方面是调节从业人员的内部关系，即运用职业道德规范约束职业内部人员的行为，促进职业内部人员的团结与合作，如职业道德规范要求各行业的从业人员团结、互助、爱岗、敬业、齐心协力地为发展本行业、本职业服务；另一方面，职业道德又可以调节从业人员和服务对象之间的关系，如职业道德规定了医生对病人、教师对学生、施工单位对建设单位等等的应有态度和处事方式。

2. 有助于维护和提高本行业的信誉

一个行业、或企业的信誉，是通过企业及其产品与服务在社会公众中建立的信任程度，即产品的质量和服务质量是企业信誉的根本，而从业人员职业道德水平就是产品质量和服务质量的有效保证，因此说职业道德是提高行业信誉的基础。

3. 促进本行业的发展

行业、企业的发展直接依赖于员工素质，员工素质主要包含知识、能力、责任心三个方面，其中责任心是最重要的。职业道德水准的一项重要体现就是责任心高低，因此，职业道德能促进本行业的发展。

4. 有助于提高全社会的道德水平

职业道德是整个社会道德的一个重要方面的内容。职业道德既是职业人员从业态度，也是从业人员的生活精神、价值观念的表现；职业活动又是一大部分人的社会活动，而且是社会活动中的活跃因素，因此职业道德对整个社会道德有重要影响。职业道德是反映社会道德的重要环节，有时还是社会道德的集中和典型表现。王家岭矿水害事故中一位老工人凭借自己的职业素养和职业道德救助工友的事例，就深深地感动了社会，这就是一个典型的例子。

二、职业道德规范及其普遍性内容

（一）职业道德规范及其作用

1. 职业道德的构成

职业道德是由职业道德意识、职业道德活动和职业道德规范所组成。

职业道德意识是指人们在职业活动过程中对各种善恶好坏评价的思想认识、价值取向及其相关的理论体系。职业道德活动是指人们在职业生活中用职业道德观念评价和指导的群体活动及个体活动。职业道德规范则是人们在职业道德实践中所形成的道德准则、要求和善恶标准，它一般是以制度、守则、条例、公约、承诺、誓言、标语口号等形式体现。

2. 职业道德规范的地位和作用

职业意识、职业活动和职业规范三者相互联系不可分割，但又有区别。职业道德意识存在于职业道德活动中，指导和控制职业道德活动；职业道德活动以职业道德规范作为评价标准和行为要求；而职业道德规范是在职业意识和职业活动基础上形成的道德要求，或者说是职业行为准则，也是职业道德意识和职业道德活动的统一。

（二）职业道德规范的普遍性内容

1. 职业道德规范的涵义

通常讲，道德规范是做人的准则，因此，职业道德就是职业人员在执业中做人、行事的准则，是从业人员在执业过程中的职业道德行为和职业道德关系的普遍规律的反映，也就是说，职业道德规范是在一定社会中，对一定职业的从业人员在其行为和关系处理方面的基本准则。因为每一个行业都有各自的职业范围，所以各行业的道德规范应各有自身的特色。

2. 社会主义职业道德规范及其基本原则

一般说，我国各行各业普遍适用的职业道德规范是：爱岗敬业、诚实守信、办事公道、服务群众、奉献社会。

社会主义职业道德规范是具有特定的内容和所须遵循的具体原则：

第一，它是以建设有中国特色社会主义理论为指导，反映社会主义新时期职业生活的客观要求，体现中国特色的职业道德关系，即把中国传统道德文化与现代职业道德文化有机结合，对从业人员的职业活动进行有效调节。

第二，它必须遵循社会主义道德的基本原则。只有这样，才能使社会主义职业道德规范真正体现社会主义职业道德的社会本质。

第三，从历史和现实的角度来讲，职业道德规范一方面要同社会主义现阶段的职业活动相适应；另一方面又要体现社会主义不断发展的客观要求，通过社会主义道德实践，不断丰富其职业道德规范内容，促进社会主义职业道德风尚不断升华。

### 5.1.2 注册建造师的执业要求和职业行为准则

一、注册建造师工作特点

（一）注册建造师的职业性质

1. 建造师的发展背景

执业资格制度是市场经济国家对专业技术人员管理的通用准则。我国对建设工程项目总承包和施工管理关键岗位的专业技术人员实行执业资格制度纳入全国专业技术人员执业资格制度统一规划。

建造师执业资格制度于1834年起源于英国，迄今已有170多年的历史，英国皇家特许建造学会具有很高的权威性和独立性，受政府管理制约较少。30多年前，美国建造师协会成立，美国建造师协会与政府之间有联系协调的机制，主要负责制定有关的专业标准，受政府管理制约较多。2002年12月5日，我国颁布了《建造师执业资格制度暂行规定》，这标志着建造师执业资格制度的在我国正式建立，开始在建筑业领域推行与国际接轨的建造师执业资格制度，并设立了5年的过渡期。2008年2月27日，5年过渡期结束，注册建造师执业资格制度正式取代已运行了十多年的建筑业企业项目经理资质行政审批制度，我国大、中型施工项目的项目经理必须由注册建造师担任。

2. 建造师职业性质和执业范围

建造师是以专业技术为依托、以工程项目管理为主业的执业注册人员，当前的建造师以施工管理领域的工作为主导。

注册建造师可以从事建设工程项目总承包管理或施工管理，建设工程项目管理服务，建设工程技术经济咨询以及法律、行政法规和国务院建设主管部门规定的其他业务。目前，我国注册建造师实行“一师多岗”注册职业制度，即取得注册建造师执业资格的人员，可以建造师的名义受聘担任建设工程总承包项目或施工的项目经理，也可以受聘从事其他的施工管理工作，包括质量监督、工程管理咨询以及法律、行政法规或国务院建设行政主管部门规定的其他业务。

根据专业性质，以及资历、学历、实践经历以及不同的考核要求，我国建造师实行分专业管理，同时将建造师分为一级和二级。一级和二级建造师的执业范围不同。

（二）建造师的执业要求

1. 基本要求

根据《注册建造师管理规定》（建设部令第153号），取得资格证书的人员应当受聘于一个具有建设工程勘察、设计、施工、监理、招标代理、造价咨询等一项或者多项资质的单位，经注册后方可从事相应的执业活动。担任施工单位项目负责人的，应当受聘并注册于一个具有施工资质的企业。

建设工程施工活动中形成的有关工程施工管理文件，应当按《关于印发〈注册建造师施工管理签章文件目录〉（试行）的通知》（建市［2008］42号）和配套表格要求，由注册建造师签字并加盖执业印章，签章文件作为工程竣工备案的依据。施工单位签署质量合格的文件上，必须有注册建造师的签字盖章。

担任施工项目负责人的注册建造师应当按照国家法律法规、工程建设强制性标准组织施工，保证工程施工符合国家有关质量、安全、环保、节能等有关规定；应当按照国家劳动用工有关规定，规范项目劳动用工管理，切实保障劳务人员合法权益。

2. 执业范围要求

注册建造师的具体执业范围按照《注册建造师执业工程规模标准》执行。

在行使项目经理职责时，一级注册建造师可以担任《建筑业企业资质等级标准》中规定的特级、一级建筑业企业资质的建设工程项目施工的项目经理；二级注册建造师可以担任二级建筑业企业资质的建设工程项目施工的项目经理。大、中型工程项目的项目经理必须逐步由取得建造师执业资格的人员担任；各专业大、中、小型工程分类标准按《关于印发〈注册建造师执业工程规模标准〉（试行）的通知》（建市［2007］171号）执行。取得建造师执业资格的人员能否担任大中型工程项目的项目经理，应由建筑业企业自主决定。

目前，我国一级注册建造师划分为10个专业，分别是：建筑工程、公路工程、铁路工程、民航机场工程、港口与航道工程、水利水电工程、机电工程、矿业工程、市政公用工程、通信与广电工程；二级注册建造师划分为6个专业，分别是：建筑工程、公路工程、水利水电工程、机电工程、矿业工程、市政公用工程。

一级注册建造师可在全国范围内以一级注册建造师名义执业。通过二级建造师资格考核认定，或参加全国统考取得二级建造师资格证书并经注册人员，可在全国范围内以二级注册建造师名义执业。

注册建造师不得同时在两个及两个以上的建设工程项目上担任施工单位项目负责人；发生下列情形之一的除外：（1）同一工程相邻分段发包或分期施工的；（2）合同约定的工程验收合格的；（3）因非承包方原因致使工程项目停工超过120天（含），经建设单位同意的。

3. 继续教育要求

注册建造师在每一个注册有效期（3年）内应当达到国务院建设主管部门规定的继续教育要求。继续教育分为必修课和选修课，在每一注册有效期内各为60学时。经继续教育达到合格标准的，颁发继续教育合格证书。

4. 注册建造师的权利和义务

注册建造师享有下列权利：(1) 使用注册建造师名称 (2) 在规定范围内从事执业活动；(3) 在本人执业活动中形成的文件上签字并加盖执业印章；(4) 保管和使用本人注册证书、执业印章；(5) 对本人执业活动进行解释和辩护；(6) 接受继续教育；(7) 获得相应的劳动报酬；(8) 对侵犯本人权利的行为进行申述。

注册建造师应当履行下列义务：(1) 遵守法律、法规和有关管理规定，恪守职业道德；(2) 执行技术标准、规范和规程；(3) 保证执业成果的质量，并承担相应责任；(4) 接受继续教育，努力提高执业水准；(5) 保守在执业中知悉的国家秘密和他人的商业、技术等秘密；(6) 与当事人有利害关系的，应当主动回避；(7) 协助注册管理机关完成相关工作。

注册建造师不得有下列行为：(1) 不履行注册建造师义务；(2) 在执业过程中，索贿、受贿或者谋取合同约定费用外的其他利益；(3) 在执业过程中实施商业贿赂；(4) 签署有虚假记载等不合格的文件；(5) 允许他人以自己的名义从事执业活动；(6) 同时在两个或者两个以上单位受聘或者执业；(7) 涂改、倒卖、出租、出借或以其他形式非法转让资格证书、注册证书和执业印章；(8) 超出执业范围和聘用单位业务范围内从事执业活动；(9) 法律、法规、规章禁止的其他行为。

二、建造师从业的道德要求与建造师职业道德建设

（一）国内外对从业人员的专业素质和职业行为的相关规定

1. 国外对从业人员职业行为的一般要求

一些发达国家的相关行业协会都有相应的规定，通过协会对注册从业人员的专业素质和职业行为进行规范。归纳这些规定的内容，大致可以分为以下几方面：

(1) 承担社会责任的要求

要求所辖的成员承担社会职业责任，维护职业的尊严、名誉和荣誉；在履行其承诺的专业职责和义务的同时，尊重公众利益；

(2) 能力要求

要求协会成员保证其自身能力水平与其会员等级保持一致，符合委托人的服务要求；规定成员应接受继续教育，保持其知识和技能与技术、法规、管理的发展相一致的水平。

(3) 认真负责的工作态度

成员应遵守所有与执业相关的规程、文件要求；对客户有充分的责任心，不能蓄意或者因粗心而损害或者试图损害他人的专业名誉、前途或者业务；服从协会的专业行为和纪律管理。

(4) 诚实、公正的行事准则

规定会员应该完全忠诚和正直地履行义务，公平、公正、守法、拒绝贿赂；按协议承担向有关方提供准确和真实陈述的责任等。

(5) 其他要求

包括在执业过程中要消除性别、宗教等歧视，平等待人、避免冲突，以及职业保密、财务、保险等方面工作。

2. 国内相关执业资格制度建设

国家为规范市场经济行为，先后颁发了一系列法规和相应的条例，例如《建筑法》、《招标投标法》、《建设工程勘察设计管理条例》、《建设工程质量管理条例》、《建设工程安全生产管理条例》等，并在此基础上组织制定了《建筑市场诚信行为信息管理办法》。国内一些协会和地方相关部门，也根据自身职业的经济活动特点，陆续制定的相应的职业道德规范或行为准则，包括项目环境影响评价、工程造价咨询、工程监理等方面，其内容主要是树立“守法、诚信”的经营理念，提倡“科学公正、优质服务、廉洁自律”的职业准则，守法经营，诚信敬业，树立良好的社会形象，共同维护行业自律公约，强化自我约束机制，积极推进职业道德建设等。

由于我国建设行业执业资格制度总体起步较晚，相比于发达国家，仍有较大的差距。

(二) 我国建造师职业道德建设

根据《建造师执业资格制度暂行规定》，建造师在工作中必须严格遵守法律、法规和行业管理的各项规定，恪守职业道德。

我国建造师一般担任项目经理或其他工作，工作性质、职业责任、遴选途径、职业风险等均有较大的不同。我国目前正在抓紧制定《注册建造师职业道德行为准则》。

根据我国建造师发展历程以及建造师的职业特点，建造师职业道德（包括矿业工程专业）建设应注意以下几方面问题：

1. 建立先进的执业理念

建造师职业应承担起应有的社会道德责任，在促进我国物质文明和精神文明建设中发挥积极作用。

(1) 建造师职业人员应坚持“八荣八耻”观念，职业行为应有利于和谐社会的建设，遵守相关法律法规，按正当的市场经济规则办事，坚持公平竞争、诚信执业的原则；

(2) 建造师应在履行所承诺的专业职责和义务的基础上，合理维护企业合法利益，促进企业发展；

(3) 建造师执业过程中，应贯彻符合现代社会发展的观念和企业可持续发展理念，坚持绿色施工，做好环境保护工作，建立风险和职业保险意识；

(4) 保持良好的个人职业素质，廉洁自律，拒绝贿赂或受贿，拒绝弄虚作假。

2. 养成具有较高责任性的职业习惯

建造师应具备与等级相符的专业水准，认真对客户服务的态度，良好地完成合同义务。

(1) 具有符合建造师等级一致的职业水平，并自觉接受继续教育，不断补充和吸取与职业相关的新思想和新技术；

(2) 具有认真负责的工作态度，并在项目实施过程中，贯彻执行安全第一、质量第一的要求，认真履行和完成其在项目中承诺的专业职责和义务；

(3) 自觉执行与职业相关的各种规程、标准，严格按照规定的程序办事。拒绝承揽不合法或手续不全的项目，拒绝缺少必要的项目文件或地质资料不全的项目开工。

3. 培养良好的社会合作精神

建造师在执业中应体现出良好的社会道德和合作精神。

（1）平等原则。平等对待项目所有参与者，尊重劳动和劳动者利益，尊重他人合理的利益诉求和意愿，尊重客户的保密要求，维护专利的合法权益，保持合作单位的友好关系，妥善解决与各方的利益冲突。

（2）正当原则。正当原则就是行为正当，扬善抑恶。不故意伤害或忽视他人的名誉和合法利益，故意妨碍他人的业务；勇于制止执业过程中的违规行为，制止违法违纪行为。

（3）生命价值观念。珍视生命，在突发重大安全事故中以保护生命为第一要务；贯彻执行从业人员保险制度；认真做好安全交底工作，落实安全规程相关条例；认真落实应急措施和急救方案。

4. 建造师职业道德的管理制度的建设

我国建造师职业制度建立较晚，相关的职业道德制度尚未完善，因此，在建设建造师职业道德制度的同时，确立建造师职业道德管理制度是非常必要的。目前我国正在抓紧制定《注册建造师职业道德行为准则》。建设建造师职业道德管理制度应考虑与以下方面制度相结合：

（1）注册建造师管理制度；

（2）注册建造师执业管理制度；

（3）建造师注册制度；

（4）注册建造师继续教育制度；

（5）注册建造师考评及档案管理制度。

## 5.2　注册建造师诚信制度

### 5.2.1 诚信的基本观念

一、“诚信”的意义和作用

（一）“诚信”观念及其社会地位

1. “诚信”的基本含义

诚信是一个道德范畴的概念。通俗讲，诚，即行为诚实；信，即社会交流中的信用，或者信誉。所以诚信的宗旨就是实事求是，简单说，就是行为实在，包括言语在内的人际交往不妄虚。

2. “诚信”的社会地位

诚信是文明社会的一种道德观念。古时候，社会对诚信就看得很重，有许多论说；在文明社会中，诚信可以说是公民的第二个“身份证”。

孟子曰：“诚者，天之道也；思诚者，人之道也”。这可以理解为，大自然的行为总是客观实在的，按规律行事，人的行事也应实事求是，这是做人的规矩。“信”也是“实”，古语解释说，“诚，信也”，“信，诚也”；或者说“以实之谓信”。言语也是一种行为，如果连说话也不实在，则“言不信者，行不果”（墨子），即最终连做事也不会有好的结果。可见，古时候就认为，实事求是就和行天道一样重要。诚实做事，不言而无信，是成事的根本。宋代理学家朱熹说：“诚者，真实无妄之谓”，就是说“诚”是一种真实不欺的美德，人们修德做事，必须效法天道，做到真实可信，说真话，做实事，反对欺诈、虚伪。

“儒有不宝金石，而忠信以为宝”，就是儒者宝贵的不是金石，而是为人忠信，这反映了古代将“诚信”为人放在了十分重要的位置。

应该说，所有文明社会都把“诚信”视为社会的美德，是文明社会的宝贵财富。法国历史学家托克维尔主张以诚实的态度对待生命。他指出“生命既不是受苦，也不是欢乐，生命只是我们必须做的事业。我们必须诚实经营这事业，直到生命终结”。英国著名诗人、戏剧家莎士比亚认为诚信是最能使人安心的东西。美国著名科学家、文学家、外交家富兰克林进一步认为人生中最重要的幸福，莫过于真实、诚意和廉洁。英国哲学家培根认为：“从来最有能力的人，都是有坦白直爽的行为、信实不欺的名誉”。

（二）诚信的社会作用和意义

“诚信”不但是一种世界观，而且是一种社会价值观和道德观，关系到治国理政乃至整个社会关系的问题。无论对于社会抑或个人，都具有重要的意义和作用。

1. 诚信是文明社会发展的必然

德国著名哲学家恩格斯从社会发展的角度指出了诚信的必然性，他认为，诚信首先是现代经济规律，其次才表现为伦理性质；认为资本主义生产愈发展，它就愈不能采用早期的哄骗和欺诈手段，因此，“诚信是现代政治经济学的规律之一”。这就是说，诚信是发展社会文明的一个条件，社会发展的一个必然结果是社会讲究诚信。

2. 诚信是支撑社会的道德的支点

诚信是我国传统道德文化的重要内容之一，“诚信者，天下之结也”就是说讲诚信，是天下行为准则的关键。在我国传统的伦理中，诚信是被视为治国平天下的条件和必须遵守的重要道德规范，即所谓“信，国之宝也”，国家必须“取信于民”，“非信无以使民，非民无以守国”，就是没有信用就不能指使百姓，失去民心则不能守国。从古到今，人们这么重视诚信原则，其原因就是诚实和信用都是人与人发生关系所要遵循的基本道德规范，没有诚信，也就不可能有道德，国家没有了规范，百姓就可以胡来。所以诚信是支撑社会的道德的支点。

3. 诚信是法律规范的基本出发点

诚实信用也是我国现行法律一个基本内容和出发点，在《民法通则》、《合同法》、《消费者权益保护法》中有诚信内容的明确规定。诚是百行之源，影响极其广泛，所以它对其他法律原则具有指导和统领的作用，因此它并非一般的道德准则，而被称为“帝王规则”。同时，在保障规则公平的前提下，诚信机制是一切规范（包括道德）的基础，诚信存则规则存，诚信亡则规则亡。个人证件是一种证明制度，当失去诚信、伪造证件行为泛滥时，证件制度就失去意义。因此可以说，诚实信用是支撑社会的法律的支点，是法律规范的道德。

4. 诚信是立身之本

诚信是为人之道，是立身处事之本，是人与人相互信任的基础。讲信誉、守信用是我们对自身的一种约束和要求，也是外人对我们的一种希望和要求。古人曾说“诚则是人，伪则是禽兽”，视诚信为人与兽之间区别的标志，可见诚信在个人社会道德评价影响的重大性。职业工作是社会行为的一个重要部分，如果一个从业人员不能在职业行为中诚实守信，不仅影响自己，而且也会使他所代表的单位或者经济实体得不到人们的信任，无法与社会进行经济交往，也难以在社会中立脚。因此，诚实守信不仅是社会公德，而且也是职业道德的基本要求。

二、诚信社会的建设

（一）建立"诚信"的基础

1. 社会公平

社会公平是建立社会诚信道德的前提条件。诚信特别体现在社会人际交往之中，如果社会不能保障人际间的交往间的公平，则必然形成社会追求不公平获利的趋势，形成尔虞我诈的恶习。当今社会的平等与否不等于你有我也必须有，你有多少我也要多少。现阶段体现社会公平的一个重要方面是社会多劳多得。如果社会不能保障诚信者的利益，惩处欺诈违法，或者多劳者的利益被均分，则必然导致社会诚信的破坏，造成胆大枉法或者欺诈坑人、以强肉弱的行为泛滥。

2. 制度保障

诚信与公平是互为前提的关系，诚信是建立与执行法律、道德等规则的前提条件，而制度上的无私无偏、平等相待，是保障社会推行诚信理念的条件，所以诚信社会的建设还需要法律这一刚性的制度加以保障。制度保障就是各种法律法规要保证社会在诚信基础上的公平。如果欺诈坑人很容易得逞，或者就是成本很低，没有强有力的法律限制，必然会引起社会上自私贪婪、坑蒙拐骗、强势欺人等妄行泛起，甚至不惜冒险违法，破坏诚信的社会道德观念和社会公平。

3. 为政清廉

制度保障还要需要政府行为的公平性与公正性，这就要完善对政府权力的监督机制，并解决权力过度集中的，从而形成政府与社会之间相互信任的关系，保证诚信及其规则下的制度顺利执行。

从政者取信于民还是建立"诚信"道德规则的一个重要的动力。政府要取信于民，则其一要为官清廉，其二是秉公执法。只有政府守信，赏罚分明，人民才能信赖政府，遵纪守法。此所谓"君臣不信，则百姓诽谤，礼稷不守；处官不信，则少不畏长，贵贱相轻；赏罚不信，则民易犯法，不可使令"。

政府的公信力是诚信社会的基石。人无信不立、国无信则衰。政府、社会、个人这完整的诚信链条中，政府的诚信是整个社会诚信体系中的核心和主导因素。

4. 社会道德观念和信仰

诚信道德观念的建立和信仰有密切关系。如果人类的精神世界、生命价值、崇高理想、道德情操被遗忘，社会缺失信仰，那社会必然在物质主义、功利主义和享乐思想的冲击下，形成私利泛滥，或者物欲横流，使诚信失去社会的立足之地。诚信首先是一个道德问题，因此，在诚信社会建设过程中，应建立科学的道德教育体系，并使这种教育制度化、规范化，强化人们的诚信意识，努力营造一种诚信光荣、失信可耻的道德观念，这是建设诚信社会更繁重的任务。

总之，按照党的十六届二中全会关于建立"以道德为支撑、产权为基础、法律为保障"的精神，社会诚信体系应综合运用道德、法律等调控手段进行社会管理，保障社会的诚信道德观念和相应管理制度的建立。

（二）"诚信"与职业道德建设

1. 职业道德的基本要求

我国《公民道德建设实施纲要》提出了职业道德的主要内容是：爱岗敬业、诚实守信、办事公道、服务群众、奉献社会。在职业道德中，“诚信”占有重要位置。

2.“诚信”在企业行为中的重要性

(1) 企业行为主要体现在企业的市场行为中，而“诚信”则是市场经济的法则。市场是自利行为与社会道德共生同存的场所，尽管市场参与者（企业）的行为以自利为目的，但是参与者之间的关系由各种有效手段协调，包括法律、道德规范等，而协调的关键是双方的契约，维系双方自利与社会道德间关系的是稳定可靠的信用关系，因此，自觉遵守契约，保持企业良好的信誉，是企业在市场立足的基础。

(2)“诚信”的企业行为，要求企业守诺，对施工企业而言，就是按合同约定的质量、工期完成项目，而这就是企业的“铭牌”，是企业的无形资本，是企业获得竞争优势的法宝，企业的诚信形象必然使企业在市场中受到尊重和友善对待，有利于企业降低融资成本、规范商业风险、改善经营管理、提高社会知名度、扩大市场份额。

(3) 诚信是为人之本。企业的诚信形象也有利于企业形成良好风气，带动企业成员的诚信观念和作风，诚实劳动，关心企业发展、遵守劳动合同和契约；维护企业形象、守法遵章，有利于企业项目合同的实现，还保护企业秘密和利益。所以企业的诚信风气，不仅有利于提高企业成员道德素质，还因此而可以提高企业形象，并帮助企业获得实际的利益。

### 5.2.2 注册建造师诚信制度的相关规定

一、有关规定的主要内容

(一)《建筑市场诚信行为信息管理办法》

根据《建筑市场诚信行为信息管理办法》，建筑市场各方主体的诚信行为信息包括良好行为记录和不良行为记录。良好行为记录指建筑市场各方主体在工程建设过程中严格遵守有关工程建设的法律、法规、规章或强制性标准，行为规范，诚信经营，自觉维护建筑市场秩序，受到各级建设行政主管部门和相关专业部门的奖励和表彰，所形成的良好行为记录。不良行为记录是指建筑市场各方主体在工程建设过程中违反有关工程建设的法律、法规、规章或强制性标准和执业行为规范，经县级以上建设行政主管部门或其委托的执法监督机构查实和行政处罚，形成的不良行为记录。

住房和城乡建设部负责制定全国统一的建筑市场各方主体的诚信标准；负责指导建立建筑市场各方主体的信用档案；负责建立和完善全国联网的统一的建筑市场信用管理信息平台；负责对外发布全国建筑市场各方主体诚信行为记录信息；负责指导对建筑市场各方主体的信用评价工作。诚信行为记录由各省、自治区、直辖市建设行政主管部门在当地建筑市场诚信信息平台上统一公布。其中，不良行为记录信息的公布时间为行政处罚决定做出后 7 日内，公布期限一般为 6 个月至 3 年；良好行为记录信息公布期限一般为 3 年，法律、法规另有规定的从其规定。公布内容应与建筑市场监管信息系统中的企业、人员和项目管理数据库相结合，形成信用档案，内部长期保留。

(二)《注册建造师管理规定》

《注册建造师管理规定》(建设部令第 153 号) 中规定，注册建造师及其聘用单位应当按照要求，向注册机关提供真实、准确、完整的注册建造师信用档案信息。注册建造师信用档案应当包括注册建造师的基本情况、业绩、良好行为、不良行为等内容。违法违规行为、被投诉举报处理、行政处罚等情况应当作为注册建造师的不良行为记入其信用档案。注册建造师信用档案信息按照有关规定向社会公示。

（三）《注册建造师执业管理办法（试行）》

《注册建造师执业管理办法（试行）》中，对注册建造师的诚信管理也作出了相关规定。国务院建设主管部门负责建立并完善全国网络信息平台，省级人民政府建设行政主管部门负责注册建造师本地执业状态信息收集、整理，通过中国建造师网（www. coc. gov. cn）向社会实时发布。注册建造师执业状态信息包括工程基本情况、良好行为、不良行为等内容。注册建造师应当在开工前、竣工验收、工程款结算后3日内按照《注册建造师信用档案管理办法》要求，通过中国建造师网向注册机关提供真实、准确、完整的注册建造师信用档案信息。信息报送应当及时、全面和真实，并作为延续注册的依据。县级以上地方人民政府建设主管部门和有关部门应当按照统一的诚信标准和管理办法，负责对本地区、本部门担任工程项目负责人的注册建造师诚信行为进行检查、记录，同时将不良行为记录信息按照管理权限及时采集信息并报送上级建设主管部门。

二、注册建造师执业信用档案

注册建造师有下列行为之一，经有关监督部门确认后由工程所在地建设主管部门或有关部门记入注册建造师执业信用档案。

（一）违规行为

注册建造师不得有下列行为：

1. 不按设计图纸施工；

2. 使用不合格建筑材料；

3. 使用不合格设备、建筑构配件；

4. 违反工程质量、安全、环保和用工方面的规定；

5. 在执业过程中，索贿、行贿、受贿或者谋取合同约定费用外的其他不法利益；

6. 签署弄虚作假或在不合格文件上签章的；

7. 以他人名义或允许他人以自己的名义从事执业活动；

8. 同时在两个或者两个以上企业受聘并执业；

9. 超出执业范围和聘用企业业务范围从事执业活动；

10. 未变更注册单位，而在另一家企业从事执业活动；

11. 所负责工程未办理竣工验收或移交手续前，变更注册到另一企业；

12. 伪造、涂改、倒卖、出租、出借或以其他形式非法转让资格证书、注册证书和执业印章；

13. 不履行注册建造师义务和法律、法规、规章禁止的其他行为。

（二）其他不良行为

1. 未履行注册建造师职责造成质量、安全、环境事故的；

2. 泄露商业秘密的；

3. 无正当理由拒绝或未及时签字盖章的；

4. 未按要求提供注册建造师信用档案信息的；

5. 未履行注册建造师职责造成不良社会影响的；

6. 未履行注册建造师职责导致项目未能及时交付使用的；

7. 不配合办理交接手续的；

8. 不积极配合有关部门监督检查的。

### 5.2.3 矿业工程注册建造师不良行为种类和处罚依据

为进一步规范建筑市场秩序，健全建筑市场诚信体系，加强对建筑市场各方主体的监管，营造诚实守信的市场环境，根据《建筑法》、《招标投标法》、《建设工程勘察设计管理条例》、《建设工程质量管理条例》、《建设工程安全生产管理条例》等有关法律法规，建设部制定了《建筑市场诚信行为信息管理办法》。

不良行为指："建筑市场各方主体在工程建设过程中违反有关工程建设的法律、法规、规章或强制性标准和执业行为规范的行为，并经县级以上建设行政主管部门或其委托的执法监督机构查实和行政处罚，形成的不良行为记录"。

一、矿业工程类施工企业资质方面不良行为及处理规定

（一）不良行为

1. 未取得资质证书承揽矿业工程的，或超越本单位资质等级承揽矿业工程的；

2. 以欺骗手段取得矿业工程资质证书承揽矿业工程的；

3. 允许其他单位或个人以本单位名义承揽矿业工程的；

4. 未在规定期限内办理矿业工程资质变更手续的；

5. 涂改、伪造、出借、转让《企业资质证书》；

6. 按照国家规定需要持证上岗的矿业工程技术工种的作业人员未经培训、考核，未取得证书上岗，情节严重。

（二）相关处理规定即依据

1.《建设工程质量管理条例》第二十五条

施工单位应当依法取得相应等级的资质证书，并在其资质等级许可的范围内承揽工程。禁止施工单位超越本单位资质等级许可的业务范围或者以其他施工单位的名义承揽工程。

禁止施工单位允许其他单位或者个人以本单位的名义承揽工程。施工单位不得转包或者违法分包工程。

2.《建设工程质量管理条例》第六十条

违反本条例规定，勘察、设计、施工、工程监理单位超越本单位资质等级承揽工程的，责令停止违法行为，对勘察、设计单位或者工程监理单位处合同约定的勘察费、设计费或者监理酬金1倍以上2倍以下的罚款；对施工单位处工程合同价款百分之二以上百分之四以下的罚款，可以责令停业整顿，降低资质等级；情节严重的，吊销资质证书；有违法所得的，予以没收。

未取得资质证书承揽工程的，予以取缔，依照前款规定处以罚款；有违法所得的，予以没收。

以欺骗手段取得资质证书承揽工程的，吊销资质证书，依照本条第一款规定处以罚款；有违法所得的，予以没收。

3.《建设工程质量管理条例》第六十一条

违反本条例规定，勘察、设计、施工、工程监理单位允许其他单位或者个人以本单位名义承揽工程的，责令改正，没收违法所得，对勘察、设计单位和工程监理单位处合同约

定的勘察费、设计费和监理酬金1倍以上2倍以下的罚款；对施工单位处工程合同价款百分之二以上百分之四以下的罚款；可以责令停业整顿，降低资质等级；情节严重的，吊销资质证书。

4.《建筑业企业资质管理规定》三十二条

申请人隐瞒有关情况或者提供虚假材料申请建筑业企业资质的，不予受理或者不予行政许可，并给予警告，申请人在1年内不得再次申请建筑业企业资质。

5.《建筑业企业资质管理规定》三十五条

建筑业企业未按照本规定及时办理资质证书变更手续的，由县级以上地方人民政府建设主管部门责令限期办理；逾期不办理的，可处以1000元以上1万元以下的罚款。

6.《建筑业企业资质管理规定》三十六条

建筑业企业未按照本规定要求提供建筑业企业信用档案信息的，由县级以上地方人民政府建设主管部门或者其他有关部门给予警告，责令限期改正；逾期未改正的，可处以1000元以上1万元以下的罚款。

7.《建筑业企业资质管理规定》三十八条

建设主管部门及其工作人员，违反本规定，有下列情形之一的，由其上级行政机关或者监察机关责令改正；情节严重的，对直接负责的主管人员和其他直接责任人员，依法给予行政处分：

（1）对不符合条件的申请人准予建筑业企业资质许可的；

（2）对符合条件的申请人不予建筑业企业资质许可或者不在法定期限内作出准予许可决定的；

（3）对符合条件的申请不予受理或者未在法定期限内初审完毕的；

（4）利用职务上的便利，收受他人财物或者其他好处的；

（5）不依法履行监督管理职责或者监督不力，造成严重后果的。

二、矿业工程类施工企业承包工程方面不良行为及处罚规定

（一）不良行为

1. 利用向发包单位及其工作人员行贿、提供回扣或者给予其他好处等不正当手段承揽矿业工程的；

2. 相互串通投标或者与招标人串通投标的；以向招标人或者评标委员会成员行贿的手段谋取中标的；

3. 以他人名义投标或者以其他方式弄虚作假，骗取矿业工程中标的；

4. 不按照与招标人订立的合同履行义务，情节严重的；

5. 将承包的矿业工程转包或者违法分包的；

6. 注册建造师同时在两个矿业工程企业受聘执业、受聘执业单位与注册单位不在同一施工企业；

7. 违反国家规定的“建造师不得同时在两个及两个以上的建设工程项目上担任施工单位项目负责人”要求；

8. 违反国家的《注册建造师执业工程规模标准》中规定“120万吨/年及以上大型矿井工程项目经理必须由一级矿建注册建造师担任，二级注册建造师只能担任90万吨/年及以下中、小型煤矿建设工程施工项目的经理”。

（二）处罚规定

1.《招标投标法》第五十三条

投标人相互串通投标或者与招标人串通投标的，投标人以向招标人或者评标委员会成员行贿的手段谋取中标的，中标无效，处中标项目金额千分之五以上千分之十以下的罚款，对单位直接负责的主管人员和其他直接责任人员处单位罚款数额百分之五以上百分之十以下的罚款；有违法所得的，并处没收违法所得；情节严重的，取消其一年至二年内参加依法必须进行招标的项目的投标资格并予以公告，直至由工商行政管理机关吊销营业执照；构成犯罪的，依法追究刑事责任。给他人造成损失的，依法承担赔偿责任。

2.《招标投标法》第五十四条

投标人以他人名义投标或者以其他方式弄虚作假，骗取中标的，中标无效，给招标人造成损失的，依法承担赔偿责任；构成犯罪的，依法追究刑事责任。

依法必须进行招标的项目的投标人有前款所列行为尚未构成犯罪的，处中标项目金额千分之五以上千分之十以下的罚款，对单位直接负责的主管人员和其他直接责任人员处单位罚款数额百分之五以上百分之十以下的罚款；有违法所得的，并处没收违法所得；情节严重的，取消其一年至三年内参加依法必须进行招标的项目的投标资格并予以公告，直至由工商行政管理机关吊销营业执照。

3.《招标投标法》第六十条

中标人不履行与招标人订立的合同的，履约保证金不予退还，给招标人造成的损失超过履约保证金数额的，还应当对超过部分予以赔偿；没有提交履约保证金的，应当对招标人的损失承担赔偿责任。

中标人不按照与招标人订立的合同履行义务，情节严重的，取消其二年至五年内参加依法必须进行招标的项目的投标资格并予以公告，直至由工商行政管理机关吊销营业执照。因不可抗力不能履行合同的，不适用前两款规定。

4.《建设工程质量管理条例》第六十二条

违反本条例规定，承包单位将承包的工程转包或者违法分包的，责令改正，没收违法所得，对勘察、设计单位处合同约定的勘察费、设计费百分之二十五以上百分之五十以下的罚款；对施工单位处工程合同价款百分之零点五以上百分之一以下的罚款；可以责令停业整顿，降低资质等级；情节严重的，吊销资质证书。

工程监理单位转让工程监理业务的，责令改正，没收违法所得，处合同约定的监理酬金百分之二十五以上百分之五十以下的罚款；可以责令停业整顿，降低资质等级；情节严重的，吊销资质证书。

三、矿业工程类施工企业工程质量方面不良行为及处罚规定

（一）不良行为

1. 在矿业工程施工中偷工减料的，使用不合格的建筑材料、建筑构配件和设备的，或者不按照工程设计图示或者矿业工程施工技术标准施工的其他行为的；

2. 未对矿业工程建筑材料、建筑构配件、设备和商品混凝土进行检验，或者未对涉及结构安全的试块、试件以及有关材料取样检测的；

3. 矿业工程竣工验收后，不向建设单位出具质量保修书的，或质量保修的内容、期限违反规定的；

4. 不履行矿业工程保修义务或者拖延履行保修义务的。

（二）处罚规定

1.《建设工程质量管理条例》第六十四条

违反本条例规定，施工单位在施工中偷工减料的，使用不合格的建筑材料、建筑构配件和设备的，或者有不按照工程设计图纸或者施工技术标准施工的其他行为的，责令改正，处工程合同价款百分之二以上百分之四以下的罚款；造成建设工程质量不符合规定的质量标准的，负责返工、修理，并赔偿因此造成的损失；情节严重的，责令停业整顿，降低资质等级或者吊销资质证书。

2.《建设工程质量管理条例》第六十五条

违反本条例规定，施工单位未对建筑材料、建筑构配件、设备和商品混凝土进行检验，或者未对涉及结构安全的试块、试件以及有关材料取样检测的，责令改正，处10万元以上20万元以下的罚款；情节严重的，责令停业整顿，降低资质等级或者吊销资质证书；造成损失的，依法承担赔偿责任。

3.《建设工程质量管理条例》第六十六条

违反本条例规定，施工单位不履行保修义务或者拖延履行保修义务的，责令改正，处10万元以上20万元以下的罚款，并对在保修期内因质量缺陷造成的损失承担赔偿责任。

四、工程安全方面不良行为及处罚规定

（一）不良行为

1. 主要负责人在矿业工程发生重大生产安全事故时，不立即组织抢救或者在事故调查处理期间擅离之后或者逃匿的；主要负责人对生产安全事故隐瞒不报、谎报或者拖延不报的；

2. 对矿业工程安全事故隐患不采取措施予以消除的；

3. 未设立矿业工程安全生产管理机构、配备专职安全生产管理人员或者分部分项工程施工时无专职安全生产管理人员现场监督的；

4. 矿业工程主要负责人、项目负责人、专职安全生产管理人员、作业人员或者特种作业人员，未经安全教育培训或者经考核不合格即从事相关工作的；

5. 未在矿业工程施工现场的危险部位设置明显的安全警示标志，或者未按照国家有关规定在施工现场设置消防通道、消防水源、配备消防设施和灭火器材的；

6. 未向矿业工程作业人员提供安全防护用具和安全防护服装的；

7. 未按照规定在施工起重机械和整体提升脚手架、模板等自升式架设设施验收合格后登记的；

8. 使用国家明令淘汰、禁止使用的危及矿业工程施工安全的工艺、设备、材料的；

9. 违法挪用列入矿业工程建设工程概算的安全生产作业环境及安全施工措施所需费用；

10. 矿业工程施工前未对有关安全施工的技术要求作出详细说明的；

11. 矿业工程施工现场临时搭建的建筑物不符合安全使用要求的；

12. 安全防护用具、机械设备、施工机具及配件在进入矿业工程施工现场前未经查验或者查验不合格即投入使用的；

13. 使用未经验收或者验收不合格的施工起重机械和整体提升脚手架、模板等自升式架设设施的；

14. 委托不具有相应资质的单位承担矿业工程施工现场安装、拆卸施工起重机械和整体提升脚手架、模板等自升式架设设施的；

15. 在矿业工程施工组织设计中未编制安全技术措施、施工现场临时用电方案或者专项施工方案的；

16. 矿业工程主要负责人、项目负责人未履行安全生产管理职责的，或不服管理、违反规章制度和操作规程冒险作业的；

17. 矿业工程施工单位取得资质证书后，降低安全生产条件的；或经整改仍未达到与其资质等级相适应的安全生产条件的；

18. 取得安全生产许可证发生重矿业工程大安全事故的；

19. 未取得安全生产许可证擅自进行矿业工程生产的；

20. 安全生产许可证有效期满未办理延期手续，继续进行生产的，或逾期不办理延期手续，继续进行矿业工程生产的；

21. 转让矿业工程安全生产许可证的；接受转让的；冒用或者使用伪造的安全生产许可证的；

22. 恶意拖欠或克扣矿业工程劳动人员工资的。

（二）处罚规定

1.《安全生产法》第九十一条

生产经营单位主要负责人在本单位发生重大生产安全事故时，不立即组织抢救或者在事故调查处理期间擅离职守或者逃匿的，给予降职、撤职的处分，对逃匿的处十五日以下拘留；构成犯罪的，依照刑法有关规定追究刑事责任。

2.《安全生产法》第八十二条

生产经营单位有下列行为之一的，责令限期改正；逾期未改正的，责令停产停业整顿，可以并处两万元以下的罚款：

（1）未按照规定设立安全生产管理机构或者配备安全生产管理人员的；

（2）危险物品的生产、经营、储存单位以及矿山、建筑施工单位的主要负责人和安全生产管理人员未按照规定经考核合格的；

（3）未按照本法第二十一条、第二十二条的规定对从业人员进行安全生产教育和培训，或者未按照本法第三十六条的规定如实告知从业人员有关的安全生产事项的；

（4）特种作业人员未按照规定经专门的安全作业培训并取得特种作业操作资格证书，上岗作业的。

3.《安全生产法》第八十三条

生产经营单位有下列行为之一的，责令限期改正；逾期未改正的，责令停止建设或者停产停业整顿，可以并处五万元以下的罚款；造成严重后果，构成犯罪的，依照刑法有关规定追究刑事责任：

（1）矿山建设项目或者用于生产、储存危险物品的建设项目没有安全设施设计或者安全设施设计未按照规定报经有关部门审查同意的；

（2）矿山建设项目或者用于生产、储存危险物品的建设项目的施工单位未按照批准的安全设施设计施工的；

(3) 矿山建设项目或者用于生产、储存危险物品的建设项目竣工投入生产或者使用前，安全设施未经验收合格的；

(4) 未在有较大危险因素的生产经营场所和有关设施、设备上设置明显的安全警示标志的；

(5) 安全设备的安装、使用、检测、改造和报废不符合国家标准或者行业标准的；

(6) 未对安全设备进行经常性维护、保养和定期检测的；

(7) 未为从业人员提供符合国家标准或者行业标准的劳动防护用品的；

(8) 特种设备以及危险物品的容器、运输工具未经取得专业资质的机构检测、检验合格，取得安全使用证或者安全标志，投入使用的；

(9) 使用国家明令淘汰、禁止使用的危及生产安全的工艺、设备的。

4.《建设工程安全生产管理条例》第六十二条

违反本条例的规定，施工单位有下列行为之一的，责令限期改正；逾期未改正的，责令停业整顿，依照《中华人民共和国安全生产法》的有关规定处以罚款；造成重大安全事故，构成犯罪的，对直接责任人员，依照刑法有关规定追究刑事责任：

(1) 未设立安全生产管理机构、配备专职安全生产管理人员或者分部分项工程施工时无专职安全生产管理人员现场监督的；

(2) 施工单位的主要负责人、项目负责人、专职安全生产管理人员、作业人员或者特种作业人员，未经安全教育培训或者经考核不合格即从事相关工作的；

(3) 未在施工现场的危险部位设置明显的安全警示标志，或者未按照国家有关规定在施工现场设置消防通道、消防水源、配备消防设施和灭火器材的；

(4) 未向作业人员提供安全防护用具和安全防护服装的；

(5) 未按照规定在施工起重机械和整体提升脚手架、模板等自升式架设设施验收合格后登记的；

(6) 使用国家明令淘汰、禁止使用的危及施工安全的工艺、设备、材料的。

5.《建设工程安全生产管理条例》第六十三条

违反本条例的规定，施工单位挪用列入建设工程概算的安全生产作业环境及安全施工措施所需费用的，责令限期改正，处挪用费用20%以上50%以下的罚款；造成损失的，依法承担赔偿责任。

6.《建设工程安全生产管理条例》第六十四条

违反本条例的规定，施工单位有下列行为之一的，责令限期改正；逾期未改正的，责令停业整顿，并处5万元以上10万元以下的罚款；造成重大安全事故，构成犯罪的，对直接责任人员，依照刑法有关规定追究刑事责任：

(1) 施工前未对有关安全施工的技术要求作出详细说明的；

(2) 未根据不同施工阶段和周围环境及季节、气候的变化，在施工现场采取相应的安全施工措施，或者在城市市区内的建设工程的施工现场未实行封闭围挡的；

(3) 在尚未竣工的建筑物内设置员工集体宿舍的；

(4) 施工现场临时搭建的建筑物不符合安全使用要求的；

(5) 未对因建设工程施工可能造成损害的毗邻建筑物、构筑物和地下管线等采取专项防护措施的。

施工单位有前面规定第（4）项、第（5）项行为，造成损失的，依法承担赔偿责任。

7.《建设工程安全生产管理条例》第六十五条

违反本条例的规定，施工单位有下列行为之一的，责令限期改正；逾期未改正的，责令停业整顿，并处10万元以上30万元以下的罚款；情节严重的，降低资质等级，直至吊销资质证书；造成重大安全事故，构成犯罪的，对直接责任人员，依照刑法有关规定追究刑事责任；造成损失的，依法承担赔偿责任：

（1）安全防护用具、机械设备、施工机具及配件在进入施工现场前未经查验或者查验不合格即投入使用的；

（2）使用未经验收或者验收不合格的施工起重机械和整体提升脚手架、模板等自升式架设设施的；

（3）委托不具有相应资质的单位承担施工现场安装、拆卸施工起重机械和整体提升脚手架、模板等自升式架设设施的；

（4）在施工组织设计中未编制安全技术措施、施工现场临时用电方案或者专项施工方案的。

8.《建设工程安全生产管理条例》第六十六条

违反本条例的规定，施工单位的主要负责人、项目负责人未履行安全生产管理职责的，责令限期改正；逾期未改正的，责令施工单位停业整顿；造成重大安全事故、重大伤亡事故或者其他严重后果，构成犯罪的，依照刑法有关规定追究刑事责任。

作业人员不服管理、违反规章制度和操作规程冒险作业造成重大伤亡事故或者其他严重后果，构成犯罪的，依照刑法有关规定追究刑事责任。

施工单位的主要负责人、项目负责人有前款违法行为，尚不够刑事处罚的，处2万元以上20万元以下的罚款或者按照管理权限给予撤职处分；自刑罚执行完毕或者受处分之日起，5年内不得担任任何施工单位的主要负责人、项目负责人。

9.《建设工程安全生产管理条例》第六十七条

施工单位取得资质证书后，降低安全生产条件的，责令限期改正；经整改仍未达到与其资质等级相适应的安全生产条件的，责令停业整顿，降低其资质等级直至吊销资质证书。

第六十八条　本条例规定的行政处罚，由建设行政主管部门或者其他有关部门依照法定职权决定。

违反消防安全管理规定的行为，由公安消防机构依法处罚。

有关法律、行政法规对建设工程安全生产违法行为的行政处罚决定机关另有规定的，从其规定。

10.《劳动法》第九十一条

用人单位有下列侵害劳动者合法权益情形之一的，由劳动行政部门责令支付劳动者的工资报酬、经济补偿，并可以责令支付赔偿金：

（1）克扣或者无故拖欠劳动者工资的；

（2）拒不支付劳动者延长工作时间工资报酬的；

（3）低于当地最低工资标准支付劳动者工资的；

（4）解除劳动合同后，未依照本法规定给予劳动者经济补偿的。

## 5.3 矿业工程注册建造师执业相关制度

### 5.3.1 矿业工程执业工程范围规定解读

一、规定注册建造师执业范围的依据

注册建造师根据其专业和级别不同，规定有一定的执业范围。《注册建造师执业管理办法》（试行）（建市［2008］48号）第四条规定：注册建造师应当在其注册证书所注明的专业范围内从事建设工程施工管理活动，具体执业按照本办法附件《注册建造师执业工程范围》执行。未列入或新增工程范围由国务院建设主管部门会同国务院有关部门另行规定。第六条规定：一级注册建造师可在全国范围内以一级注册建造师名义执业。通过二级建造师资格考核认定，或参加全国统考取得二级建造师资格证书并经注册人员，可在全国范围内以二级注册建造师名义执业。

国家对建筑工程、公路工程、铁路工程、民航机场工程、港口与航道工程、水利水电工程、矿业、市政公用工程、通信与广电工程、机电工程10个专业的建造师执业工程范围分别作出了具体划分，其中矿业工程的工程范围见表5.3-1。

注册建造师执业工程范围 表5.3-1

| 序号 | 注册专业 | 工程范围 |
|---|---|---|
| 7 | 矿业工程 | 矿山，地基与基础、土石方、高耸构筑物、消防设施、防腐保温、环保、起重设备安装、管道、预拌混凝土、混凝土预制构件、钢结构、建筑防水、爆破与拆除、隧道、窑炉、特种专业 |

二、矿业工程注册建造师的执业范围

按照表5.3-1对工程范围的界定，矿业工程注册建造师的执业工程范围包括了“矿山”工程，同时还包括了“地基与基础、土石方、高耸构筑物、消防设施、防腐保温、环保、起重设备安装、管道、预拌混凝土、混凝土预制构件、钢结构、建筑防水、爆破与拆除、隧道、窑炉、特种专业”共16项专业工程。其中的“矿山”是指“煤炭、冶金、建材、化工、有色、铀矿、黄金”七个行业的矿山工程。这里的矿山工程是建设项目的概念，其本身又包含了许多矿山类的专业工程。七个行业矿山工程的具体内容，按照“注册建造师执业工程规模标准”（矿山工程）部分的规定予以界定。

三、规定注册建造师执业范围的作用和意义

凡是持有矿业工程专业注册执业证书的建造师，可以在以上17个工程领域内执业。例如，在17个工程领域内，对于具有独立的施工总承包或单独发包合同的“矿山”工程项目，其施工项目负责人必须是矿业专业的注册建造师，并由其履行执业的签字盖章的权力。对于“地基与基础、土石方、高耸构筑物、消防设施、防腐保温、环保、起重设备安装、管道、预拌商品混凝土、混凝土预制构件、钢结构、建筑防水、爆破与拆除、隧道、窑炉、特种专业”等专业分包工程，只要矿业专业所对应的工程范围内包括这些专业工程，并且具有独立的专业分包或专业承包合同，矿业专业的注册建造师同样可以任该专业工程的施工项目负责人。

因为矿业工程建造师可以在这一范围中执业，因此作为矿业工程建造师就应该掌握或熟悉、了解这些方面的建造师有关知识。例如，在矿业工程一级建造师考试大纲中就有地基基础、建筑结构、安装等方面的内容。所有规定执业范围不仅给出了执业权力的领域，也是对执业者提出了相应的执业要求。

### 5.3.2 矿业工程执业工程规模标准解读

"注册建造师执业工程规模标准"是国家针对不同专业、不同级别的注册建造师制定的在其执业承担工程时所应遵循的有关原则。该规模标准有两个作用，一个是注册建造师在进入与其注册专业相应的工程领域（工程领域指"注册建造师执业工程范围"规定的相应工程范围）执业时，作为选择工程范围中某个工程所包含的具体内容的依据；另一个是作为选择与其注册等级允许承担相应的工程规模等级的依据。注册建造师执业工程规模标准是对注册建造师执业工程范围的延伸和具体细划。

根据原建设部《关于印发〈注册建造师执业管理办法〉（试行）的通知》（建市［2008］48号）第五条"大中型工程施工项目负责人必须由本专业注册建造师担任。一级注册建造师可担任大、中、小型工程施工项目负责人，二级注册建造师可以承担中、小型工程施工项目负责人。各专业大、中、小型工程分类标准按《关于印发〈注册建造师执业工程规模标准〉（试行）的通知》（建市［2007］171号）执行。"的规定，矿山工程的注册建造师执业工程规模标准可详见"注册建造师执业工程规模标准（矿山工程）"部分的内容。

根据"注册建造师执业工程规模标准"的规定，矿山工程规模标准包括了煤炭、冶金、建材、化工、有色、铀矿、黄金矿山等七个行业的矿山工程规模标准，也就是规定了七个行业矿山工程所包含的具体的专业工程和其大型、中型、小型规模的具体指标。

例如，煤炭矿山工程包含了"立井井筒、露天矿山剥离"等12项矿建工程、"矿井井筒永久提升机安装、选煤厂机电设备安装工程（机械、电气、管路）"等11项安装工程和"选煤厂主厂房及相应配套设施、选煤厂原料仓（产品仓）"等土建工程。

相应的大型矿建工程包括：

1. 年产>90万吨/年；

2. 单项工程合同额≥2000万元；

3. 45～90万吨/年矿井，相对瓦斯涌出量>10m³/t或绝对瓦斯涌出量>40m³/min的井下巷道工程。

中型矿建工程包括：

（1）年产45～90万吨/年；

（2）单项工程合同额1000～2000万元。

小型矿建工程包括：

（1）年产≤30万吨/年；

（2）单项工程合同额<1000万元；等等。

作为一、二级矿业专业注册建造师在准备执业时，应首先对照《注册建造师执业工程范围》中"矿业专业"所对应的工程范围来确定自己的执业工程范围，如承包的工程是煤炭矿山工程或冶金矿山（黑色、有色、黄金）工程，则属于矿业专业注册建造师合法执业的工程范围。在此基础上，对照《注册建造师执业工程规模标准》矿山部分的内容，具体从事矿山工程中的矿建工程、土建工程和安装工程的施工管理活动。一级矿业专业注册建造师承担工程的规模即可以是大型，也可以是中型和小型。如大型项目中年产90万吨以上的矿井；年产 45～90 万吨，但相对瓦斯涌出量＞$10m^3/t$ 或绝对瓦斯涌出量＞$40m^3/min$ 的井下巷道工程等等。二级矿业专业注册建造师可以承担中型和小型规模的矿建工程、土建工程和安装工程，如中型项目中年产 45～90 万吨的矿井等。

矿业工程注册建造师执业工程规模标准见表 5.3-2。

**注册建造师执业工程规模标准** **表 5.3-2**

（矿山工程）

<table>
<tr><th rowspan="2">序号</th><th rowspan="2">工程类别</th><th rowspan="2">项目名称</th><th rowspan="2">单位</th><th colspan="3">规 模</th><th rowspan="2">备 注</th></tr>
<tr><th>大型</th><th>中型</th><th>小型</th></tr>
<tr><td rowspan="21">1</td><td rowspan="21">煤炭矿山</td><td>立井井筒</td><td rowspan="8"></td><td rowspan="8">符合下列条件之一：<br>1. 年产＞90 万吨/年；<br>2. 单项工程合同额≥2000 万元；<br>3. 45～90 万吨/年矿井，相对瓦斯涌出量＞$10m^3/t$ 或绝对瓦斯涌出量＞$40m^3/min$ 的井下巷道工程</td><td rowspan="8">符合下列条件之一：<br>1. 年产 45～90 万吨/年；<br>2. 单项工程合同额 1000～2000 万元</td><td rowspan="8">符合下列条件之一：<br>1. 年产≤30 万吨/年；<br>2. 单项工程合同额＜1000 万元</td><td rowspan="8"></td></tr>
<tr><td>斜井井筒</td></tr>
<tr><td>平硐</td></tr>
<tr><td>井底车场与硐室工程</td></tr>
<tr><td>轨道大巷</td></tr>
<tr><td>运输大巷</td></tr>
<tr><td>上、下山巷道</td></tr>
<tr><td>回风大巷</td></tr>
<tr><td>立井冻结井筒</td><td>m</td><td>≥300</td><td>＜300</td><td></td><td>冻结深度</td></tr>
<tr><td>大钻机钻井</td><td></td><td>大钻机法钻井</td><td></td><td></td><td></td></tr>
<tr><td>开拓或开采巷道</td><td>万米</td><td>≥1</td><td>0.6～1</td><td>＜0.6</td><td>标准进尺累计</td></tr>
<tr><td>矿井井筒永久提升机安装</td><td rowspan="5">万元</td><td rowspan="5">≥2000</td><td rowspan="5">1000～2000</td><td rowspan="5">＜1000</td><td rowspan="5">单项工程合同额</td></tr>
<tr><td>立井井筒装备安装</td></tr>
<tr><td>矿井永久主排水设备安装</td></tr>
<tr><td>矿井永久主通风机设备安装</td></tr>
<tr><td>矿井永久主压风机设备安装</td></tr>
<tr><td>矿井综采设备安装</td><td rowspan="5">万元</td><td rowspan="5">≥2000</td><td rowspan="5">1000～2000</td><td rowspan="5">＜1000</td><td rowspan="5">单项工程合同额</td></tr>
<tr><td>矿井井下带式输送机安装</td></tr>
<tr><td>35kV 及以上地面变电站设备安装</td></tr>
<tr><td>井下中央变电所设备安装</td></tr>
<tr><td>永久井架安装</td></tr>
</table>

续表

<table>
<tr><th rowspan="2">序号</th><th rowspan="2">工程类别</th><th rowspan="2">项目名称</th><th rowspan="2">单位</th><th colspan="3">规 模</th><th rowspan="2">备 注</th></tr>
<tr><th>大型</th><th>中型</th><th>小型</th></tr>
<tr><td rowspan="6">1</td><td rowspan="6">煤炭矿山</td><td>矿井地面生产系统</td><td rowspan="4"></td><td rowspan="4">符合下列条件之一：<br>1. 年产＞90 万吨/年；<br>2. 单项土建工程合同额≥2000 万元；<br>3. 单项安装工程合同额≥1000 万元</td><td rowspan="4">符合下列条件之一：<br>1. 年产 45～90 万吨/年；<br>2. 单项土建工程合同额 1000～2000 万元；<br>3. 单项安装工程合同额 500～1000 万元</td><td rowspan="4">符合下列条件之一：<br>1. 年产≤30 万吨/年；<br>2. 单项土建工程合同额<1000 万元；<br>3. 单项安装工程合同额<500 万元</td><td rowspan="3">矿井地面生产系统包括：<br>1. 矿井筛选车间、转载点、原料仓（产品仓）、装车仓（站）以及相互连接的皮带输送机栈桥的土建工程；<br>2. 与上述土建工程相对应的设备安装工程（包括机械设备、电气设备及管路安装工程）</td></tr>
<tr><td>选煤厂主厂房及相应配套设施</td></tr>
<tr><td>选煤厂原料仓（产品仓）</td></tr>
<tr><td>铁路专用线</td><td>系指铁路专用线或铁路站线工程</td></tr>
<tr><td>选煤厂机电设备安装工程（机械、电气、管路）</td><td></td><td>符合下列条件之一：<br>1. 洗选能力＞90 万吨/年；<br>2. 模块选煤厂工程合同额 1000 万元及以上；<br>3. 非模块选煤厂合同额 1500 万元及以上</td><td>符合下列条件之一：<br>1. 洗选能力 45～90 万吨/年；<br>2. 模块选煤厂工程合同额 500～1000 万元；<br>3. 非模块选煤厂合同额 1000～1500 万元</td><td>符合下列条件之一：<br>1. 洗选能力 30 万吨/年及以下；<br>2. 模块选煤厂工程合同额<500 万元；<br>3. 非模块选煤厂合同额<1000 万元</td><td>机械安装包括破碎、筛分、主选、浮选、磁选、浓缩脱水、压滤；电气安装包括集中控制系统及供配电设备等安装</td></tr>
<tr><td>露天矿山剥离</td><td>万立方米</td><td>≥80</td><td>60～80</td><td><60</td><td>剥离量</td></tr>
</table>

续表

| 序号 | 工程类别 | 项目名称 | 单位 | 规模 | | | 备注 |
|---|---|---|---|---|---|---|---|
| | | | | 大型 | 中型 | 小型 | |
| 2 | 冶金矿山（黑色、有色、黄金） | 露天铁矿采矿 | 万吨矿石/年 | ≥200 或投资≥1 亿元 | 200～60 或投资<1 亿元 | | |
| | | | 万吨矿岩/年 | ≥1000 或投资≥1 亿元 | 1000～300 或投资<1 亿元 | | |
| | | 地下铁矿采矿 | 万吨矿石/年 | ≥100 或投资≥1 亿元 | 100～30 或投资<1 亿元 | | |
| | | 铁矿选矿 | 万吨矿石/年 | ≥200 或投资≥1 亿元 | 200～60 或投资<1 亿元 | | |
| | | 砂矿采选 | 万吨矿石/年 | ≥200 | <200～100 | | |
| | | 脉矿采选（有色） | 万吨矿石/年 | ≥100 | <100 | | |
| | | 脉矿采选（黄金） | 万吨矿石/年 | ≥30 | 30～6 | <6 | |
| | | 砂金船采 | 万立方米/年 | ≥300 | 300～60 | <60 | |
| | | 砂金机采 | 万立方米/年 | ≥100 | 100～20 | <20 | |
| 3 | 化工矿山 | 竖井工程 | | 符合下列条件之一：1. 磷矿山建设工程年产大于 100 万吨；2. 硫铁矿山建设工程年产大于 100 万吨；3. 石灰石矿山建设工程年产大于 100 万吨；4. 单项工程合同额大于 3000 万元 | 符合下列条件之一：1. 磷矿山建设工程年产大于 100 ～ 30 万吨；2. 硫铁矿山建设工程年产大于 100～20 万吨；3. 石灰石矿山建设工程年产大于 50 万吨；4. 单项工程合同额大于 2000 ～ 3000 万元 | 符合下列条件之一：1. 磷矿山建设工程年产小于 30 万吨；2. 硫铁矿山建设工程年产小于 20 万吨；3. 石灰石矿山建设工程年产于 50 万吨；4. 单项工程合同额小于 2000 万元 | |
| | | 斜井工程 | | | | | |
| | | 平峒 | | | | | |
| | | 盲竖井 | | | | | |
| | | 盲斜井 | | | | | |
| | | 中段石门、中段 | | | | | |
| | | 中段运输平巷 | | | | | |
| | | 通风平巷 | | | | | |
| | | 井底车场、绕道、盲井、上下部车场 | | | | | |
| | | 通风井、联络井 | | | | | |
| | | 流干巷道 | | | | | |
| | | 主流井、检查井、充填井 | | | | | |
| | | 水仓、水车库、矿仓、机车库、炸药库、卷扬室、压风机房、装载硐室、翻罐笼硐室、机修室、变配电室、地磅室、候车室、调度室 | | | | | |
| | | 采掘巷道工程 | 万米 | ≥1 | 0.6～1 | <0.6 | 标准进尺累计 |

续表

| 序号 | 工程类别 | 项目名称 | 单位 | 规模 | | | 备注 |
|---|---|---|---|---|---|---|---|
| | | | | 大型 | 中型 | 小型 | |
| 3 | 化工矿山 | 竖井永久性提升机安装 | 万元 | ≥3000 | 1000～3000 | <1000 | 单项工程合同额 |
| | | 斜井、平硐设备安装 | | | | | |
| | | 井筒永久性主压风机设备安装 | | | | | |
| | | 井巷永久性排水设备安装 | | | | | |
| | | 井巷永久性通风设备安装 | | | | | |
| | | 井巷带式运输机安装 | | | | | |
| | | 35万伏及以上运输机安装 | | | | | |
| | | 井下变电所设备安装 | | | | | |
| | | 矿井地面生产系统 | | | | | |
| | | 磷矿采掘工程 | 万吨/年 | >100 | 100～30 | <30 | |
| | | 硫铁矿采掘工程 | 万吨/年 | >100 | 100～20 | <20 | |
| | | 石灰石矿采矿工程 | 万吨/年 | >100 | 100～50 | <50 | |
| | | 其他矿种采掘工程 | 万元 | 总投资>2000 | 总投资2000～1000 | 总投资<1000 | |
| | | 采选联合矿山工程 | 万吨/年 | >100 | 100～30 | <30 | |
| | | 露天矿山剥离工程 | 万立方米/年 | >100 | 100～50 | <50 | |
| 4 | 铀矿山 | 铀矿山 | 吨 | 无 | 100～200 | <100 | 核工业矿山的规模系按照金属铀的氧化物产品量确定 |
| 5 | 建材矿山 | 石灰石矿山 | 万吨/年 | ≥120 | 120～80 | <80 | |
| | | 砂岩矿 | 万吨/年 | ≥20 | 20～10 | <10 | |
| | | 石膏矿 | 万吨/年 | ≥40 | 40～20 | <20 | 露天 |
| | | | | ≥20 | 20～5 | <5 | 地下 |
| | | 石墨矿 | 万吨/年 | ≥1 | 1～0.5 | <0.5 | |
| | | 石棉矿 | 万吨/年 | ≥2 | 2～1 | <1 | |
| | | 高岭土矿 | 万吨/年 | ≥10 | 2～10 | <2 | |
| | | 膨润土矿 | 万吨/年 | ≥50 | 50～5 | <5 | |
| | | 大理石矿 | 万吨/年 | ≥40 | 40～4 | <4 | |
| | | 石材矿 | 万立方米/年 | ≥50 | 50～10 | <10 | |

### 5.3.3 矿业工程注册建造师签章文件解读

一、矿业工程执业签章文件的主要内容

“注册建造师施工管理签章文件目录”是国家针对注册建筑师在执业过程中依法履行签字盖章权时，选择签字盖章文件种类的依据。

根据原建设部《关于印发〈注册建造师执业管理办法〉（试行）的通知》（建市［2008］48号）第十二条“担任建设工程施工项目负责人的注册建造师应当按《关于印发〈注册建造师施工管理签章文件目录〉（试行）的通知》（建市［2008］42号）和配套表格要求，在建设工程施工管理相关文件上签字并加盖执业印章，签章文件作为工程竣工备案的依据。”的规定，担任建设工程施工项目负责人的注册建造师要履行签字盖章权，签字盖章文件的具体种类则体现在《目录》中。

根据《目录》的规定，矿山工程部分的工程类别包括煤炭、冶金、建材、化工、有色、铀矿、黄金矿山等七个行业的矿山工程类别，对应每一个行业矿山工程类别的签字文件的种类包括“施工组织管理文件、合同管理文件、质量管理文件、安全管理文件、现场现场环保文明施工管理文件、成本费用管理文件”等六大类文件。《目录》除了规定了文件种类外，每一类文件都有与之对应的具体文件的名称，以便注册建造师执业签字盖章时对号入座。如煤炭矿山工程施工组织管理类的文件有“平硐施工组织设计、斜井施工组织设计”等50余部具体文件。矿山工程签章文件的具体范围见（表5.3-3）“注册建造师施工管理签章文件目录”（矿山工程）。

矿业专业的注册建造师在执业时，按照《注册建造师执业工程范围》和《注册建造师执业工程规模标准》，选定工程范围和具体工程后，要依据《目录》规定的文件类别和具体文件，在相应的文件上签字并加盖本人注册建筑师的执业手章。在文件上签字盖章时，签字盖章的载体是与各种文件相配套的具体表格，表格的格式是全国统一的。矿业专业的注册建造师需在与矿山工程配套的表格上签字盖章，以履行权利和义务，同时承担国家规定的法律责任。

矿山工程师执业签章表格是依据原建设部（建市［2008］42号）“关于印发《注册建造师施工管理签章文件目录》（试行）的通知”文的精神，汇总矿山工程专业建造师的195项执业签章文件，分类编制而成。签章表格共计七类51种，包括：

施工组织管理（第一类）表格13种，编号为CH101～CH113；

施工进度管理（第二类）表格2种，编号为CH201、CH202；

编号为合同管理（第三类）表格13种，编号为CH301～CH313；

质量管理（第四类）表格10种，编号为CH401～CH410；

安全管理（第五类）表格3种，编号为CH501～CH503；

现场环保文明施工管理（第六类）表格2种，编号为CH601、CH602；

成本管理（第七类）表格8种，编号为CH701～CH708。

矿山工程师执业签章表格考虑了煤炭矿山、冶金矿山、化工矿山、建材矿山和铀矿等行业的特点，同样适用于色金属矿、黄金矿山等行业的矿业工程专业建造师需要，供矿业工程专业建造师执业签章用。如有未列入本表格的其他需要，可以参照本表格的相应部分选择使用。

**注册建造师施工管理签章文件目录（矿山工程）** 表 5.3-3

| 序号 | 工程类别 | 文件类别 | 文件名称 |
|---|---|---|---|
| 1 | 煤炭矿山工程 | 施工组织管理 | 各类工程项目施工组织设计 |
| | | | 各类工程项目开工报告、竣工报告 |
| | | | 分项工程报验单 |
| | | | 未完工程一览表 |
| | | | 竣工验收申请 |
| | | | 工程竣工验收证书 |
| | | 合同管理 | 工程变更令 |
| | | | 变更支付月报 |
| | | | 变更费用申请单 |
| | | | 月计量报审表 |
| | | | 月支付报审表 |
| | | | 总体计量支付报审表 |
| | | 质量管理 | 单位工程质量等级认证书 |
| | | | 单位工程质量检验综合评定表 |
| | | | 单位工程竣工质量验收资料 |
| | | | 工程保修书 |
| | | 安全管理 | 各类工程项目施工安全措施 |
| | | | 各种安全措施及应急预案 |
| | | | 事故调查分析处理报告 |
| | | | 项目安全生产管理制度 |
| | | 现场环保文明施工管理 | 现场文明施工文件 |
| | | 成本费用管理 | 项目财务报表 |
| | | | 物资采购计划 |
| | | | 用款单计划 |
| 2 | 冶金矿山工程 | 施工组织管理 | 项目管理目标责任书 |
| | | | 项目管理实施计划 |
| | | | 施工组织报审表 |
| | | | 施工方案审批 |
| | | | 施工、复工竣工申报表 |
| | | 施工进度管理 | 总体计划表 |
| | | 合同管理 | 工程分包招标书 |
| | | | 工程分包合同 |
| | | | 材料、设备采购计划表 |
| | | | 材料设备采购招标书 |
| | | | 合同变更和索赔申请报告 |

续表

| 序号 | 工程类别 | 文件类别 | 文件名称 |
| --- | --- | --- | --- |
| 2 | 冶金矿山工程 | 质量管理 | 工程验收报告 |
| | | | 工程质量保证书 |
| | | 安全管理 | 工程安全生产责任书 |
| | | | 分包安全管理协议书 |
| | | | 事故安全措施及安全事故应急预案 |
| | | | 施工现场安全事故调查处理报告 |
| | | 现场环保文明施工管理 | 施工环境保护措施及管理方案 |
| | | | 文明施工措施 |
| | | | 文明施工检查监督报告 |
| | | 成本费用管理 | 工程款支付报告 |
| | | | 费用索赔申请表 |
| | | | 竣工结算申请表 |
| | | | 债权债务总表 |
| | | | 工程保险申报表 |
| | | | 工程结算审计表 |
| | | | 工程经济分析报告 |
| 3 | 化工矿山工程 | 施工组织管理 | 项目管理目标责任书 |
| | | | 项目管理实施计划 |
| | | | 施工组织报审表 |
| | | | 施工方案审报 |
| | | | 单位工程开工报告、竣工报告 |
| | | | 中间验收报告 |
| | | | 工程验收报告 |
| | | | 工程项目的交接与回访保修 |
| | | | 单位工程竣工验收证书 |
| | | 施工进度管理 | 总体工程施工进度计划表 |
| | | | 节点控制 |
| | | | 工程进度统计表 |
| | | 合同管理 | 工程分包招标书 |
| | | | 工程分包合同 |
| | | | 工程合同评审记录 |
| | | | 工程合同变更和索赔申请报告 |
| | | | 材料采购计划表 |
| | | | 设备采购计划表 |
| | | | 材料设备采购招标书 |

续表

| 序号 | 工程类别 | 文件类别 | 文件名称 |
|---|---|---|---|
| 3 | 化工矿山工程 | 质量管理 | 质量管理体系 |
| | | | 质量控制程序 |
| | | | 主要隐蔽工程质量验收记录 |
| | | | 单位工程质量控制记录 |
| | | | 单位工程质量等级认证书 |
| | | | 建设工程保修书 |
| | | 安全管理 | 工程施工安全管理制度 |
| | | | 工程施工安全责任书 |
| | | | 安全网络 |
| | | | 事故安全措施及安全事故应急预案 |
| | | | 施工现场安全检查监督报告 |
| | | | 施工现场安全事故调查处理报告 |
| | | 现场环保文明施工管理 | 文明施工目标责任书 |
| | | 成本费用管理 | 工程项目成本计划与控制 |
| | | | 工程保险申请表 |
| | | | 费用索赔申请表 |
| | | | 工程款支付报告 |
| | | | 竣工结算申请表 |
| | | | 工程结算审计表 |
| | | | 债权债务总表 |
| | | | 工程经济分析报告 |
| 4 | 建材矿山工程 | 施工组织管理 | 工程洽商记录 |
| | | | 施工组织设计审批单 |
| | | | 单位、分部、分项工程划分 |
| | | | 工程开工报告、竣工报告 |
| | | | 分项工程报验单 |
| | | | 工程竣工总结 |
| | | | 工程交工验收申请表 |
| | | | 交工工程报告 |
| | | | 工程交工验收证书 |
| | | 施工进度管理 | 工程施工进度计划报批单 |
| | | | 总体施工工程进度计划横道图 |
| | | | 阶段施工工程进度计划横道图 |
| | | | 月施工工程进度计划横道图 |
| | | | 分项工程进度计划横道图 |
| | | | 工程进度统计表 |

续表

| 序号 | 工程类别 | 文件类别 | 文件名称 |
|---|---|---|---|
| 4 | 建材矿山工程 | 合同管理 | 工程变更令 |
| | | | 工程变更一览表 |
| | | | 工程分包申请审批单 |
| | | | 工程分包合同 |
| | | | 变更费用申请单 |
| | | | 总体计量支付报审表 |
| | | | 交工证书、竣工文件 |
| | | 质量管理 | 质量缺陷处理方案 |
| | | | 分项工程施工工艺 |
| | | | 设备安装工程检测结果 |
| | | | 测试验收报告 |
| | | | 系统调试报告 |
| | | | 单位工程竣工质量验收资料 |
| | | | 建筑工程保修书 |
| | | 安全管理 | 项目安全生产管理制度 |
| | | | 项目施工安全防范措施 |
| | | | 安全施工报批单 |
| | | | 企业职工伤亡事故月（年）报表 |
| | | | 生产安全事故应急救援预案 |
| | | 现场环保文明施工管理 | 现场文明施工报批单 |
| | | 成本费用管理 | 项目财务报表 |
| | | | 物资采购计划 |
| | | | 材料收料单 |
| | | | 用款单计划 |
| 5 | 铀矿山工程 | 施工组织管理 | 各类工程项目施工组织设计 |
| | | | 各类工程开工报告、竣工报告 |
| | | | 设计交底记录 |
| | | | 单位工程验收报告 |
| | | | 重要部位分部工程和特殊分项工程验收报告 |
| | | | 隐蔽工程质量验收报告 |
| | | 合同管理 | 工程变更令 |
| | | | 工程分包合同 |
| | | | 月变更支付月报 |
| | | | 变更费用申请单 |
| | | | 月支付报审表 |
| | | | 总体计量支付报审表 |

续表

| 序号 | 工程类别 | 文件类别 | 文件名称 |
|---|---|---|---|
| 5 | 铀矿山工程 | 质量管理 | 单位工程质量等级认证书 |
| | | | 单位工程竣工报告 |
| | | | 单位工程竣工验收证书 |
| | | 安全管理 | 工程安全生产责任书 |
| | | | 分包安全管理协议书 |
| | | 现场环保文明施工管理 | 现场文明施工文件 |
| | | 成本费用管理 | 项目财务报表 |
| | | | 物资采购计划 |
| | | | 材料收料单 |
| | | | 用款计划 |

二、签章表格的填写与使用

1. 施工组织管理类

(1) 一般性介绍

施工组织管理类签证表包括各类施工组织设计审批表、各类工程开工/复工等申请报告表、各类及分项工程验收申请报告表、工程延期申请表等。每一类表格可以适用于具体不同内容，如施工组织设计审批表可以适用于立井井筒、平硐、井塔等内容的施工组织设计。

(2) 填写与使用说明——以表CH102“开工报告”为例（见附件1）

①开工报告是开工申请的一项工作，必须说明开工准备已完成的事实。以井筒工作为例，这些准备包括：完成井筒检查钻（附有检查钻资料及分析），征购土地（一般由业主完成）与障碍物拆迁，必要的设计图纸到位并完成审查交底工作，完成施工组织设计及施工预算并已经批准，完成“四通一平”工作，完成工业广场的施工平面布置和必要的临时工程、设施的施工工作，完成施工设备、材料及安装设备等到位及准备情况，完成管理机构的组建工作，完成施工队伍及人员的安排和到位工作、必要的技术培训工作等，对于有污染（如废矿石、矸石场地等）和危及安全（如炸药库等）等临时设施还应有完成必要的预防和专门的安全措施，以上内容必须有相应的表格附件予以证明或说明。

②项目的开工须由建设单位向上级主管部门以及质量监督部门批准时，则开工报告尚应向管理或监督机构提供建设项目批准书，土地征用证书和土地租用批准书，合格的工程地质资料，建筑安装施工承包合同，监理合同，设计、施工、监理的从业执照、安全许可和资质证书等。经过批准同意后方由监理单位签字，对施工单位签发开工报告。

③对于某些项目涉及施工单位或部门之间衔接的工程或分部工程，其应完成的开工工作还应包括其间的交工报告，交接验收报告，包括交接验收记录、复测记录等项目材料。

2. 施工进度管理类

(1) 一般性介绍

工程施工进度类表格由各进度控制文件的编制封面、编制人签字表格以及进度控制文件的正文组成完整的一项进度控制文件。不同用途的施工进度控制文件正文根据具体内容的要求可以采用不同形式，如横道图、节点控制书、工程进度统计表等。

(2) 填写与使用说明——以表 CH202-5“月施工工程进度计划横道图”为例（见附件 2）

①“月施工工程进度计划横道图”签章表采用编制文件封面形式。该文件封面同时附有具体的横道图及说明，构成完整文件。由施工项目负责人签章的月施工工程进度计划横道图应报建设单位或监理单位和施工单位主管部门，批准后的进度计划作为月工程计划控制指标下达施工项目负责人落实。

②月工程进度计划的说明部分应有各施工项目名称、工号、技术规格要求、开竣工日前、月进度，以及施工劳力配备；材料机具、预制件供应数量等内容；除此之外尚应有必要的完成计划的组织和技术措施。

③月工程进度计划的编制应注意保证重点工程内容以及竣工配套工程的完成，应能保证季度计划和年计划的完成；应有足够的施工条件，包括施工内容已经列入批准的施工（年度或季度）计划，施工图纸齐全，有劳力、材料、机具、设备、预制件等资源支持，还应注意结合上期计划完成情况，保持施工内容的连续性和良好工作条件。

3. 合同管理类

(1) 一般性介绍

合同管理类表格包括工程量清单核算申报、各类支付申请、工程（合同）变更、计价和费用变更、分包申请、索赔申请、分包招标书与分包合同，材料、设备采购招标书与采购合同，还有的行业还包括了进度统计等其他内容的表格。对于如各类招标书、合同书等的正文可以参考相关标准形式，增加其封面形式用于报批等要求。

(2) 填写与使用说明——以表 CH306-1“工程分包申请审批单”为例（见附件 3）

①进行所承包项目的部分内容进行分包必须得到建设单位（监理单位或其他项目管理单位）的同意。建设单位同意承包商选定的分包商进行分包应符合：合同约定的分包内容，或建设单位对承包单位特定情况的同意；并且对所选分包商的认可。因此本表格应说明申请依据和理由，附有反映分包商资质、能力、业绩的证明材料。

②经批准的申请书，可以作为签订分包协议分依据。

4. 质量管理类

(1) 一般性介绍

质量管理类表格包括单位工程的质量等级认证证书与质量检验综合评定表，调试、测试与试验报告，工程验收报告，竣工报告，保修书，隐蔽工程质量验收记录，质量管理系统与程序的编制文件，质量事故调查与处理的编制文件等。矿业工程的单位工程竣工验收所涉及的签章表格应该有施工单位向建设单位（监理单位）提交的“竣工报告（申请书）”；由建设（监理）、设计、施工三（四）家单位签署的“竣工验收证书”；一般由建设单位向质量监督单位提交的质量等级“认证申请书”，以及质量监督机构签发的“质量认证书”。

(2) 填写与使用说明——以表 CH402“单位工程质量验收综合评定表”为例（见附件 4）

①单位工程完工后，应由建设单位（监理单位）提供由建设单位、监理单位、施工单

位、设计单位验收评定的单位工程验收（评定）证书，并向工程质量监督机构申请质量认证。质量认证工作应根据《建筑工程施工质量验收统一标准》以及各行业相关质量检验标准等规定，结合日常监督记录、核实相关工程质量保证资料，通过实地检查或实测的观感质量评分，最后给予评定结论。

②单位工程竣工质量评定验收的检查工作要通过选点进行。无法检查的检验项目要抽查所含点的《检验批质量检验记录》，并填写所含的分项、分部工程检验评定表。

③新规范还在该评定表中增加了“安全和主要使用功能的核查及抽查”的项目内容，并同样要求登记检查结果，包括应查项数和抽查项数、实查（包括实抽查）项数，及其应查与抽查项中符合要求的项数；以及经过返工处理符合要求的项目数。

④根据新规范的要求，质量评定以“符合标准及设计”为依据，只给予“合格”的评定。

5. 安全管理类

（1）一般性说明

安全管理类表格主要有两种类型表格，即：各类安全工作方面的编制类文件，如特殊施工条件下的安全措施、预防措施、专项设计、应急预案，安全管理制度、责任书等；以及事故调查处理报告类型的表格。编制类文件采用编制文件封面、文件正文，以及编制人员的签章单构成完整的文件文本内容。

（2）填写与使用说明——以表CH502-1“事故调查分析处理报告表”为例（见附件5）

①表CH502适用于各类事故调查分析处理报告，包括本项轻伤事故。

②报告的内容应包括事故所在的项目名称、项目涉及的单位与施工机构，时间、地点，事件的经过、严重程度（伤亡情况和损失情况），事故原因和性质的（初步）判断，事后措施及事故控制情况，报告人及报告单位。因此该项事故调查分析报告应附有事故发生与事故处理的相关材料。

③表格CH502经施工项目负责人签章、并由事故报告单位（施工合同法人）盖章后作为正式报告（或正式报告的附件）上报上级主管部门和当地安全生产监督管理部门以及其他相关部门。

6. 现场环保文明施工管理类

（1）一般性说明

现场环保文明施工管理类表格基本为现场管理方面的编制文件，包括文明施工、环保措施、文明施工目标责任书等，由编制文件封面、文件正文，以及编制人员的签章三部分构成完整的现场管理文件文本内容。

（2）填写与使用说明——以表CH602-1“文明施工目标责任书”为例（见附件6）

①“文明施工目标责任书”采用编审人员签章表的形式。该签章表和文明施工目标责任书正文及正文的封面（表格CH601），构成完整的文明施工目标责任书文件。

②经审核批准后的“文明施工目标责任书”作为文明施工评价和要求由施工项目负责人落实。

7. 成本费用管理类

（1）一般性说明

成本费用管理类表格包括财务报表、用款计划、竣工结算申请、债务债权表、工程保险申报表、工程经济分析报告等内容，有的行业列入了物资采购、工程款支付等内容。为避免表格复杂，同内容表格采用了相同形式。成本费用管理类表格除应由施工项目负责人签章外，还应有相应的（预算）经济师签章。

（2）填写与使用说明——以表CH702“物资采购计划”为例（见附件7）

①表CH702与物资采购计划正文和其他附件，构成完整物资采购报审文件，用于施工项目部的材料、设备购置计划报审。

②物资采购计划的制定和批准应依据资金、货源、施工力量的落实情况，使计划能与“项目、进度、设备、材料、资金”的供应对口，保证实现“供货（量、质）要准确、及时（又）不压仓、有序不缺样”，使物资供应做到“需要由依据、供应由道理、核算有比较、资金有来源、货源有保证”。

③经批准后的报审计划作为物资供应单位的物资准备、采购或进行物资采购招标的依据，也是财务管理机构费用控制的依据。

各类施工组织设计审批表，应与相应报审原件一起由施工项目负责人最后签章完成，并报送审批部门审批。经审批同意后的该类表格与相应的报审原件（施工组织设计、施工方案、交工数量统计等）以及审核意见或其他必要的说明文件等附件组成完整文件，同时存档。

附件1：“开工报告”签章表式样

**CH102**

**矿业工程**

**项目（工程）开工报告**

工程名称：×××　矿业集团公司×××　矿×××工程　　　　　编号：001

<table>
<tr><td>项目名称</td><td colspan="3">×××矿业集团公司×××矿×××项目</td></tr>
<tr><td>施工单位名称</td><td colspan="3">×××公司×××工程处</td></tr>
<tr><td>计划开工日期</td><td>×年×月×日</td><td>拟开工时间</td><td>×年×月×日</td></tr>
<tr><td colspan="4">致×××监理公司×××工程监理部（项目监理单位）：<br>按合同约定应由我方完成的本项目全部开工准备工作已经完成，应完成的工作内容见下附件目录及相应附件：<br>1. 附件：已完成的开工准备<br>2.□开工条件说明<br>3.□其他</td></tr>
<tr><td colspan="4">施工项目负责人(签章)：<br>×××（注册建造师印章）<br>××年××月××日</td></tr>
<tr><td colspan="4">审查意见：<br>审查结论：□同意　　□不同意<br>根据你方提交的材料和实际工作情况，本项目（工程）已经具备开工条件。我方同意你方于××年××月××日正式开工。</td></tr>
<tr><td colspan="4">监理单位名称：×××监理公司×××工程监理部（公章）</td></tr>
<tr><td colspan="4">总监理工程师（签章）：<br>×××<br>××年××月××日</td></tr>
</table>

注：1. 开工前准备工作内容可根据具体情况选择（√）或（×）。其他内容由施工到位根据需要填写。
2. 本表一式三份。由施工单位填报第一部分，经监理单位审批后分由建设单位、监理单位、施工单位填写资料编号各自存档。

附件2："月施工工程进度计划横道图"签章表式样

CH202

## 矿业工程
## 编制文件封面

工程名称：×××矿业集团公司×××矿×××工程　　编号：001

| 项目名称 | ×××矿业集团公司×××矿×××项目 |
|---|---|
| 文件编制单位 | ×××公司×××工程处×××工程项目部 |

文件名：月施工工程进度计划横道图

编　制　人：×××

审　　　核：×××

施工项目负责人（签章）：×××（注册建造师印章）

××年××月××日

注：本表一式两份，由施工单位填报提交监理单位审核后，各自编号存档。

附件3："工程分包申请审批单"签章表式样

CH306

## 矿业工程
## 工程分包申请表

工程名称：×××矿业集团公司×××矿×××工程　　　　编号：001

| 项目名称 | ×××矿业集团公司×××矿×××项目 |
| --- | --- |
| 施工单位名称 | ×××公司×××工程处 |

致×××监理公司×××工程监理部（项目监理单位）：

考虑到原合同约定及项目进度的原因，我方决定对下列工程内容进行分包，且经考察后认为，×××单位具有承担该部分工程的资质和施工能力，可保证该部分工程按合同约定完成，拟选择其作为该部分工程的分包单位。请予以审查和批准。

附件：

1.□分包单位资质材料

2.□分包单位业绩材料

3.□其他

| 分包工程名称（部位） | 单位 | 工程量 | 说明 |
| --- | --- | --- | --- |
| ××× | m | ××× | |
| ××× | $m^3$ | ××× | |
| …。 | | | |

施工项目负责人（签章）：

×××（注册建造师印章）

×年×月×日

审核意见：

同意×××单位分包上表三项工程内容

监理单位名称：×××监理公司×××工程监理部

专业监理工程师（签章）：×××

×年×月×日

总监理工程师（签章）：

×××

×年×月×日

注：本表一式三份，由施工单位填报第一部分，交监理单位审签；留监理单位一份；其余分送建设单位、施工单位并各自填写资料编号存档。

附件4：“单位工程质量验收综合评定表”签章表式样

CH402

## 矿业工程
## 单位工程质量验收综合评定表

工程名称：×××矿业集团公司×××矿×××工程　　编号：001

<table>
<tr><td colspan="2">项目名称</td><td colspan="4">×××矿业集团公司×××矿×××项目</td></tr>
<tr><td colspan="2">施工单位名称</td><td colspan="4">×××公司×××工程处</td></tr>
<tr><td colspan="6">1. 工程概况</td></tr>
<tr><td colspan="2">工程地点</td><td>×省×市××地区</td><td colspan="2">工程性质/内容</td><td>井筒，钢筋混凝土工程</td></tr>
<tr><td colspan="2">工作量</td><td>××万元</td><td colspan="2">工程量</td><td>××m/××m³</td></tr>
<tr><td colspan="6">2. 工程完成情况</td></tr>
<tr><td colspan="2">计划开工日期</td><td>×年×月×日</td><td colspan="2">实际开工日期</td><td>×年×月×日</td></tr>
<tr><td colspan="2">计划竣（交）工日期</td><td>×年×月×日</td><td colspan="2">实际竣工日期</td><td>×年×月×日</td></tr>
<tr><td colspan="6">3. 质量评定情况</td></tr>
<tr><td>项目序次</td><td>检验项目</td><td colspan="3">评定情况</td><td>核定情况</td></tr>
<tr><td>1</td><td>分部工程质量评定汇总</td><td colspan="3">共10项分部，其中优良分部10项；优良率100%；<br>指定分部质量等级：合格。</td><td>合格</td></tr>
<tr><td>2</td><td>质量保证资料核查</td><td colspan="3">共核查20项，其中：<br>齐全19项，基本齐全1项。</td><td>合格</td></tr>
<tr><td>3</td><td>观感质量评分</td><td colspan="3">应得100分，实得90分。<br>得分率90%</td><td>合格</td></tr>
<tr><td colspan="3">企业评定等级：合格</td><td colspan="3">工程质量监督部门或主管部门核定等级：<br>合格</td></tr>
<tr><td colspan="3">施工单位（公章）<br>×××公司×××工程处<br>×年×月×日</td><td colspan="3" rowspan="2">质量监督单位（公章）<br>××矿区质量监督站<br>×年×月×日</td></tr>
<tr><td colspan="3">企业经理（签章）：<br>××××<br>年×月×日</td></tr>
<tr><td colspan="3">企业技术负责人（签章）：<br>××××<br>年×月×日</td><td colspan="3">核定人（签章）：×××<br>×年×月×日</td></tr>
<tr><td colspan="3">施工项目负责人（签章）：<br>×××（注册建造师印章）<br>×年×月×日</td><td colspan="3">负责人（签章）：×××<br>×年×月×日</td></tr>
</table>

注：本表一式三份。由监理单位负责填写，经建设单位、监理单位、施工单位及相关人员签章后分由各自单位编号存档。

附件5："事故调查分析处理报告表"签章表式样

CH502

## 矿业工程
## 事故调查分析处理报告表

工程名称：×××矿业集团公司×××矿×××工程　　　　编号：001

| 项目名称 | ×××矿业集团公司×××矿×××项目 |
|---|---|
| 施工单位 | ×××公司×××工程处 |
| 建设单位 | ×××矿业集团公司×××矿筹建处 |
| 设计单位 | ×××设计院 |
| 监理单位 | ×××监理公司 |
| 事故性质 | □√轻伤事故　□生产事故　□质量事故 |
| 事故基本情况： | |
| 事故发生地点 | ××矿××水平车场重车线巷道工作面 |
| 事故发生时间 | ×年×月×日×时×分 |
| 事故造成的损失 | ××万元 |
| 事故造成伤亡情况 | 0人 |
| 附件：<br>1. 事故调查及分析报告<br>2. □√事故的相关资料<br>3. □√已采取的应急措施与善后措施　□√整改措施<br>4. □其他 | |
| 事故报告单位：<br>××公司×××项目部 | 事故报告人：<br>××× | 报告时间：<br>×年×月×日×时 |
| 施工项目负责人：<br>×××（注册建造师）签章<br>×年×月×日 | |

注：本表由施工单位填报，提交上级主管及建设单位、监理单位等部门，自留一份。并由建设单位、监理单位、施工单位填写资料编号各自存档。

附件6："文明施工目标责任书"签章表式样

CH602

**矿业工程**

**文件编审人员签章表**

工程名称：×××矿业集团公司×××矿×××工程　　编号：001

| 项目名称 | ×××矿业集团公司×××矿×××项目 | | | | | |
|---|---|---|---|---|---|---|
| 施工单位名称 | ×××公司×××工程处 | | | | | |
| 文件名称 | ×××工程文明施工目标责任书 | | | | | |
| 类别 | 姓名 | （本人签字） | 所在部门 | 职务 | 专业技术职称 | 日期 |
| 编制人员 | ××× | | 工程 | ×× | 矿建工程师 | ×月×日 |
| | ××× | | ××× | ×× | ××× | ×月×日 |
| | ××× | | ××× | ×× | ××× | ×月×日 |
| | ××× | | ××× | ×× | ××× | ×月×日 |
| | ….。 | | | | | |
| | | | | | | |
| 审查人员 | ××× | | ××× | ×× | ××× | ×月×日 |
| | ××× | | ××× | ×× | ××× | ×月×日 |
| | ××× | | ××× | ×× | ××× | ×月×日 |
| | ××× | | 书记 | ×× | ××× | ×月×日 |
| 施工项目负责人(签章)：<br>×××（注册建造师）签章<br>×年×月×日 | | | | | | |
| 审核意见：<br>1）基本同意该文明施工目标责任书的各项内容；<br>2）应补充保障职工健康和环境卫生方面的目标责任；<br>3）…；<br>…。 | | | | | | |
| 审核单位签章 | | | | | | |
| 施工单位名称：×××公司×××工程处 | | | | | | |
| 施工单位负责人（签章）：×××<br>×年×月×日 | | | | | | |

注：本表由施工项目负责人（注册建造师）最后签章完成，附于相应文件。

附件7："物资采购计划"签章表式样

CH702

## 矿业工程
## 物资采购计划报审单

工程名称：×××矿业集团公司×××矿×××工程　　　　编号：001

| 项目名称 | ×××矿业集团公司×××矿×××项目 |
|---|---|
| 施工单位名称 | ×××公司×××工程处 |

致×××监理公司×××工程监理部（项目监理单位）：

本项目×××工程的物资采购计划已由我方完成，现报送该工程物资采购计划报表，请予以审核。

附件：

1. 物资采购计划表

2. □其他

---

项目预算经济师（签章）：×××

×年×月×日

---

施工项目负责人(签章)：

×××（注册建造师）签章

×年×月×日

---

审核意见：

1. …；

2. 同意本项物资采购计划。

---

工程监理单位：×××监理公司×××工程监理部

---

总/专业监理工程师（签章）：×××

×年×月×日

注：本表一式两份，由施工单位填报提交监理单位审核后，各自编号存档。

# 6 矿业工程法律、法规与标准、规范

## 6.1 《矿山建设工程安全监督实施办法》要点解读

一、《矿山建设工程安全监督实施办法》主要管理范围

《矿山建设工程安全监督实施办法》主要监督目标是矿山建设工程安全设施的设计审查和竣工验收工作，以保障矿山建设工程安全设施符合矿山安全法律、法规、标准和矿山安全规程、行业安全技术规范。

所谓矿山建设工程安全设施的设计审查和竣工验收，包括新建、改建、扩建矿山工程安全设施的设计审查和竣工验收。

二、对矿业工程项目的安全论证与安全设施设计的要求

（一）安全论证和安全设施设计工作的要求

1. 矿山建设工程项目的可行性研究报告和总体设计应当对矿山开采的安全条件进行论证；矿山建设工程项目的初步设计应当按照《矿山建设工程初步设计安全专篇编写内容提要》要求编制安全专篇。

2. 矿山建设单位或者设计单位在向管理矿山企业的主管部门报送待审的初步设计文件时，必须同时按本办法规定的参与设计审查的劳动行政部门报送以下文件：

（1）设计说明书；

（2）矿山建设工程初步设计安全专篇；

（3）主要附图和资料。

3. 经管理矿山企业的主管部门组织审查批准后的矿山建设工程项目安全设施设计需要修改时，应当征求原参加审查的劳动行政部门的意见。

4. 矿山建设工程安全设施未经验收或者验收不合格擅自投入生产的，依照《矿山安全法》及有关法规的规定处罚。

（二）初步设计中的安全专篇主要编写内容

1. 基本内容：

（1）工程设计的依据

包括相关文件、地质勘探报告书、有关的矿山安全基础资料，以及相应法规、规程、标准或者技术规范等。

（2）工程设计概述

工程设计概述包括工程概况、主要生产系统说明、主要技术经济指标。

2. 危害安全生产因素分析：

（1）自然危害因素的分析

包括有地质构造、工程地质及对开采不利的岩石力学条件，水文地质及水文资料分析，内因火灾倾向，瓦斯煤尘爆炸、煤与瓦斯突出威胁分析，冲击地压（岩爆），矿井热害，有毒有害物质组分、放射性物质含量、辐射类型及强度以及地震资料分析，气象资料

分析，工业及饮用水质分析，以及其他自然危害因素分析。

(2) 生产过程危害因素分析

主要指对生产环节或者生产工艺的危害因素；附属生产单位或者附属设施危害因素分析，以及矿山四邻情况和废弃老窑（老窑）情况及其危害因素或者其他特殊要求。

3. 主要安全预防设施内容：

根据项目内容，设计中应具有相应的预防措施项目，包括总图布置、井口及工业广场选址的安全可靠性分析及相应的安全技术措施；矿井、水平等安全出口布置、开采顺序、采矿方法、采空区处理办法、预防冒顶措施；保障露天矿最终边坡稳定及防止边坡坍塌措施；保障矿井通风系统安全可靠的措施或者深凹露天矿通风措施；预防瓦斯、煤尘爆炸的措施和预防煤与瓦斯突出的措施；预防冲击地压（岩爆）的措施；防尘、防毒、防放射性物质危害的措施，井下内燃机尾气净化措施；预防地面洪水淹井措施，矿井防排水及预防井下突然涌水事故的措施，露天矿防排水措施；矿山消防设施的设置，自然发火矿井的防灭火措施；各类提升、运输及机械设备防护装置及安全运行保障措施；电源及供电系统安全保障，电器设备安全运行保障措施，地面建、构筑物防雷电措施及防止雷电通过井口导入井下的措施，井下防静电、防杂散电流措施；尾矿库、矸石山、排土场可能发生危害的预防措施；爆破安全措施；爆破器材加工、储存安全措施；矿井气候调节措施，露天矿防滑措施；防噪声、振动等措施；防地震措施；预防其他危害的措施；以及矿山安全监测装备、饮用水处理设施、医院（卫生室）、井口保健站、井下急救站、浴室、更衣室、洗衣房等设施。

4. 矿山安全机构设置和人员配备、安全专项投资概算等。

5. 预期效果评价与建议。

三、对矿山建设工程项目安全设施的施工要求

（一）工程施工要求

1. 矿山建设工程必须按照管理矿山企业的主管部门正式批准的设计文件施工。

2. 承担矿山建设工程施工的单位必须具有法定部门认可的资格证书，矿山建设单位不得将矿山建设工程承包给不具备资格的单位施工。

（二）竣工要求

矿山建设工程竣工后，建设单位应当在验收前六十日向管理矿山企业的主管部门和按本办法规定的参加竣工验收的劳动行政部门报送矿山建设工程施工和完成情况的综合报告，并提供以下资料：

1. 施工期间发现的地质变化情况资料；

2. 施工期间对矿井有毒有害物质的检测资料；

3. 主要工程和设备安装、试运行情况及评价资料；

4. 矿井巷道及采场布置实测图，或者露天矿采场布置实测图；

5. 各主要系统的实测图，包括运输、通风、排水、井上下供配电、防尘和消防供水、瓦斯抽放、隔爆设施布置、充填、防火灌浆、安全监测、通讯和救护系统。

6. 安全管理制度资料；

7. 管理和作业人员的安全培训和资格认可情况资料；

8. 其他需要报送的资料。

四、劳动行政/安全监督部门的监督工作要求

安全监督部门的监督工作内容主要有：

1. 县以上各级人民政府劳动行政部门按照本办法规定的分工负责参加矿山建设工程项目安全设施的设计审查和竣工验收。上级劳动行政部门认为有必要时，可以参加属于下级劳动行政部门负责的矿山建设工程项目的审查和验收，也可以组织下级劳动行政部门参加有关矿山建设工程项目的审查和验收。

2. 参加矿山建设工程项目设计会审的矿山安全监察人员，必须坚持原则，认真负责，对不符合矿山安全法律、法规、标准和矿山安全规程、行业安全技术规范的设计，不得同意批准。

3. 对建设工程存在的问题，如果不能在申请验收日期前解决，劳动行政部门应当建议负责组织验收的单位推迟验收。

4. 参加矿山建设工程安全设施竣工验收时，劳动行政部门应当对验收前检查中发现的问题的整改情况进行复查，对仍不符合矿山安全法律、法规、标准和矿山安全规程、行业安全技术规范的，不得同意投入生产或者使用。

## 6.2 《矿山事故应急预案和预防抢险》要点解读

一、《中华人民共和国突发事件应对法》重要内容

（一）关于突发事件应对的基本知识

1. 制定《中华人民共和国突发事件应对法》的目的和基本内容

制定《中华人民共和国突发事件应对法》，是为了预防和减少突发事件的发生，控制、减轻和消除突发事件引起的严重社会危害，规范突发事件应对活动，保护人民生命财产安全，维护国家安全、公共安全、环境安全和社会秩序。

突发事件的应对，包括突发事件的预防与应急准备、监测与预警、应急处置与救援、事后恢复与重建等应对活动等内容。所谓的突发事件，是指突然发生，造成或者可能造成严重社会危害，需要采取应急处置措施予以应对的自然灾害、事故灾难、公共卫生事件和社会安全事件。

2. 国家应对突发事件的基本方针和应急管理体制

突发事件应对工作实行预防为主、预防与应急相结合的原则。

国家建立统一领导、综合协调、分类管理、分级负责、属地管理为主的应急管理体制。

按照社会危害程度、影响范围等因素，自然灾害、事故灾难、公共卫生事件分为特别重大、重大、较大和一般四级。法律、行政法规或者国务院另有规定的，从其规定。

自然灾害，主要包括水旱灾害、气象灾害、地震灾害、地质灾害、海洋灾害、生物灾害和森林草原火灾等。事故灾难，主要包括工矿商贸等企业的各类安全事故、交通运输事故、公共设施和设备事故、环境污染和生态破坏事件等。公共卫生事件，主要包括传染病疫情、群体性不明原因疾病、食品安全和职业危害、动物疫情以及其他严重影响公众健康和生命安全的事件。社会安全事件，主要包括恐怖袭击事件、经济安全事件、涉外突发事件等。

突发事件的分级标准由国务院或者国务院确定的部门制定。

（二）预防和应急准备的重要内容

1. 应急预案基本知识和制定要求

应急预案指面对突发事件的应急管理、指挥、救援计划等。

国家建立健全突发事件应急预案体系。地方各级人民政府根据本地区的实际情况，制定相应的突发事件应急预案。

应急预案应当根据本法和其他有关法律、法规的规定，具体规定突发事件应急管理工作的组织指挥体系与职责和突发事件的预防与预警机制、处置程序、应急保障措施以及事后恢复与重建措施等内容。应急预案可包括：应急组织管理指挥系统；应急工程救援保障体系；相互支持系统；保障供应体系；救援应急队伍等。

矿山、建筑施工单位和易燃易爆物品、危险化学品、放射性物品等危险物品的生产、经营、储运、使用单位，应当制定具体应急预案，并对生产经营场所、有危险物品的建筑物、构筑物及周边环境开展隐患排查，及时采取措施消除隐患，防止发生突发事件。

2. 应急准备要求

所有单位应当建立健全安全管理制度，定期检查、及时消除事故隐患；掌握并及时处理本单位存在的可能引发社会安全事件的问题，防止矛盾激化和事态扩大；对本单位可能发生的突发事件和采取安全防范措施的情况，及时向有关部门报告。

有关单位应当定期检测、维护其报警装置和应急救援设备、设施。

应急准备工作还包括建立健全突发事件应急管理培训制度；建立综合性或设立专业应急救援队伍，建立由本单位职工组成的专职或者兼职应急救援队伍，并应当为专业应急救援人员购买人身意外伤害保险，配备必要的防护装备和器材，减少应急救援人员的人身风险；结合各自的实际情况，开展有关突发事件应急知识的宣传普及活动和必要的应急演练；建立健全应急物资储备保障制度，完善重要应急物资的监管、生产、储备、调拨和紧急配送体系。建立健全应急通信保障体系等。

（三）监测与预警的基本要求

1. 监测制度

国家建立健全的突发事件监测制度。

有关单位和人员报送、报告突发事件信息，应当做到及时、客观、真实，不得迟报、谎报、瞒报、漏报。

2. 预警制度

国家建立健全突发事件预警制度。按照突发事件发生的紧急程度、发展势态和可能造成的危害程度分为一级、二级、三级和四级，分别用红色、橙色、黄色和蓝色标示，一级为最高级别。

（四）有关应急处置与救援的重要内容

1. 应急处置的主要措施

应急处置措施包括有：组织营救和救治受害人员，疏散、撤离、安置受威胁的人员；控制危险源，封锁危险场所，进行警戒；抢修交通、通信、供水、排水、供电、供气、供热等公共设施，实施医护和救助及卫生防疫等措施；实施必要的限制、保护措施；启用应急救援物资、资金等；组织必要的人员参加应急救援和处置工作；保障食品、饮用水、燃料等基本生活必需品的供应；依法从严惩处囤积居奇等扰乱市场秩序的行为；依法维护社会治安；采取防止发生次生、衍生事件的必要措施。

2. 救援工作要求

受到自然灾害危害或者发生事故灾难、公共卫生事件的单位，应当立即组织本单位应急救援队伍和工作人员营救受害人员，疏散、撤离、安置受到威胁的人员，控制危险源，标明危险区域，封锁危险场所，并采取其他防止危害扩大的必要措施，同时向所在地县级人民政府报告；对因本单位的问题引发的或者主体是本单位人员的社会安全事件，有关单位应当按照规定上报情况，并迅速派出负责人赶赴现场开展劝解、疏导工作。

3. 应急征用和其他重要规定

必要时政府可以向单位和个人征用应急救援所需设备、设施、场地、交通工具等物资。

任何单位和个人不得编造、传播有关突发事件事态发展或者应急处置工作的虚假信息。

公民参加应急救援等相关工作期间，其福利待遇不变；表现突出、成绩显著的，政府应予以表彰或奖励。

政府对在应急救援工作中伤亡的人员依法给予抚恤。

（五）有关法律责任的重要内容

政府将依法处理违反本法的企业和个人，包括：未按规定采取预防措施，导致发生严重突发事件的；未及时消除已发现的可能引发突发事件的隐患，导致发生严重突发事件的；未做好应急设备、设施日常维护、检测工作，导致发生严重突发事件或者突发事件危害扩大的；突发事件发生后，不及时组织开展应急救援工作，造成严重后果的。

违反本法规定，编造并传播有关突发事件虚假信息，政府将责令其改正，给予警告；造成严重后果的，依法进行处理或处分。

二、《矿山事故灾难应急预案》重要内容

（一）《矿山事故灾难应急预案》编制依据以及矿山事故灾难应急工作原则

1. 编制依据

《矿山事故灾难应急预案》的编制依据是《安全生产法》、《矿山安全法》、《安全生产许可证条例》等法律、法规和《国家安全生产事故灾难应急预案》规定。

2. 矿山事故灾难应急工作原则

（1）以人为本，安全第一。最大限度地减少矿山事故灾难造成的人员伤亡和危害。

（2）统一领导，分级管理。国家安全生产监督管理总局负责指导、协调矿山事故灾难应急救援工作。地方各级人民政府、有关部门和企业按照各自职责和权限，负责事故灾难的应急管理和应急处置工作。

（3）条块结合，属地为主。事故现场应急救援指挥由地方人民政府统一领导，相关部门依法履行职责，专家提供技术支持，企业充分发挥自救作用。

（4）依靠科学，依法规范。确保预案的科学性、权威性和可操作性。

（5）预防为主，平战结合。贯彻“安全第一，预防为主，综合治理”的方针，坚持事故应急与预防相结合，做好应对矿山事故的思想准备、预案准备、物资和经费准备、工作准备；加强培训演练，做到常备不懈。

3. 矿山事故响应等级

按照事故灾难的可控性、严重程度和影响范围，矿山事故应急响应级别分为Ⅰ级（特别重大事故）、Ⅱ级（重大事故）、Ⅲ级（较大事故）、Ⅳ级（一般事故）响应等。

需启动Ⅰ级响应的情况：造成或可能造成30人以上死亡，或造成100人以上中毒、重伤，或造成1亿元以上直接经济损失，或特别重大社会影响等。

Ⅱ级响应：造成或可能造成10～29人死亡，或造成50～100人中毒、重伤，或造成5000～10000万元直接经济损失，或重大社会影响等。

Ⅲ级响应：造成或可能造成3～9人死亡，或造成30～50人中毒、重伤，或直接经济损失较大、或较大社会影响等。

Ⅳ级响应：造成或可能造成1～3人死亡，或造成30人以下中毒、重伤，或一定社会影响等。

（二）预警和预防机制工作主要内容

1. 信息监控与预警预防行动

国家安全生产监督管理总局统一负责全国矿山企业重、特大事故信息的接收、处理，建立全国矿山基本情况等灾害事故数据库。

各级安全生产监督管理部门、煤矿安全监察机构掌握辖区内的矿山分布、灾害等基本状况，建立辖区内矿山基本情况和重大危险源数据库，同时上报安全监管总局备案。

矿山企业根据地质条件、可能发生灾害的类型、危害程度，建立本企业基本情况和危险源数据库，同时报送当地安全生产监督管理部门或煤矿安全监察机构，重大危险源在省级矿山救援指挥中心备案。

发生事故后，根据事故的情况启动事故应急预案，组织实施救援。

2. 应急响应

（1）信息报告和处理

矿山企业发生事故后，现场人员要立即开展自救和互救，并立即报告本单位负责人。矿山企业负责人接到事故报告后，应迅速组织救援，并按照国家有关规定立即如实报告当地人民政府和有关部门。中央直属企业在上报当地政府的同时上报安全监管总局和企业总部。

（2）分级响应程序

发生事故及险情，启动相应各级响应预案。超出本级应急救援处置能力时，及时报请上一级应急救援指挥机构启动上一级应急预案实施救援。

（3）指挥和协调

矿山事故救援指挥遵循属地为主的原则，按照分级响应原则，组成现场应急救援指挥部，具体领导、指挥矿山事故现场应急救援工作。

企业成立事故现场救援组，由企业负责人、矿山救护队队长等组成现场救援组，矿长担任组长负责指挥救援。

（4）现场紧急处置

现场处置主要依靠地方政府及企业应急处置力量。

当地政府、现场应急救援指挥部负责组织力量清除事故矿井周围和抢险通道上的障碍物，组织开辟抢险救灾通道，保障应急救援队伍、物资、设备的畅通无阻。

事态出现急剧恶化的特殊险情时，现场应急救援指挥部在充分考虑专家和有关方面意见的基础上，依法采取紧急处置措施。如出现继续进行抢险救灾对救援人员的生命有直接威胁，极易造成事故扩大化，或没有办法实施救援，或没有继续实施救援的价值等情况时，经过矿山应急救援专家组充分论证，提出中止救援的意见，报现场应急救援指挥部决定。

（5）救护人员的安全防护

应根据矿山事故的类别、性质，对专业或辅助救援人员采取相应的安全防护措施。

（6）信息发布

国家安全生产监督管理总局负责矿山事故灾难信息对外发布工作。

（7）应急结束

事故现场得以控制，环境符合有关标准，导致次生、衍生事故隐患消除后，经现场应急救援指挥部确认和批准，现场应急处置工作结束，应急救援队伍撤离现场。

3. 后期处理

（1）善后处理

省（区、市）人民政府负责组织善后处置工作。地方人民政府应认真分析事故原因，强化安全管理，制定防范措施。

矿山企业应深刻吸取事故教训，加强安全管理，加大安全投入，认真落实安全生产责任制，在恢复生产过程中制定安全措施，防止事故发生。

（2）保险

事故灾难发生后，保险机构及时派员开展相关的保险受理和赔付工作。

（3）工作总结与评估

应急响应结束后，应急指挥、管理机构应认真分析事故原因，制定相应措施，并报告有关部门。

4. 保障措施的内容

保障措施包括以下几方面内容：（1）通信和信息保障；（2）应急支援与物质保障；（3）救援队伍保障（矿山企业必须建立专职或兼职人员组成的矿山救援组织，或有与临近的专业救援组织签订救援协议等措施）；（4）交通运输保障；（5）矿山救援医疗保障；（6）治安保障；（7）经费保障；（8）技术支持与保障。

三、灾害事故预防抢险基本知识

（一）矿井水灾

1. 矿井水害的原因

通常发生矿井水害的原因有：

（1）地面洪水，防水措施不当或管理不善；

（2）水文地质情况不清或探测有误；未执行探放水制度，盲目施工，或者虽然进行探水，但措施不当；

（3）井巷位置设计不当，井巷置于不良地质条件或过分接近强含水层等水源地；

（4）井巷施工质量低劣，发生顶板严重冒顶、塌落致使含水层透水；或工程钻孔止水措施失当；

（5）井下防水设施设置不当或管理、组织不当；出现透水预兆未觉察或未被重视，或处理不当造成透水；等。

2. 矿井水害的防治措施

（1）要做好职工教育培训，井下人员要熟悉各种透水预兆，学会基本自救、急救措施。

（2）有完备的矿井防治水规章制度，落实各项防洪、防治水措施。

（3）具备准确的积水巷、水窝、积水老窑等水患源位置、状况的测量资料，加强矿井水文地质观测工作，保证施工和防范措施有效合理。

（4）严格遵守安全措施，坚持“预测预报、有疑必探、先探后掘、先治后采”的方针。

3. 发现透水预兆时的紧急处理

（1）不管发现何种透水预兆，都必须立即停止掘进，向上级汇报情况，及时采取安全措施；探水后并采取相应措施。探水眼必须超前掘进巷道达到要求的超前安全距离。

（2）若透水即将发生，必须立即发出警报、迅速果断采取防范措施，尽量阻止透水事故发生；及时撤出所有受水害威胁地点的无关人员。如果透水已经发生，各工作地点人员必须迅速沿上山向方向、高位巷道地方往上撤离水区。

4. 矿井发生突水事故的抢救处理

矿井一旦发生突水，需要紧急采取的措施主要有：

（1）事故地点人员迅速汇报调度室，并及早采取自救措施；通知、组织受灾影响范围人员按避灾路线撤离灾区；

（2）矿调度室应立即向矿领导汇报，紧急启动应急预案，通知救护队及相关部门；

（3）成立救灾指挥部，有组织按步骤处理灾害，包括迅速判定水灾性质、了解突水点和影响范围；搞清事故前人员分布、分析被困人员及其躲避地点；根据井下地质、环境条件及突水量大小、排水能力，提出抢险方案（人员和排、堵、截水措施）；解决灾区通风问题；注意防止冒顶和二次突水等事故的发生；

（4）争取时间抢救生命。包括向受灾高地输送新鲜空气、饮料和食物；寻找特殊地点可能的生存条件，如与低位淹水巷道相通的独头上山等巷道，可能有空气存在的地方；指导遇灾人员正确的避灾方法，并加速排水营救，注意切忌因打钻泄漏空气，引起水位上升等。

（二）矿井火灾

1. 矿井火灾的成因与类型

（1）内因火灾

内因火灾是因为矿岩本身有能氧化自热，以及有聚热条件形成的。内因火灾只发生在具有自燃性矿床的矿山，其初期阶段不易发现，很难找到火源中心的准确位置，扑灭此类火灾比较困难。

（2）外因火灾

外因火灾的发生原因包括各种明火引燃易燃物或可燃物；各类油料在运输、保管和使用时所引起的火灾；炸药在运输、加工和使用过程中发生的火灾；电气设备的绝缘损坏和性能不良引发的火灾。外因火灾一般多发生在井口楼、井筒、机电硐室、火药库以及安有机电设备的巷道或工作面内。如果外因火灾是在矿井内发生，那么火灾就会在有限的空间和有限的空气流中燃烧，由于风流不畅，燃烧的烟尘难以排出地面，从而积聚并生成大量有毒有害气体，达到危害生命的浓度，极易造成重大事故。

2. 矿井火灾的预防措施

（1）严格制定和遵守防火制度；

（2）加强日常的管理与检查，杜绝明火；

（3）加强防备工作，包括正确选择和按规定配备必要的消防设备，做好通风工作；充分利用井下工程密闭性好的特点，合理划分防火间隔和防火分区；

（4）正确选用建筑材料；

（5）采用必要的专门措施，包括采用合理的采矿方法、加强通风以及注水、注浆等。

3. 矿井火灾的处理方法

（1）灭火技术。现阶段矿井灭火技术主要有灌浆灭火、均压灭火、阻化灭火、惰气压注灭火以及新型的凝胶灭火、泡沫灭火等，以及火区密封技术。

（2）火区密封技术

火区密封要求在火区尽可能小的范围，设置防火墙，以有效隔离火区。

隔离火区应首先设置进风侧的防火墙，然后再封闭回风侧防火墙；优先封闭向火区供风的主通道（主干风流），再封闭其旁侧风道（流）。

防火墙要根据周围条件和岩性合理选择位置。

聚氨酯是一种快速封闭材料，具有在井下快速密闭时喷涂密封、堵漏风等用途。

（3）火区管理技术

火区管理是在火区没有彻底熄灭前，对火区进行观测检查，并以此分析火区状况的工作。

（4）火区启封技术

火区启封技术包括判别火区熄灭的条件，以及启封技术。

判别火区熄灭程度的关键技术是监测标志气体含量。要求火区内空气中不含有乙烯、乙炔；一氧化碳在封闭期间逐渐下降，并稳定0.01‰以下，持续稳定的时间在一个月以上；以及火区内温度下降到30℃以下（出水温度低于25℃），火区内的氧气浓度降到5%以下，方可认为达到火区熄灭条件。

火区在启封过程中，应当定时检查火区气体、测定火区气温，及时发现复燃、自燃征兆，必要时应重新封闭火区；采用通风启封火区技术适用于火区范围小并确认火源已经完全熄灭的条件。启封前要事先确定好有害气体的排放路线，撤除该线路的所有人员，然后选一个出风侧的防火墙，经小孔观察无异常后再逐步扩大，严禁将防火墙一次性全部打开。

## 6.3 《金属非金属矿山安全标准化规范》要点解读

一、颁发《金属非金属矿山安全标准化规范》的意义

（一）概述

1.《金属非金属矿山安全标准化规范》基本内容

国家安全监管总局发布的《金属非金属矿山安全标准化规范》（AQ2007—2006，以下简称《规范》），于2007年7月1日起正式实施。规范包括（AQ2007.1）“导则”、（AQ2007.2）“地下矿山实施指南”、（AQ2007.3）“露天矿山实施指南”、（AQ2007.4）

“尾矿库实施指南”、(AQ2007.5)“小型露天采石场实施指南”五部分。

2.《金属非金属矿山安全标准化规范》发布背景

《规范》是国家安全监管总局在借鉴国际上先进的矿业安全管理理念的基础上，结合国内金属非金属矿山有关安全生产的法律条文和矿山企业的实际情况，与国外安全健康管理机构共同合作，经过广泛调研、反复论证的基础上形成的。它是我国非煤矿山安全生产标准体系的重要组成部分。《规范》全新的非煤矿山安全管理系统，是矿山安全标准化工作和矿山安全生产管理工作的创新与发展。

(二) 实施《规范》的意义

1. 目的和意义

实施《规范》，就是通过建立动态安全管理系统，不断提高安全管理水平，提升矿山本质安全，从而建立起自我约束、持续改进的安全生产长效机制。安全监管部门通过实施标准化工作，将促进安全监管主体的安全生产许可、安全生产专项整治与日常安全监管责任的进一步落实，实现依法监管、科学监管，有效地遏制重特大事故的发生。因此，落实《规范》是各矿山企业和各级安全监管部门的重要责职，并将推进生产安全管理向科学化、系统化发展，使矿山安全生产工作提高到一个更高的水平。

2. 矿山企业安全标准等级评定工作

实施《规范》的企业安全标准等级评定工作，一方面可以通过安全生产许可推动《规范》的实施；同时，提高矿山企业的本质安全水平，促进安全生产许可工作。国家将通过企业安全标准等级评定相应的奖惩，促进各类企业建立起不断达标的长效机制，确保全国安全标准化工作的顺利开展，促进企业安全生产的整体水平。

二、《金属非金属矿山安全标准化规范》主要内容

本书《金属非金属矿山安全标准化规范》部分主要列出了“导则（AQ2007.1)”和“地下矿山实施指南（AQ2007.2)”的内容。其他部分（AQ2007.3～5）可以根据以上两部分编制的精神和内容自行学习。

(一) 导则部分（AQ2007.1)

1. 安全标准化系统的内容

安全标准化系统应包括安全生产方针和目标；安全生产法律法规和其他要求；安全生产组织保障；危险源辨识和风险评价；安全教育培训；生产工艺系统安全管理；设备设施安全管理；作业现场安全管理；职业卫生管理；安全投入、安全科技和工伤保险；安全检查；应急管理；事故、事件调查于分析；绩效测量与评价。

2. 安全标准化的实施原则

安全标准化系统建设应注重科学性、规范性和系统性，立足于危险源的辨识和风险评价；安全标准化系统要贯穿风险管理和事故预防的思想。

安全标准化的建设工作应确保全员参与的精神，并结合和反映企业自身的特点，促进安全绩效的持续改进和提高。

3. 安全标准化评定原则

(1) 安全标准化评定指标包括标准化得分（采用百分制评分)、百万工时伤害率和百万工时死亡率等三项指标。

(2) 根据安全标准化评定指标，将企业安全标准化评定分为5个等级。五级为最高级

别（表 6.3-1）。确定企业安全标准化等级时以三项评定指标的最低等级项为准。

**企业安全标准化评定指标表** **表 6.3-1**

| 标准化等级 | 标准化得分 | 百万伤害率 | 百万死亡率 |
| --- | --- | --- | --- |
| 五级 | 95 | ≤5 | ≤0.5 |
| 四级 | 80 | ≤10 | ≤1.0 |
| 三级 | 65 | ≤15 | ≤1.5 |
| 二级 | 55 | ≤20 | ≤2.0 |
| 一级 | 45 | ≤25 | ≤2.5 |

注：百万工时伤害率表示企业在考评期内每百万工时因工伤事故造成的轻伤以上总人数，轻伤标准参考《企业职工伤亡事故分类》（GB 6441—86）；百万工时死亡率表示企业在考评期内每百万工时因工伤事故造成的死亡总人数。

（3）政府安全生产监督管理部门应每三年至少一次定期组织进行安全标准化评定工作。发生死亡事故或具有重大影响的其他事故，应重新进行安全标准化评定。

4. 安全标准化系统的要求内容

（1）安全生产方针和目标

应根据“安全第一，预防为主，综合治理”的方针，遵循以人为本、风险控制、持续改进的原则，制定企业安全生产方针和目标，并为实现安全方针和目标提供所需的资源和能力，建立有效的支持保障机制。

安全生产方针的内容，应包括遵守法律法规以及事故预防、持续改进安全生产绩效的承诺，体现企业生产特点和安全生产现状，并随企业情况变化及时更新。

安全生产的目的，应基于安全生产方针、现场评估的结果和其他内外部要求，适合企业安全生产的特点和不同职能、层次的具体要求。目标应具体，可测量，并确保能实现。

（2）安全生产的法律法规贯彻和组织保障

企业应建立相应的机制，并将适用于企业的相关安全生产法律法规和其他要求，融入到企业的管理制度中。

企业应设置安全管理机构或配备专职安全管理人员，规定相关人员的安全生产职责和权限，尤其是高级管理人员的职责。建立健全并执行各种安全生产管理制度。

（3）危险源辨识和风险评价

危险源辨识和风险评价应覆盖生产工艺、设备、设施、环境以及人的行为、管理等各方面。实施危险源辨识和风险评价应有充足的信息，为策划风险控制措施和监督管理提供依据。危险源辨识和风险评价应根据变化及时更新。

（4）安全教育培训

提供必要的教育培训，培训应充分考虑企业的实际需求。

（5）生产工艺系统、设施和作业现场的安全管理

安全管理制度应能控制生产工艺设计、布置和使用等过程，提高生产过程的安全水平；通过改进和更新生产工艺系统，降低生产系统风险。

建立必要的设备、设施安全管理制度，有效控制设备和设施的设计、采购、制造、安装、使用、维修、拆除等活动过程的安全影响因素。

执行安全设施“三同时”制度。应根据相应法规的要求进行设备、设施的检测检验，建立设备、设施管理档案，保存检测试验结果。检测、检验方法应有效。

加强作业现场安全管理，布置合理，标识清楚。有效控制物资设备、通道、作业环境等。

（6）职业卫生管理

建立职业危害和职业病控制制度。通过技术、工艺、管理等手段，消除或降低粉尘、放射性、高低温、噪声及其他等职业危害的影响。

（7）安全投入、安全科技和工伤保险

企业应作出承诺，提供并合理使用安全生产所需的资源，包括人力资源、专项技能、基础设施、技术和资金，保障必要的安全生产条件。主动研究和引进先进的技术和方法，有效控制安全风险。

企业应根据相应法规要求为员工缴纳工伤保险费，建立并完善员工工伤保险管理制度。

（8）应急管理

企业应识别可能发生的事故与紧急情况，确保应急救援的针对性、有效性和科学性。能提供必要的救援物资、人力和设备，保证所需的应急能力。

有应急体系和相应的应急预案，保证能够及时作出反应。应急体系应重点关注透水、地压灾害、尾矿库溃坝、火灾、中毒和窒息等金属非金属矿山生产重大风险。

应定期进行应急演练，检验并确保应急体系的有效性。

（9）检查和事故、事件调查与分析

建立和完善安全检查制度，对目标实现、安全标准化系统运行，法律法规遵守情况等进行检查，检查结果作为改进安全绩效的依据。针对检查出的问题，进行原因分析，制定有效纠正和预防措施并确保实施。

检查的方式、方法应切实有效，并根据实际情况确定合适的检查周期。

建立和完善检查制度，明确有关职责和权限，调查、分析各种事故、事件和其他不良绩效表现的原因、趋势与共同特征，为改进提供依据。

调查、分析过程应考虑专业技术需要，考虑纠正与预防措施。

（10）绩效测量与评价

建立并完善用于测量企业安全生产绩效的制度，测量方法应适应企业生产特点，测量的对象包括各生产系统、安全措施、制度与法律法规的遵守情况、事故事件发生情况等，为安全标准化系统的完善提供足够信息。

应定期对安全标准化系统进行评价，作为采取进一步控制措施的重要依据。

安全标准化是动态完善的过程，企业应根据内外部条件的变化，定期和不定期对安全标准化系统进行评定，不断提高安全标准化的水平，持续改进安全绩效。

企业内部评定每年至少进行一次。

（二）“地下矿山实施指南”部分（AQ2007.2）

1. 使用范围和规范引用文件

《安全生产许可证条例》、及《金属非金属矿山安全规范》等6条文被列为本条款内容。

2. 安全生产方针与目标

（1）企业安全生产方针的制定与主要内容

企业安全生产方针应符合相关法律法规要求，阐明安全生产的总目标，结合自身风险特点和核心业务；应和对改进安全绩效的承诺。企业安全生产方针的内容应包括：遵守法律法规；企业风险特点；预防伤害和疾病；预防财产损失；持续改进。

制定的安全生产方针简明扼要，应由主要负责人签发。

（2）方针的制定

制定方针应确保员工充分参与，并与相关方面沟通，安全生产方针应传达并使所有员工熟悉和理解，同时应向有关方和公众宣传。

企业应根据内外部条件变化，定期对方针进行评审，及时修订，确保其适宜性。

（3）目标的设立和实施

企业应有文件化的安全生产目标。安全生产目标应与安全生产方针一致，体现企业的风险特点和不同职能、层次的具体情况；并具体而可测量。

企业应制定目标的实现计划，保证其实施，并对完成情况进行监测。企业应根据检测结果和内外部条件的变化，对目标进行修订。

3. 安全生产组织保障

（1）安全生产组织保障的内容包括建立经与相关人员沟通的安全生产责任制制度，安全生产机构设置与人员任命，员工参与及其权益保障，健全的安全规章制度，安全记录要求和文件资料的控制，内部沟通与外部联系工作，系统管理的评审，供应商和承包商的管理，安全认可与奖励，以及工余安全管理共 9 大部分。

（2）按规定建立安全管理机构（或设立安全生产委员会）并配备安全生产管理人员；安全管理、应急救援等特殊职位人员，应由主要负责人书面任命。

（3）结合自身的风险和作业性质建立企业安全规章制度。安全制度至少应包括安全检查制度、重大危险源监控制度、重大隐患整改制度、设备和设施安全管理制度、危险物品和材料管理制度、特殊作业现场管理与审批制度、特殊工种管理制度、安全生产奖惩制度等。

（4）安全记录应内容真实、准确、清晰；填写及时、签署完整；编号清晰、标识明确；易于识别与检索；完整反映相应过程；明确保存期限。

4. 风险管理

（1）风险管理的内容包括风险源识别，风险评价要求和评价原则，关键任务识别与分析等内容。

（2）风险源识别和风险评价要求建立相应的风险辨识与评价制度，并有相应合理和适用（包括坚持能持续风险评价）的方法；明确的流程；风险控制措施确定原则。

（3）风险控制措施确定的原则包括消除、替代、工程控制、管理措施、个体防护五方面。应优先考虑确保员工安全健康的措施。

（4）持续风险评价的常用方法包括：使用前检查；计划任务观察；设备检查；工前危险通知；交接班检查；定期安全检查；安全标准化系统评价等。

（5）企业应进行初始风险评价，包括：生产工艺过程风险；危险物质风险；设备、设施风险；环境风险；职业卫生风险；法律、法规、标准要求；相关方的观点等。

初始风险评价应包括各种风险可能发生过程的描述和风险的级别，并按危险性排序，并进行相应的风险分级管理。

(6) 企业应建立关键任务识别与分析制度，完成关键任务风险分析；并据此编写作业指导书。

企业应认定经许可方可进行作业的范围，并对许可人员进行培训和能力评估，签发工作票。企业应定期对工作票及其许可作业范围进行评审与更新。

企业应建立任务观察制度，并对从事任务观测工作的人员进行观察方式、方法的培训。任务观察记录应保存。

5. 生产工艺系统安全管理

(1) 设计要求

企业应制定设计质量的管理制度，设计应充分考虑风险评价结果；执行安全设施与主体工程的三同时制度；图纸完备（包括避灾线路图等）；基建施工组织设计由施工单位编制。

(2) 生产保障系统

企业应建立生产保障系统管理制度，制度应重点关注提升运输、供配电、通风、防排水和防灭火等系统。

企业生产工艺变化前应经评审和批准。在实施变化前，应进行危险源辨识与风险评价。

6. 设备设施安全管理

(1) 基本要求

企业应建立设备设施管理制度，有设备设施台账及原始技术资料、图纸的记录的档案。

采用新技术、新工艺、新设备和新材料时，应进行充分的安全论证。

(2) 设备设施维护

企业应建立设备设施维护制度，识别设备设施可能的故障类型，确定维护计划。进行设备维护时，应识别异常情况；应有设备设施维护系统效力的评估，并及时更新。设备维护计划的完成情况应有书面汇报，并与相关人员沟通。

设备设施的维护计划应重点关注提升运输系统、通风系统、排水系统、供配电系统、充填系统、采掘系统、应急系统、仪器仪表、备用设备等。

(3) 设备的检测检验

企业应根据要求，以及危险源辨识和风险评价的结果，确定需要检测的设备、设施、仪器、仪表和器材，并按规定进行检测检验，保存检测检验过程和结果的记录。

7. 作业现场安全管理

(1) 作业环境

作业环境的内容包括安全出口，井巷人行道及分道口路标，井底车场、站台的设置和管道的铺设，井巷和硐室的布置及其支护，有支护的井巷状态等的安全环境要求；

材料及废弃物的布置或存放的安全要求；

巷道通风（包括独立回风道的设置）、防尘要求；井下照明要求；安全标志要求等。

(2) 作业过程

1）交接班制度和个人防护

企业应有严格交接班制度，有交接班记录，有对各种安全状况的明确交代；

作业人员进入作业现场应按规定佩带个体防护用品，熟悉安全出口和紧急撤离路线；

作业前应检查并及时处理作业场所和设备安全的各种问题，并按作业指导书规定作业。

2）工艺操作要求

工艺操作要求包括凿岩前准备、炮眼施工要求、爆破器材管理制度和爆破施工依据、爆破作业要求、工作面通风要求、合理支护和支护施工安全、提升和运输的安全要求等。

8. 职业卫生管理

（1）健康保护

企业应建立健康保护制度，明确相应的职业危害因素，控制可能的传染疾病；确定需要定期进行体检及生、心理监测的工种和员工，建立相应的职业卫生档案并保密。

企业应按照规定和要求配备职业卫生设施，以及急救员及急救设备；有满足风险要求的职业卫生服务。

（2）职业卫生监测

企业应对识别出的职业危害实施有效监测，包括粉尘、噪声、高温、振动、辐射和有毒有害气体等；企业应制定有监测计划，并确保其有效执行。

（3）人机工效

企业应关注影响生产及管理中的人机工效问题。评估影响人机工效的人工搬运、作业空间布局、有限空间作业、控制装置的设计、疲劳等因素并采取对应措施。

9. 检查

（1）一般要求

企业应制定安全检查制度，安全检查应覆盖全面；在发现的问题未彻底消除前采取有效的临时措施；所有安全检查均应记录存档，检查的结果应作为安全考评的依据。

（2）检查形式

检查形式包括有巡回检查、例行检查、专业检查、综合检查等。专业检查可由企业有关部门进行，必要时也可委托中介机构进行。

10. 应急管理

（1）应急准备

企业应根据危险源辨识和风险评价，结合有关规定及以往经验，认定潜在的紧急情况。

认定紧急情况应特别关注如洪水、泥石流、台风、地震等自然灾害；透水；火灾；地压灾害；坠罐；爆炸；突然停电；中毒和窒息等。

（2）应急计划

应急计划内容包括接警与通知、指挥与控制、警报与紧急公告、应急资源、通信、事态监测与评估、警戒与治安、人员疏散、医疗与卫生、公共关系、应急人员安全、搜索与援救、泄漏物控制、现场恢复等。

（3）应急响应与应急保障

企业应根据事故或紧急情况确定启动应急程序和按确定的响应级别实施应急响应。

企业应建立完善的应急组织机构，设立应急指挥中心并确保其具备必需的能力，建立应急响应队伍，配备必要的装备，应急能力要考虑外部可以支援的应急能力。

11. 事故事件报告、调查与分析

（1）企业应建立事故事件报告制度，并对事故事件登记建档，定期检查；企业应建立事故事件调查和跟踪制度，必要时调查过程可聘请外部专家。

（2）企业应确定事故事件统计指标及计算方法，并定期进行统计分析。统计分析的要点包括事故发生时间规律、伤亡人员年龄结构、伤亡人员工作年限、原因、伤害率、事故费用、安全标准化系统缺陷等内容的分析，并对事故进行年度分析，以监测改进，找出趋势。

12. 绩效测量与评价

（1）绩效测量

绩效测量的内容包括安全目标的实现、事故事件、措施的执行情况、安全管理的依从性、安全标准化系统的持续改进。

（2）系统的评价制度与方法

1）内部评价制度

内部评价制度内容包括：评价计划的形成与批准；评价频率；评价范围和标准；评价方法；人员的能力要求；评价结果的处理等。

内部评价重点包括：安全标准化系统的效力和效率；存在的问题与缺陷；资源使用的效力和效率；实际安全绩效与期望值的差距；绩效监测系统的适应性和监测结果的准确性；纠正行动的效力和效率；企业与相关方的关系等。

2）外部评价

含义：外部评价指政府安全生产监督管理部门对安全标准化的实施进行监督，定期组织安全标准化的评定。

要求：外部评价应明确给出企业安全标准化等级。安全标准化的评定，每3年至少应进行一次。发生死亡事故或具有重大影响的其他事故后，应重新进行安全标准化评定。

## 6.4 《煤矿安全规程》要点解读

煤矿的安全隐患相对较多，安全管理涉及的内容比较全面、严格，因此矿业工程专业建造师掌握《煤矿安全规程》的重要部分内容，是非常必要的。

一、《煤矿安全规程》有关井巷施工安全规定的重点和要点

（一）井巷掘进与支护的安全要求

1. 钻井法立井施工的设计、施工深度规定，泥浆要求，预制井壁质量检查，沉井井壁底部开凿和马头门爆破施工作业的安全要求（第29条）。

2. 冻结法施工的冻结深度设计规定，冻结孔偏斜限制及冻结孔最终充填处理要求，冻结施工井筒检查钻布置规定，冻结井筒允许试挖条件，冻结井爆破作业安全措施等（第30条）。

3. 预注浆段高确定原则，地面预注浆的注浆孔测斜规定，工作面预注浆的止浆帽或止浆混凝土垫层规定，注浆施工的安全、可靠性要求，注浆效果检查（第31条）。

4. 井壁注浆。必须注浆的井筒漏水量规定，注浆压力和注浆孔深的限制规定，注浆

工作安全性规定（第32条）。

5. 反向凿井的安全规定（第33条）。

6. 平硐、斜井和立井开凿必须砌碹及其深度的规定（第7条）。

7. 巷道掘进严禁空顶作业等安全规定（第41条）。

8. 更换巷道支护以及井巷维修的安全作业规定（第43、92条）。

9. 锚喷支护施工的安全与质量要求（第44条）。

10. 斜巷施工设置防跑车装置和跑车防护装置的规定（第46条）。

（二）采掘机械的安全使用要求

1. 掘进机使用和操作的安全规定（第71条）。

2. 刮板运输机、装岩机、耙装机的安全使用（包括耙装机在斜巷中使用）规定（第72～77条）。

（三）通风工作要求

1. 井下空气成分要求、井巷风流的风速要求以及矿井风量设计规定（第100、101、103条）。

2. 采掘工作面高温限制以及处置办法（第102条）。

3. 巷道贯通前、贯通时和贯通后的通风工作规定（第108条）。

4. 工作面必须实行独立通风要求和实施规定（第114条）。

5. 矿井通风系统图绘制要求（第120条）。

6. 矿井主要通风机安设要求（第121条）。

7. 掘进巷道通风方式规定以及局部通风机安设、使用和风筒要求（第127～129条）。

8. 井下炸药库、充电硐室、机电设备硐室的通风要求（第130～132条）。

（四）瓦斯防治和粉尘防治

1. 工作面及其他地点作业时的瓦斯及二氧化碳浓度限制以及相应的安全处置措施规定（第138、139条）。

2. 防止瓦斯积聚及（可能）积聚后的安全处置措施：矿井主要通风机停运后恢复运行的正确处置方法，井下停工地点的通风要求以及被封闭的停工区复工前的处置规定，局部通风机停运后的恢复运行前检查和处置规定（第140、141条）。

3. 井巷首次过煤层必须有探煤钻孔的相关要求（第142条）。

4. 矿井必须建立有害气体检查制度及检查要求的相关规定（第149条）。

5. 矿井必须建立完善的防尘供水系统及防尘供水管路的设置规定（第152条）。

6. 井巷掘进必须采用湿式钻眼等综合防尘措施的规定（第17条）。

（五）安全监控工作

1. 安全监控设备必须定期调试、校正的具体规定（第162条）。

2. 各种瓦斯矿井以及掘进工作面、机电设备硐室、掘进机、架线电机车、蓄电池电机车等设置甲烷传感器的规定（第170～173条）。

（六）煤（岩）与瓦斯（二氧化碳）突出的防治和防灭火

1. 石门揭穿突出煤层前必须设计的要求，以及防止突出的钻孔和保护岩柱的尺寸要求（第199、200条）。

2. 揭穿突出煤层的松动爆破、远距离爆破等措施的安全要求规定（第210～213条）。

3. 井筒、平硐与各水平的连接处及井底车场等地段都必须用不燃性材料支护的规定（第221条）。

4. 井下严禁使用灯泡取暖和使用电炉（第222条），以及井下和井口房内不得从事电焊、气焊和喷灯焊接等工作及其相应规定（第223条）。

5. 井下使用汽油、煤油和变压器油的安全使用和运输的规定（第224条）。

6. 井下爆破材料库等巷道配备灭火器材的相关规定（第225条）。

7. 发现井下火灾时的正确处置方法（第244、245条）。

（七）防治水

1. 水文地质条件复杂的矿井必须制订“探、防、堵、截、排”等综合防治水措施的规定（第252条）和雨季前必须对防治水工作进行全面检查的规定（第253条）。

2. 地面防治水工作的各项规定（第254～258条）。

3. 必须在采掘工程平面图上绘制井巷出水点和水量等内容的规定（第260条）。

4. 每次降大到暴雨时和降雨后井下水文变化情况报告制度（第261条）。

5. 发现岩壁挂红、挂汗等突水预兆时的应急措施规定（第266条）。

6. 井下防水闸门设置和安全要求（第273条）。

7. 立井基岩施工要求快速、打干井的原则要求（第277条）。

8. 井下排水设备能力和其他设施的设计规定，井筒设置转水站规定，以及井筒开凿到底后与各施工区设置临时排水设施的规定（第278～284条）。

9. 采掘工作面必须进行探放水的情形（第286条），以及实施探放水前后的安全措施（第288～291条）。

（八）爆炸材料和井下爆破施工

1. 爆破材料贮存量、爆炸材料库容和安全位置、安全结构、保管、井下炸药库设置及其照明、材料领用等安全规定（第295～309条）。

2. 井下爆破工作必须由专职爆破工担任、爆破作业说明书以及爆破工作的“一炮三检制”规定（第315～317条）。

3. 井下爆破材料安全选用和管理规定（第318～323条）。

4. 禁止在工作面装药、爆破的规定（第331条）以及爆破前洒水、警戒等要求（第332条）。

5. 处理拒爆、残爆等规定（第342条）。

（九）井下人员安全运输

1. 井下上下班应采用机械运输的运输平巷长度和倾斜巷道垂距的规定（第358、365条），斜井的人车安全信号设置和串车提升（第369、370条）。

2. 凿井期间采用吊桶提升人员的安全规定和罐笼安全设置要求（第380、381条）。

3. 井口和井底车场设置把钩工和信号工及其安全工作要求（第392～394条）。

（十）电气安全

1. 关于矿井应设置有两回路电源线路的有关规定内容（第441条）。

2. 井下电气设备选用要求以及井下各级配电电压等级的规定（第444、448条）。

3. 井下电缆敷设规定，电缆不应悬挂在风筒或水管上等规定（第468、469条）。

4. 井下照明，矿灯的管理和使用的规定（第473、475条）。

（十一）露天矿有关施工安全内容

1. 挖掘机采装的台阶高度限制、最终边坡的台阶坡面角和边坡角以及最小平盘宽度的规定（第548～550条）。

2. 露天爆破器材必须符合国家或行业标准，爆破施工必须遵守《爆破安全规程》的规定（第556条，详细内容略）。

3. 露天矿边坡滑坡防治原则（第641条）。

4. 排土场位置的选择原则和排土场安全设施的规定以及排土场边坡安全管理规定（第631、632、646条）。

二、2011年《煤矿安全规程》修订内容介绍

（一）新版《煤矿安全规程》出版背景和主要内容

1. 修订背景

《煤矿安全规程》制定已有数十年，一直以来仍在不断修订完善。近期的《煤矿安全规程》修订发布的密度更大。针对近年来煤矿重特大水害事故多发，特别是2010年发生了6起重特大水害事故，损失严重，社会影响恶劣的情况，针对重特大典型水害事故的教训，《煤矿安全规程》对防治水部分条款进行了大规模修改，原来全部44条内容本次修改了39条。

2. 修订的主要内容

（1）进一步明确了煤矿企业、矿井应当配备防治水技术人员、探放水设备和应急救援装备的职责。

（2）要求煤矿企业、矿井应当建立水害预防和预警机制，发现矿井有透水征兆时，应当立即撤出井下受水威胁地区的所有人员。

（3）明确了采掘工作面的探放水方法，强调了煤矿井下探放水（包括基本建设矿井的施工队伍）必须采用专用钻机、由专业人员和专职队伍进行施工。

（4）修改还专门增加了新建矿井有关防治水规定。规定井筒开凿到底后，必须优先施工永久排水系统，在进入采区施工前应当建好永久排水系统。当矿井水文地质条件比地质报告复杂时，必须针对揭露的水文地质情况，开展水文地质补充勘探，查明水害隐患，采取可靠的安全防范措施。

（5）对水淹区下采掘作出了明确规定，严禁在水体下、采空区水淹区域下开采急倾斜煤层。

（二）2011版关于煤矿防治水部分条款修改的具体内容

1. 第二百五十一条：煤矿企业、矿井应当配备满足工作需要的防治水专业技术人员，配齐专用探放水设备，建立专门的探放水作业队伍，建立健全防治水各项制度，装备必要的防治水抢险救灾设备。

2. 第二百五十二条：煤矿企业、矿井应当编制本单位的防治水中长期规划（5～10年）和年度计划，并认真组织实施。

煤矿企业、矿井应当对矿井水文地质类型进行划分，定期收集、调查和核对相邻煤矿和废弃的老窑情况，并在井上、下工程对照图和矿井充水性图上标出其井田位置、开采范围、开采年限、积水情况。矿井应当建立水文地质观测系统，加强水文地质动态观测和水害预测分析工作。

增加第三款：水文地质条件复杂、极复杂矿井应当每月至少开展1次水害隐患排查及治理活动，其他矿井应当每季度至少开展1次水害隐患排查及治理活动。

3. 第二百五十四条：煤矿企业、矿井应当查清矿区及其附近地面河流水系的汇水、渗漏、疏水能力和有关水利工程等情况；了解当地水库、水电站大坝、江河大堤、河道、河道中障碍物等情况；掌握当地历年降水量和最高洪水位资料，建立疏水、防水和排水系统。

增加第二款：煤矿企业、矿井应当建立灾害性天气预警和预防机制，加强与周边相邻矿井的信息沟通，发现矿井水害可能影响相邻矿井时，立即向周边相邻矿井进行预警。

4. 第二百五十五条：矿井井口和工业场地内建筑物的地面标高必须高于当地历年最高洪水位；在山区还必须避开可能发生泥石流、滑坡等地质灾害危险的地段。

矿井井口及工业场地内主要建筑物的地面标高低于当地历年最高洪水位的，应当修筑堤坝、沟渠或者采取其他可靠防御洪水的措施。不能采取可靠安全措施的，应当封闭填实该井口。

5. 第二百五十六条：当矿井井口附近或者开采塌陷波及区域的地表有水体时，必须采取安全防范措施，并遵守下列规定：

（1）严禁开采和破坏煤层露头的防隔水煤（岩）柱。

（2）在地表容易积水的地点，修筑泄水沟渠，或者建排洪站专门排水，杜绝积水渗入井下。

（3）当矿井受到河流、山洪威胁时，修筑堤坝和泄洪渠，有效防止洪水侵入。

（4）对于排到地面的矿井水，妥善疏导，避免渗入井下。

（5）对于漏水的沟渠（包括农田水利的灌溉沟渠）和河床，及时堵漏或者改道。地面裂缝和塌陷地点及时填塞。进行填塞工作时，采取相应的安全措施，防止人员陷入塌陷坑内。

（6）当有滑坡、泥石流等地质灾害威胁煤矿安全时，及时撤出受威胁区域的人员，并采取防止滑坡、泥石流的措施。

6. 第二百五十七条：严禁将矸石、炉灰、垃圾等杂物堆放在山洪、河流可能冲刷到的地段，防止淤塞河道、沟渠。

增加第二款：煤矿发现与矿井防治水有关系的河道中存在障碍物或者堤坝破损时，应当及时清理障碍物或者修复堤坝，并报告当地人民政府相关部门。

7. 第二百五十八条：使用中的钻孔，应当安装孔口盖。报废的钻孔应当及时封孔，并将封孔资料和实施负责人的情况记录在案、存档备查。

8. 第二百五十九条：相邻矿井的分界处，应当留防隔水煤（岩）柱。矿井以断层分界的，应当在断层两侧留有防隔水煤（岩）柱。

防隔水煤（岩）柱的尺寸，应当根据相邻矿井的地质构造、水文地质条件、煤层赋存条件、围岩性质、开采方法以及岩层移动规律等因素，在矿井设计中确定。

矿井防隔水煤（岩）柱一经确定，不得随意变动，并通报相邻矿井。严禁在各类防隔水煤（岩）柱中进行采掘活动。

9. 第二百六十条：在采掘工程平面图和矿井充水性图上必须标绘出井巷出水点的位置及其涌水量、积水的井巷及采空区的积水范围、底板标高和积水量等。在水淹区域应当标出探水线的位置。

10. 第二百六十一条：每次降大到暴雨时和降雨后，应当有专业人员分工观测井上积水情况、洪水情况、井下涌水量等有关水文变化情况以及矿区附近地面有无裂缝、老窑陷落和岩溶塌陷等现象，并及时向矿调度室及有关负责人报告，并将上述情况记录在案、存档备查。

增加第二款：情况危急时矿调度室及有关负责人应当立即组织井下撤人，确保人员安全。

11. 第二百六十二条：受水淹区积水威胁的区域，必须在排除积水、消除威胁后方可进行采掘作业；如果无法排除积水，开采倾斜、缓倾斜煤层的，必须按照《建筑物、水体、铁路及主要井巷煤柱留设与压煤开采规程》中有关水体下开采的规定，编制专项开采设计，由煤矿企业主要负责人审批后，方可进行。

增加第二款：严禁在水体下、采空区水淹区域下开采急倾斜煤层。

12. 第二百六十三条：在未固结的灌浆区、有淤泥的废弃井巷、岩石洞穴附近采掘时，应当按照受水淹积水威胁进行管理，并执行本规程第二百五十九条、第二百六十条、第二百六十二条的规定。

13. 第二百六十四条：开采水淹区域下的废弃防隔水煤柱时，应当彻底疏干上部积水，进行可行性技术评价，确保无溃浆（沙）威胁。严禁顶水作业。

14. 第二白六十五条：井田内有与河流、湖泊、溶洞、含水层等存在水力联系的导水断层、裂隙（带）、陷落柱等构造时，应当查明其确切位置，按规定留设防隔水煤（岩）柱，并采取有效的防治水措施。

15. 第二百六十六条：采掘工作面或其他地点发现有煤层变湿、挂红、挂汗、空气变冷、出现雾气、水叫、顶板来压、片帮、淋水加大、底板鼓起或产生裂隙、出现渗水、钻孔喷水、底板涌水、煤壁溃水、水色发浑、有臭味等透水征兆时，应当立即停止作业，报告矿调度室，并发出警报，撤出所有受水威胁地点的人员。在原因未查清、隐患未排除之前，不得进行任何采掘活动。

16. 第二百六十七条：矿井采掘工作面探放水应当采用钻探方法，由专业人员和专职探放水队伍使用专用探放水钻机进行施工。同时应当配合其他方法（如物探、化探和水文地质试验等）查清采掘工作面及周边老空水、含水层富水性以及地质构造等情况，确保探放水的可靠性。

17. 第二百六十八条：煤层顶板有含水层和水体存在时，应当观测垮落带、导水裂缝带、弯曲带发育高度，进行专项设计，确定安全合理的防隔水煤（岩）柱厚度。当导水裂缝带范围内的含水层或老空积水影响安全掘进和采煤时，应当超前进行钻探，待彻底疏放水后，方可进行掘进回采。

18. 第二百六十九条：开采底板有承压含水层的煤层，应当保证隔水层能够承受的水头值大于实际水头值，制定专项安全技术措施。

专项安全技术措施由煤矿企业技术负责人审查，报煤矿企业主要负责人审批。

19. 第二百七十条：当承压含水层与开采煤层之间的隔水层能够承受的水头值小于实际水头值时，应当采用疏水降压、注浆加固底板和改造含水层或充填开采等措施，并进行效果检测，保证隔水层能够承受的水头值大于实际水头值，有效防止底板突水。

上述措施由煤矿企业技术负责人审查，报煤矿企业主要负责人审批。

20. 第二百七十一条：矿井建设和延深中，当开拓到设计水平时，只有在建成防、排水系统后，方可开始向有突水危险地区开拓掘进。

21. 第二百七十二条：煤系顶、底部有强岩溶承压含水层时，主要运输巷和主要回风巷应当布置在不受水威胁的层位中，并以石门分区隔离开采。

22. 第二百七十三条第二款：在其他有突水危险的采掘区域，应当在其附近设置防水闸门；不具备设置防水闸门条件的，应当制定防突水措施，由煤矿企业主要负责人审批。

删除本条第四款。

23. 第二百七十五条：井筒穿过含水层段的井壁结构应当采用有效防水混凝土或设置隔水层。

增加第二款：井筒淋水超过每小时 $6m^3$ 时，应当进行壁后注浆处理。

24. 第二百七十七条：立井基岩段施工时，对含水层数多、含水层段又较集中的地段，应当采用地面预注浆。含水层数少或含水层数分散的地段，应当在工作面进行预注浆，并短探、短注、短掘。

25. 第二百七十八条：矿井应当配备与矿井涌水量相匹配的水泵、排水管路、配电设备和水仓等，确保矿井排水能力充足。

矿井井下排水设备应当满足矿井排水的要求。除正在检修的水泵外，还应当有工作水泵和备用水泵。工作水泵的能力，应当能在20h内排出矿井24h的正常涌水量（包括充填水及其他用水）。备用水泵的能力应当不小于工作水泵能力的70%。检修水泵的能力，应当不小于工作水泵能力的25%。工作和备用水泵的总能力，应当能在20h内排出矿井24h的最大涌水量。

排水管路应当有工作和备用水管。工作排水管路的能力，应当能配合工作水泵在20h内排出矿井24h的正常涌水量。工作和备用排水管路的总能力，应当能配合工作和备用水泵在20h内排出矿井24h的最大涌水量。

配电设备的能力应当与工作、备用和检修水泵的能力相匹配，能够保证全部水泵同时运转。

26. 第二百八十条：矿井主要水仓应当有主仓和副仓，当一个水仓清理时，另一个水仓能够正常使用。

新建、改扩建矿井或者生产矿井的新水平，正常涌水量在 $1000m^3/h$ 以下时，主要水仓的有效容量应当能容纳8h的正常涌水量。

正常涌水量大于 $1000m^3/h$ 的矿井，主要水仓有效容量可以按照下式计算：

$$V = 2(Q + 3000)$$

式中 $V$——主要水仓的有效容量，$m^3$；

$Q$——矿井每小时的正常涌水量，$m^3$。

采区水仓的有效容量应当能容纳4h的采区正常涌水量。

水仓进口处应当设置箅子。对水砂充填和其他涌水中带有大量杂质的矿井，还应当设置沉淀池。水仓的空仓容量应当经常保持在总容量的50%以上。

27. 第二百八十二条：新建矿井揭露的水文地质条件比地质报告复杂的，应当进行水文地质补充勘探，及时查明水害隐患，采取可靠的安全防范措施。井下探放水应当采用专用钻机、由专业人员和专职探放水队伍进行施工。

28. 第二百八十三条：井筒开凿到底后，应当先施工永久排水系统。永久排水系统应当在进入采区施工前完成。在永久排水系统完成前，井底附近应当先设置具有足够能力的临时排水设施，保证永久排水系统形成之前的施工安全。

29. 第二百八十四条：井下采区、巷道有突水或者可能积水的，应当优先施工安装防、排水系统，并保证有足够的排水能力。

30. 第二百八十五条：矿井应当做好充水条件分析预报和水害评价预报工作，加强探放水工作。

探放水应当使用专用钻机、由专业人员和专职队伍进行设计、施工，并采取防止瓦斯和其他有害气体危害等安全措施。探放水结束后，应当提交探放水总结报告存档备查。

探水孔的布置和超前距离，应当根据水压大小、煤（岩）层厚度和硬度以及安全措施等，在探放水设计中作出具体规定。探放老空积水最小超前水平钻距不得小于30m，止水套管长度不得小于10m。

增加第四款：在地面无法查明矿井全部水文地质条件和充水因素时，应当采用井下钻探方法，按照有掘必探的原则开展探放水工作，并确保探放水的效果。

31. 第二百八十六条：采掘工作面遇有下列情况之一时，应当立即停止施工，确定探水线，由专业人员和专职队伍使用专用钻机进行探放水，经确认无水害威胁后，方可施工：

（1）接近水淹或可能积水的井巷、老空或相邻煤矿时。

（2）接近含水层、导水断层、溶洞和导水陷落柱时。

（3）打开隔离煤柱放水时。

（4）接近可能与河流、湖泊、水库、蓄水池、水井等相通的断层破碎带时。

（5）接近有出水可能的钻孔时。

（6）接近水文地质条件不清的区域时。

（7）接近有积水的灌浆区时。

（8）接近其他可能突水的地区时。

32. 第二百八十七条：对于煤层顶、底板带压的采掘工作面，应当提前编制防治水设计，制定并落实开采期间各项安全防范措施。

33. 第二百八十八条：井下探放水应当使用专用钻机、由专业人员和专职队伍进行施工。严禁使用煤电钻等非专用探放水设备进行探放水。探放水工应当按照有关规定经培训合格后持证上岗。

安装钻机进行探水前，应当符合下列规定：

（1）加强钻孔附近的巷道支护，并在工作面迎头打好坚固的立柱和拦板。

（2）清理巷道，挖好排水沟。探水钻孔位于巷道低洼处时，配备与探放水量相适应的排水设备。

（3）在打钻地点或其附近安设专用电话，人员撤离通道畅通。

（4）依据设计，确定主要探水孔位置时，由测量人员进行标定。负责探放水工作的人员必须亲临现场，共同确定钻孔的方位、倾角、深度和钻孔数量。

34. 第二百八十九条：在预计水压大于0.1MPa的地点探水时，应当预先固结套管，在套管口安装闸阀，进行耐压试验。套管长度应当在探放水设计中规定。预先开掘安全躲避硐，制定包括撤人的避灾路线等安全措施，并使每个作业人员了解和掌握。

35. 第二百九十条：钻孔内水压大于 1.5MPa 时，应当采用反压和有防喷装置的方法钻进，并制定防止孔口管和煤（岩）壁突然鼓出的措施。

36. 第二百九十一条：在探放水钻进时，发现煤岩松软、片帮、来压或者钻眼中水压、水量突然增大和顶钻等透水征兆时，应当立即停止钻进，但不得拔出钻杆；现场负责人员应当立即向矿井调度室汇报，立即撤出所有受水威胁区域的人员到安全地点。然后采取安全措施，派专业技术人员监测水情并进行分析，妥善处理。

37. 第二百九十二条：探放老空水前，应当首先分析查明老空水体的空间位置、积水量和水压等。探放水应当使用专用钻机，由专业人员和专职队伍进行施工，钻孔应当钻入老空水体最底部，并监视放水全过程，核对放水量和水压等，直到老空水放完为止。

探放水时，应当撤出探放水点以下部位受水害威胁区域内的所有人员。

钻探接近老空水时，应当安排专职瓦斯检查员或者矿山救护队员在现场值班，随时检查空气成分。如果瓦斯或者其他有害气体浓度超过有关规定，应当立即停止钻进，切断电源，撤出人员，并报告矿井调度室，及时采取措施进行处理。

38. 第二百九十三条：钻孔放水前，应当估计积水量，并根据矿井排水能力和水仓容量，控制放水流量，防止淹井；放水时，应当设有专人监测钻孔出水情况，测定水量和水压，做好记录。如果水量突然变化，应当立即报告矿调度室，分析原因，及时处理。

39. 第二百九十四条：排除井筒和下山的积水及恢复被淹井巷前，应当制定可靠的安全措施，防止被水封住的有毒、有害气体突然涌出。

排水过程中，应当定时观测排水量、水位和观测孔水位，并由矿山救护队随时检查水面上的空气成分，发现有害气体，及时采取措施进行处理。

## 6.5 《煤矿井巷工程施工规范》要点解读

一、编制背景与原则

（一）编制背景

本项新规范是根据《建筑工程施工质量验收统一标准》关于施工与验收分离的精神，结合近年来矿山建设施工项目整体水平的提高，以及当前新技术发展、管理科学的推广运用和加强对施工安全管理和环境保护工作要求的形势下，经中国煤炭建设协会组织相关专家从新审编形成的。

（二）编制原则

近年来管理科学快速发展，所以该条文增加了实行科学管理的内容，旨在积极推广应用现代化的管理方法，使井巷施工的安全、质量、工期和成本等得到有效控制。

1. 加强科学管理

条文增加了科学管理的内容，要求推行和实施项目管理、目标管理、网络管理和全面质量管理的现代化管理方法。

2. 推进先进、可靠而经济合理的新技术应用

根据近年来井巷工程“四新”成果及其应用情况，要求在施工中积极推广使用成熟的“四新”成果，既要求施工的可靠性，也要求经济技术的合理性。

3. 安全和环境保护原则

规范对涉及从业人员的生命安全和职业健康的条文，体现了以人为本的主导思想，并作为强制性内容，必须严格遵守。规程强调了井巷施工的环境保护问题，依据《绿色施工导则》，提出了“绿色施工”的要求。

4. 严格竣工验收和完善资料工作

条文还强调了施工中加强项目的档案管理工作，要求完整的原始记录，施工结束后应有及时的项目总结，使整个项目在竣工后能提出完整、管理有序的技术档案材料，实现工程的可追溯性，以便积累经验，不断进步。

二、主要更新内容解析

（一）施工准备工作

1. 一般性规定

（1）进一步明确了井筒开工前应完成的工作，强调要求“辅助设施齐全”；对于施工场地的测量工作，要求“在多家施工的情况下，应统一协调核实测量成果”，避免各自为政；强调了“场地平整时，应对测量基桩采取保护措施”及完成后的检查校核要求；增加了应“有能确保连续施工的物资储备和供应渠道”的准备工作内容（3.1.1）。

（2）井筒开工前准备工作增加了“防雷电”内容，以扩大安全防范范围。“生活辅助设施”改为“生活、辅助设施”，以突出先生活后生产原则，体现以人为本的思想（3.1.1）。

（3）增加了“工程与生活用水要合理分配，做到节约用水，加强水质管理，确保生活用水安全”的用水要求，以体现节水意识（3.1.3）。

2. 地质资料控制及地质条件预测

（1）根据实践经验，删除了钻井法施工时允许检查孔布置在井筒内的情况（3.2.2）。

（2）根据近年来冻结技术的发展和施工实践，对土层冻结状态下物理力学参数的试验温度区间做了调整，对试验项目重新做了规定（3.2.6）。

（二）普通法立井施工

1. 一般性规定

（1）明确立井井筒施工宜“优先考虑采用短段掘砌混合作业方式”；“也可采用单行或平行作业方式”。明确改“短段掘砌作业”为“短段掘砌混合作业”（4.1.1条）。

（2）规定了对需要临时改绞的井筒，必须在井底（运输水平以下）设置满足“过放距离要求”的井窝（符合安全规程）。

（3）要求对采用激光指向，应有定期或不定期的校核；当井深超过300m时，激光指向只能用于掘进，砌筑井壁必须采中垂线控制，并修订了激光指向的精度（4.1.2条）。

（4）对与井筒相连的硐室工程中强调了测量定位工作（4.1.3条），删去了由“施工单位应会同设计单位”调整运输大巷设计标高的条文（原4.1.3条）。

（5）增加了井筒施工中对原始资料收集的要求，列出了相关收集内容（4.1.4条）。

2. 冲击层施工

强调了沉降观测对重要性，当变形、位移危及施工安全时应及时采取加固措施（4.2.3）。

3. 基岩施工

（1）根据作业方式对凿眼深度分别进行了明确，其中短段掘砌混合作业的眼深应为3.5～5.0m；单行作业或平行作业的眼深可为2.0～4.5m或更深；浅眼多循环作业的眼深应为1.2～2.0m（4.3.2条）。

（2）删除最小抵抗线的计算公式部分、相关安全管理内容、光面爆破质量要求、靠壁式抓岩机等内容。

（3）根据围岩分类，明确了喷混凝土临时支护的厚度要求（4.3.4条）。

（4）根据已有经验，整体活动钢模板高度由2～4m调整为2～5m，其厚度由计算确定，模板直径比井筒内直径大10～20mm改为10～40mm（4.4.2条）；

（5）混凝土浇筑的脱模强度统一改由采用的模板确定：整体组合钢模板为0.7～1.0MPa；普通钢木模板为1.0MPa；采用滑升模板为0.25～0.30MPa（4.4.2条）。

（6）增加了"有条件的地方应使用商品混凝土"的规定，增加了"立井竖向钢筋采用钢筋直螺纹连接"的技术要求（4.4.2条）。

（三）立井井筒特殊法施工

1. 一般规定

规定了特殊法施工的井筒漏水质量要求。冻结法施工的井筒段，冻结段小于或等于400m时漏水量不应大于0.5m³/h，大于400m时每百米漏水增加量不应超过0.5m³/h；钻井法施工的井筒段，漏水量不应大于0.5m³/h；地面预注浆后，井筒掘进时，注浆段小于600m时漏水量不应大于6.0m³/h，注浆段大于600m时每百米漏水增加量不超过1m³/h；井壁不应有集中漏水孔和含砂的水孔（5.1.3条）。

2. 冻结法施工

（1）提出了一系列多圈冻结技术的规定，包括各冻结圈的作用和布置；应结合多圈冻结的情况考虑冻结深度（5.2.2条）；测温孔的数量应根据冻结圈数量考虑（4.2.12条）等。

（2）提高了钻孔偏斜率的要求，并以钻孔的不同终孔深度确定相邻两孔的允许间距，以及多圈冻结在冲积层中相邻两个钻孔终孔间距不应大于3.0m、在风化带及含水基岩中相邻两个钻孔终孔间距不应大于5.0m（5.2.4条）。

（3）根据施工经验，明确了由冻结地层（冲积层和风化带）厚度确定的冻结管壁厚度（5.2.8条）。

（4）对冻结法施工的井筒开挖时间，增加了关于通过实测温度判断"不发生较大片帮"，及不同深度、不同土层的"冻结壁温度状况"的实测情况满足设计的要求（5.2.22条）。

（5）认可冻结管可以不回收的情况（5.2.29条）。

3. 钻井法施工

（1）对下沉井壁有关注意事项作了具体规定：包括应切实掌握井筒偏斜情况，按规定绘制纵横断面，确认合格后方可下沉井壁；应精确计算配重水，遇下沉阻力过大，应查明原因处理，严禁降低泥浆面追沉；下沉井壁前，应重视泥浆处理，严防下沉过程中发生井帮塌落（5.3.9条）。

（2）提高了钻井法施工中的偏斜率和成井偏斜率的要求（5.3.4条），明确了单层与双层钢板混凝土复合井壁结构的参数（5.3.8条）和壁后充填技术（5.3.10条）。

4. 井筒注浆

（1）地面预注浆的适用范围由700m扩大到1000m以内（5.4.1条），对推广使用的黏土—水泥浆（C-CL）浆液，明确了其适用范围（5.4.9条），增加了采用黏土—水泥浆分段注浆标准和注浆施工结束检查方法和标准（5.4.12条）。

（2）随着煤矿开采深度的增加，井筒深部与浅部的静水压差异变大，统一要求成井后的漏水量不超过6m³/h已不甚合理。在大量统计的基础上，对井筒成井漏水量重新做了规定，规定建成后的井筒或正施工的井壁段的漏水量，在深度小于600m时要求不超过6m³/h，深度大于600m时不超过10m³/h；否则应进行壁后注浆。壁后注浆时，为确保井壁安全，必要时采取加固井壁、降低浆液对井壁的压力等措施。考虑对大型井筒增加预注浆钻孔数以及布置要求（5.4.25条）。

（3）明确限制了含水砂层地段进行壁后注浆时的注浆孔深度值，规定注浆孔的深度应小于井壁厚度200mm；双层井壁，注浆孔应穿过内层井壁进入外层井壁，进入外层井壁深度不应大于100mm；当注浆孔穿透井壁注浆时，应制定专项安全技术措施（5.4.28条）。

5. 井筒其他施工内容

（1）自下向上的井筒延深方案具有许多优点，故当条件允许时，宜采用自下而上的施工方式，并以采用反井钻机施工为优（6.1.2条）。

（2）自下而上延深井筒的扩刷施工宜采用自上而下的方式，当围岩稳定时，也可采用自下而上的方式。自下向上刷大、自上向下支护施工，有两种方案可供选择。规程规定了扩刷的施工规定（6.4.2条）。

（3）根据情况不同，井筒恢复方案有很大差别，因此必须在井筒恢复工作前，对井筒装备的损坏、锈蚀情况和井壁损坏情况做全面分析，做出切实可行的恢复方案（6.5.2条）。

（四）斜井与平硐施工

1. 一般规定

（1）随斜井、平硐开拓规模越来越大，其特殊越来越突出。新规范将斜井与平硐施工要求单独列出。

（2）随着开采深度的增大，矿井规模和斜井、平硐的断面趋于加大，根据快速施工的需要，斜井、平硐作业线已向设备系列化和大型化发展。为此，强调了斜井与平硐施工的凿岩、排矸、提升、运输、支护等设备的配套（7.1.1条）。

（3）对斜井、平硐长距离施工面临的提升运输和通风困难，提出了具体的要求：

1）斜长大于2000m的斜井井筒，采用有轨运输时宜设置中部接力车场进行分级提升；

2）斜长大于2000m的斜井或长度大于2000m的平硐，相邻的斜井或平硐同时施工时，应在其中部增设联络巷；

3）独头通风距离大于1500m的斜井或平硐，应采取接力通风措施；

4）斜井、平硐长距离独头通风宜采用对旋式局部通风机（以上7.1.7条）。

2. 冲击层施工

（1）根据在第四系黄土层施工经验确定，规定明槽的深度应使巷道掘进断面的顶部与地面的距离不小于3m（7.2.1条）。

（2）规定了斜井或平硐从明槽进入暗硐时应设超前临时支护（7.2.3条），并要求斜井或平硐从明槽进入暗硐的1～3m部位宜与明槽部分的永久支护同时施工（7.2.4条）。

（3）移动式模板台车是斜井、平硐施工一种成功的先进混凝土衬砌设备；规程规定，环境条件具备时宜选用移动式模板台车、混凝土输送泵浇筑混凝土（7.2.8条）。

3. 基岩施工

掘进机用于斜井和平硐开拓的一期工程，对缩短建井工期具有重要意义，其应用的关键是后续的运输系统，因此规程提出了配套原则和内容（7.3.2条）。

（五）巷道与硐室及其他施工

1. 一般规定

（1）规范列出平巷施工机械化配套的原则；由于铺轨、管路和照明安设等工序不在巷道掘进期间施工，因此，条文未对一次成巷作明确规定（8.1.1条）。

（2）引入了先进的全站仪测量设备，提出了相应的要求（8.1.13条）。

2. 巷道掘进与支护

（1）掘进机的大修周期应根据具体条件确定，规范未作具体规定（8.2.3条）。

（2）为实现锚杆整体效果，规范规定各锚杆螺帽拧紧的扭矩差，不宜超过设计值的10%（8.3.2条）。

（3）根据近期锚索技术被广泛利用的情况，增加了预应力锚索支护的规程内容（8.3.3条）。

（4）改变了过去对倾斜巷道支护“迎山角”的笼统规定，新规范考虑巷道倾角大小具有不同影响的情况，规定了不同的“迎山角”值（8.3.5条）。

（5）增加了井下施工采用泵送混凝土技术的内容（8.3.7条）。

（6）根据近年的研究成果，对在松软、膨胀岩体中的巷道施工，以及巷道底臌的处理措施，都有了更多的规范性内容（8.3.8、8.3.9条）。

3. 其他

（1）新规范在本章新增了“安全构筑物及附属工程”部分，并提出了相应的施工要求。

（2）规范对国内长期应用的反向钻井法施工暗井，规定了应用条件、施工要求等内容（9.2.1条）。

（3）根据施工经验，规范了一种倾角小于65°圆形倾斜矿藏的施工方法。这时砌筑碹胎宜制成椭圆形，碹胎水平安设的新方法（9.3.2条）。

（4）考虑排泥仓密闭门硐室周围基槽是硐室重要承压部分，以及施工立面交岔点的岩帮暴露面较大等对施工质量的影响，规程对这部分规程施工提出了严格的要求（9.3.5、9.3.6条）。

（六）辅助工作

（1）为防止在提升过程中罐道绳产生共振，规范规定了当一个提升容器有4根罐道绳时，各罐道绳张紧力之差不得小于平均张紧力的5%，且要求保持内侧张紧力大、外侧张紧力小（10.1.9条）。

（2）为减少钢丝绳与天轮的绳槽间的摩擦和缠绕均匀，规范规定绞车滚筒上钢丝绳出绳的最大偏角不应大于1°30′，以及单层缠绕时内偏角不咬绳的要求（10.2.1条）。

（3）针对深立井施工排水要求，规范列出了三种中间转水站接力排水方式（10.5.1条）。

（4）考虑在温差大的地区施工中管路热伸长的影响，规范要求温度变化较大，且管路直线长度超过 200m 时，应设伸缩器（10.6.2 条）。

（5）根据现有信号与通讯技术的发展，新规范提出，立井施工的重要工作和指挥场所宜安装本安型通信设备、矿井闭路电视监控系统，以使现场调度和管理部门能更有效地控制安全施工和调度指挥（10.7.6、10.7.8 条）。

（七）作业环境及职业危害控制

1. 井下热害防治

（1）井下高温已对井下施工产生严重影响。为体现以人为本的思想，并参照《煤矿安全规程》的规定，将原规范"井下气温不得超过 28℃"修改为"不得超过 26℃"（11.2.1 条）。

（2）规程提出了人工制冷降温的方法以及要求（11.2.2～11.2.4 条）。

2. 井下粉尘的防治

（1）粉尘中游离二氧化硅含量决定了粉尘的危害性，规范规定，粉尘中游离二氧化硅含量，每 6 个月测定 1 次，当工作面或煤岩种类改变时，应及时进行测定（11.1.5 条）。

（2）湿喷技术在其他行业已得到应用，规范提出应采用潮料喷射或湿喷技术的要求（11.3.3 条）。

## 6.6 《煤矿井巷工程质量验收规范》要点解读

一、制定《煤矿井巷工程施工质量验收规范》的目的和依据

（一）制订《煤矿井巷工程施工质量验收规范》的背景

1. 市场经济发展和相应管理体制完善和成熟

近十余年来，随我国市场经济体制的推行和不断完善，施工建设的市场管理和企业经营运作方法有了明显的变化，包括施工质量的主体责任落实在承包企业方面等。为此，国家和建设主管部门相应制定或修订了一系列政策性文件以及规范、规定等，包括国家法律条文《招投标法》、《合同法》，建设工程方面的国家行政法规《安全生产管理条例》、《质量管理条例》等，推行了新体制下的若干管理办法，像市场准入制、监理制、注册建造师等制度。

2. 施工技术水平的提高

近二十年，我国矿山建设工程和整个国家建设事业一样，取得了迅速的发展，无论规模或水平，都进入了国际先进行列，解决了许多深部及西部资源开发的技术难题，并形成了若干成熟的施工新技术。为促进和保证这些新技术的发展和推广，就必然要求形成一些新技术的规章要求，建立新技术、新工艺的新工法和统一的标准。

3. 国家《建筑工程施工质量验收统一标准》的推行

2001 年建设部根据建设事业的发展情况，会同有关部门和单位，制定了新的《建筑工程施工质量验收统一标准》（GB 50300—2001）。新的标准本着"验评分离、强化验收、完善手段、过程控制"的指导思想，将建筑工程施工及验收规范和工程质量检验评定标准合并，组成新的工程质量验收规范体系，以统一建筑工程施工质量的验收方法、质量标准和程序；它要求，"建筑工程各专业工程施工质量验收规范必须与本标准配合使用"。因此，重新编制煤矿井巷工程施工验收规范也成为必然的工作。

4. 国家加强对煤炭行业管理要求

2006 年 6 月国务院办公厅专门发文《关于加强煤炭行业管理有关问题的意见》（国办

发［2006］49号），指出煤矿安全事故突出问题反映了煤炭行业管理上存在的“资源开发管理、行业标准和规程修订、市场准入、企业安全基础管理、隐患治理、科技进步、人才培养等方面还存在薄弱环节”。提出要加强煤炭行业管理，推进体制机制创新。根据国家对煤炭工业协会要充分发挥行业自律作用，协助政府制定煤炭行业规范和标准，推动和促进煤矿企业加强安全基础管理的要求，中国煤炭建设协会组织了有关专家，修订编制了《煤矿井巷工程施工质量验收规范》。

（二）制订《煤矿井巷工程施工质量验收规范》的目的和适用范围

1. 制定目的

制定《煤矿井巷工程施工质量验收规范》的目的，就是为了加强煤矿井巷工程的质量管理和统一煤矿井巷工程施工质量验收，提高工程质量管理水平，保证工程质量。规范本着“验评分离、强化验收、完善手段、过程控制”的原则，将原《矿山井巷工程施工及验收规范》中的施工与验收分离，使其分别组成独立的规范，其中验收部分与井巷工程质量检验评定的合格部分合并组成新的工程质量验收体系。

2. 适用范围

《煤矿井巷工程施工质量验收规范》适用于新矿井建设，以及改建、扩建和生产矿井井巷工程的施工质量验收。露天煤矿因工程需要开凿巷道工程时，也可参照该规范的相关规定执行。

该规范不包括煤矿井巷工程的设计、使用和维护方面的内容。

《煤矿井巷工程施工质量验收规范》是在原《矿山井巷工程施工及验收规范》的基础上由中国煤炭建设协会主持修订，因此，它仍可以作为其他矿山井巷工程施工质量验收的参考。

3.《煤矿井巷工程施工质量验收规范》制定依据

《煤矿井巷工程施工质量验收规范》的制定依据是现行《建筑工程施工质量验收统一标准》（CB 50300—2001）和《煤矿井巷工程施工规范》。

《建筑工程施工质量验收统一标准》（CB 50300—2001）规定了建筑工程各专业工程施工验收规范编制的统一准则和单位工程验收质量标准、内容和程序；增加了建筑工程施工现场质量管理和质量控制要求；提出了检验批质量检验的抽样方案要求；规定了建筑工程施工质量验收中子单位和子分部工程的划分、涉及建筑工程安全和主要使用功能的见证取样及抽样检测。《煤矿井巷工程施工质量验收规范》是依据上述原则和其他相关要求，结合了煤炭矿山的特点而制定的。

《煤矿井巷工程施工质量验收规范》是煤矿井巷工程施工质量的最低要求。所有承包合同中的质量要求或相关工程技术文件（工程设计、企业标准、施工技术方案等），不得低于该规范的规定。

煤矿井巷工程施工质量验收在执行本规范外，尚应执行和符合国家相应标准规定。

二、煤矿井巷工程施工质量验收的基本要求

（一）保证施工质量的基本条件与要求

1. 保证井巷工程施工质量的基本条件

（1）设计要求

《煤矿井巷工程施工质量验收规范》（以下简称为“规范”）规定，煤矿井巷工程必须按照被批准的施工图设计、施工组织设计或作业规程（包括施工技术措施）施工。这就是要求工程施工前必须有被批准的施工图设计、施工组织设计或作业规程（施工技术措施），并且施工组织等设计文件应有明确的工程质量要求和相应的质量保证措施。这些技术设计内容，包括其工程质量要求及其保证措施，都将成为施工的依据和质量验收的依据。

（2）井巷工程施工质量管理要求

"规范"规定，煤矿井巷工程施工现场应有相应的施工技术标准、健全的质量管理体系、施工质量检验制度和综合施工质量水平评定考核办法。

对井巷工程施工质量控制，就是要求实施"健全的质量预控制、生产（施工）过程控制和合格控制"的全过程控制内容。施工应具有相应的技术标准和质量要求；具有健全的质量控制方法和控制体系，包括对原材料控制、工艺流程控制、施工操作过程控制的方法；每道工序的质量检查，以及相连工序间、各专业和工种间的交接检验和管理办法，保证施工图设计和功能要求的抽样检验等合格控制措施的落实；各种检验制度还应通过内部评审和审核的管理制度，解决施工质量问题，并进行质量记录，可追根查源，制定改进措施、跟踪检查落实；同时还不断加强质量管理工作中的薄弱环节，完善和健全施工质量管理体系，形成保证施工质量的有效和可靠条件。

"规范"还强调工程的综合施工质量水平，通过对施工技术、管理制度、工程质量控制以及项目的工程质量等方面的评价，建立科学的考评办法，促进项目的整体施工质量和管理水平。

2. 井巷工程施工质量控制的基本环节与要求

（1）用于井巷工程的主要材料、半成品、成品、构配件应进行现场验收，按有关规定进行复验，并应经监理工程师确认。

（2）各工序应按施工技术标准进行质量控制，每工序完成后，应进行质量检查并形成质量记录。

（二）验收工作的基本要求

1. 井巷工程质量验收的划分

（1）工程的基本划分方法

将质量验收的工程由大到小划分为单位工程、分部工程、分项工程和检验批，其宗旨是在工程项目形成过程中对质量实现过程控制的要求，避免质量问题集大成患或最终交工前来不及、甚至难以处理的情况。

煤矿井巷工程也和某些现代建筑工程一样，具有工程规模大、具有综合使用功能性、施工周期较长、影响因素多的特点，存在规模大一次性验收不方便；或者因相同部位的设施、材料以及施工工艺和技术等内容出现多样化的情况，使分项工程越来越多等问题。因此，《建筑工程施工质量验收统一标准》规定，可将这种情况的单位工程划分为若干子单位工程、分部工程划分为若干子分部工程进行验收。

根据《建筑工程施工质量验收统一标准》的划分办法，并结合井巷工程的特点，"规范"将验收工程划分为单位工程或子单位工程、分部工程或子分部工程、分项工程，与以往井巷工程验收工程的划分办法相比，增加了子单位工程和子分部工程的划分。

（2）井巷工程的子单位工程和子分部工程

根据"规范"要求，对于跨年度施工的井筒、巷道，可按年度施工的工程段划分为子单位工程。

井巷工程的子分部工程，是对于工程量大、施工周期长的井筒井身、平硐硐身、巷道主体、井下铺轨的轨枕、轨道、道岔工程，进一步按井巷工程的不同支护结构和轨型、轨枕类型等分部工程内容的划分。例如，井筒的混凝土井身与钢筋混凝土井身，巷道或硐室的不同支护结构的主体工程内容，都可以划分为子分部工程。

(3) 关于批检验

《建筑工程施工质量验收统一标准》规定的批检验，是指同一的生产条件或按规定的方式汇总起来供检验用的，由一定数量样本组成的检验体。批检验是作为该标准质量检验的最小单位，分项工程划分成批检验进行验收有利于及时纠正施工中出现的质量问题，确保工程质量。

"规范"根据井下施工工期长、工作面多、工序重复规律性强等特点，没有设立批检验的要求。这样，井下井巷工程的最小检验单位应是分项工程。

2. 验收项目的划分与评定

(1) 主控项目和一般项目

根据《建筑工程施工质量验收统一标准》的解释，主控项目是建筑工程中的对安全、卫生、环境保护和公众利益起决定性作用的检验项目，一般项目则是除主控项目以外的检验项目。显然，《建筑工程施工质量验收统一标准》的这一检验项目分类方法是依据了检验项目对工程功能、作用的重要性，主控项目对最小检验单位批的基本质量起决定性影响。

原《煤矿井巷工程质量检验评定标准》对矿山井巷工程的检验项目划分为保证项目、基本项目和允许偏差项目。保证项目相当于该项目的保证条件，包括材料合格证、试验合格证等基础条件；基本项目往往是影响工程功能、安全等方面的质量要求，如井壁厚度、锚杆抗拉拔力等；允许偏差项目则是一些难以或不必要精确控制尺寸的要求，如井筒表明平整度、锚杆外露长度等。根据新统一标准要求，"规范"的分项工程检验中，原标准的"保证项目"和"基本项目"一般被列入为"主控项目"，而将"允许偏差项目"列为"一般项目"；由于项目内容不完全一致，所以仍有内容、要求等方面的交叉。

(2) 验收评定

按照《建筑工程施工质量验收统一标准》，"规范"对工程验收只进行"合格"评定，取消了"优良"等级的评定。

3. 质量验收的基本要求

施工质量验收必须符合以下条件：

1) 符合工程设计文件要求及本项规范规定的要求；

2) 参与验收的各方人员应具备规定的资格；

3) 所有质量验收均应在施工单位自行检查评定的基础上进行；

4) 隐蔽工程在隐蔽前先由施工单位通知有关单位进行验收，并应形成相关文件；

5) 试件、试块及有关材料，应按规定见证取样检测；

6) 分项工程的质量应按主控项目和一般项目验收；

7) 涉及井巷工程安全和使用功能的重要分部工程应进行抽样检测，承担见证取样检测及有关井巷工程安全检测的单位应具有相应资质；

8）工程的观感质量应由验收人员通过现场检查，并应共同确认。

（三）矿山井巷工程项目质量合格检验内容与要求

1. 分项工程合格质量要求

（1）主控项目的检验经抽样检验，每个检验项目的检查点均应符合合格质量规定；检查点中有75%及其以上的测点符合合格质量的规定；其余测点必须不影响安全使用；

（2）一般项目的检验经抽样检验，每个检验项目的测点合格率不低于70%，同时也要求其余测点不得影响安全使用；

（3）具有完整的施工操作依据和质量检查记录。

2. 分部（子分部）工程合格质量要求

（1）所含分项工程质量均应检验合格；

（2）质量保证资料应基本齐全。

3. 单位（子单位）工程合格质量要求

（1）单位（子单位）工程所含的分部（子分部）工程质量均应验收合格；

（2）质量控制资料应完整；

（3）单位（子单位）工程所含有关功能及安全的检测资料应完整；

（4）主要功能项目的抽查结果应符合相关专业质量验收规范的规定；

（5）观感质量验收的得分率应达到70%及以上。

4. 分项工程不合格质量的处理

（1）经返工重做的分项工程，应重新进行验收；

（2）不做处理就能满足安全使用要求，或经返修处理后虽然改变了外形尺寸，但仍能满足安全使用要求的工程，可按技术处理方案和协商文件进行验收；

（3）经返修或加工处理，但安全评价认为仍不能满足安全使用要求的分项工程，严禁验收。

（四）验收程序规定与组织要求

1. 矿山井巷工程验收基本程序

矿山井巷工程验收程序规定按分项、分部、单位工程的顺序进行。

2. 施工班组的自检

施工单位应对每一循环的分项工程质量进行自检。

3. 分项工程验收

分项工程验收应由建设单位或委托监理单位专业监理师组织相关单位进行验收。

4. 分部工程验收

分部工程验收应由建设单位或委托监理单位总监理工程师相关单位进行验收。

5. 单位工程验收

（1）单位工程完工后，施工单位应自行组织有关人员进行检查评定，并向建设单位提交工程竣工报告。

（2）建设单位应在单位工程竣工验收合格后15个工作日内，向煤炭工业建设工程质量监督机构申请质量认证。煤炭工业建设工程质量监督机构在收到单位工程质量认证申请书后15日内组织工程质量认证。

煤炭井巷工程不经单位工程质量认证，不得进行工程竣工结（决）算及投入使用。

6. 单项工程验收

在全部单位工程质量验收合格后，方可进行单项工程竣工验收及质量认证。

7. 分包工程验收

单位工程有分包单位施工时，分包单位对其承建项目应按规定的程序进行检验，检验时应有总包单位参加。检验合格后分包单位应将承建工程的有关资料移交总包单位，并且分包单位负责人应参加建设单位组织的单位工程质量验收。

三、井巷工程施工质量检验的基本要求

（一）常用施工材料检测要求

1. 水泥及外加剂

（1）水泥强度等级应符合设计要求。应按进场日期、厂家、品种、强度等级、包装的不同，按批次检查出厂合格证和化验单，并按有关规定进行抽查化验。出厂日期超过 3 个月或水泥变质、质量可疑，应复查试验，并按复查结果决定可否使用。

（2）施工负责人应对发送到现场的水泥品种、强度等级与供应部门提供的出厂合格证及化验单核对，质量检查员和甲方代表（或监理）应对此按批抽查；主要的混凝土工程每个工作班应核对一次，无施工负责人核对签字的出厂合格证和化验单不得作为工程质量评定的依据。

2. 混凝土其他原材料

（1）混凝土骨料的检查数量和方法应符合现行《普通混凝土用砂、石质量及检验质量标准》相关规定；

（2）除上述要求外，骨料进场后应按其规格、品种，分别堆放，逐堆进行抽查试验。质量检查员和甲方代表（或监理）应定期抽查，每月不应少于 1 次。抽查试验单和抽查记录应作为评定分项工程骨料质量的主要依据。

（3）混凝土用水的水质应符合现行标准要求，同一水源检查不少于 1 次。

（4）喷混凝土水泥、水、骨料、外加剂的质量应符合施工组织设计要求，以上材料每进场 1 批抽样检查不应少于 1 次；检查出厂合格证或出厂试验报告、抽样检验报告。使用的水源应进行 pH 值检验，检查其 pH 值试验报告。

（5）料石和混凝土块的检查内容包括材质、规格、强度符合设计要求，检查出厂合格证或出厂质量证明，并按规定进行现场实查。

每批随机抽检试块不少于 5 块。抽检和试验单应纳入质量保证资料项目内容。

3. 钢筋及焊条

（1）钢筋及钢筋制成品进场时应对品种、规格、出厂日期等进行检查，并对其强度及其他必要的性能指标按批进行复检，其质量应符合国家现行有关标准的规定。

（2）钢筋检验数量要求：按同一厂家、同一等级、同一品种、同一批号且连续进场的钢筋及钢筋制品，按规定为 60t 为一批（不足 60t 按一批计），每批抽检一次；冷拉钢筋每批以 20t 计，冷拔低碳钢丝每批数量不超过 5t，冷轧扭钢筋以每批数量不超过 10t 计。

（3）钢筋检查内容：产品合格证，出厂检验报告、进场复验报告。

（4）焊条、焊剂的牌号和性能应符合设计要求和国家现行有关标准。检查出厂合格证。

4. 锚杆杆体及配件

（1）锚杆杆体及配件（含锚索、预应力锚杆）的材质、品种、规格、强度必须符合设计要求。同规格进场锚杆按每1500根（或不足者），抽检不应少于1次。检查出厂合格证或出厂试验报告，抽样检验报告，并在施工中实查。

（2）水泥卷、树脂卷、砂浆锚固材料的材质、规格、配比、性能必须符合设计要求。按每种以3000卷或不足3000卷抽样不少于一次。检查产品合格证、出厂试验报告、抽样试验报告，并在施工中实查。

（二）井巷工程施工质量检测方法的基本要求

1. 工程质量检测取样的基本方法

根据检验项目的特点，分项工程检验可选择计数、计量、或计数-计量等抽样方案；一次、或多次抽样方案；根据生产连续性和生产控制稳定性情况，采用调整型抽样方案；对重要的检验项目，如有简易快速检验方法可采用时，可选择全数检验；或采用经实践证明有效的其他抽样方案。

选取的抽样方案，其错判概率$\alpha$和漏判概率$\beta$宜按照主控项目检验的$\alpha$和$\beta$值均不超过5%、一般项目检验的$\alpha$值不超过5%而$\beta$值不超过10%的要求确定。

2. 井巷工程施工质量检测的取样方法与要求

（1）检测断面（检查点）与测点的确定

1）“规范”规定，井巷工程中的井筒、斜井、巷道、硐室工程均按照每循环检测一个断面（检查点），轨道工程的工序检测不应少于3个，且长度不应大于50m。

2）井筒工程每测面的测点应均匀选取8个，其中2个应布置在与永久提升容器的最小距离位置。

3）斜井、巷道、硐室工程，拱形断面则每断面（检查点）应有10个测点，其中拱顶、两拱肩各1个，两墙的上、中、下各设1个，底板设1个；圆形断面布置4个测点，上、下及左、右各设1个；梯形断面布置8个测点，其中顶、底板各1个，两墙的上、中、下各设1个。

（2）井巷支护工程混凝土强度试块取样的规定

井巷支护工程混凝土强度试块取样按表6.6-1的要求进行。

（3）锚杆抗拔力试验取样规定

锚杆抗拔力试验按以下规定取样：巷道每20～30m，锚杆在300根以下者，取样不少于1组，300根以上，每增加1～300根，增加一组；设计或材料变更，另取1组。每组不少于3根。

四、《煤矿井巷工程施工质量验收规范》部分内容说明

（1）矿业工程项目施工依据及相应规范

新“规范”是依据《矿井建设单位工程统一名称》、《建筑工程质量检验统一标准》、《混凝土强度检验评定标准》等标准编制，同时包括《煤矿井巷工程质量检验评定标准》、新《矿山井巷工程施工规范》、《锚杆喷射混凝土支护技术规范》、《混凝土结构设计规范》、《混凝土结构工程施工质量验收规范》、《混凝土外加剂应用技术规范》、《普通混凝土用碎石或卵石质量标准和检验方法》、《矿用钢技术条件》、《钢筋焊接及验收规程》等质量规范，结合当前煤矿井巷工程技术水平而编制。因此，涉及混凝土、钢筋、钢材和钢材使用的一般性要求，都要求符合相应的规范条文要求。

**井巷支护工程混凝土强度试块取样要求　　　　表 6.6-1**

| 序号 | 工程种类 | 工程量 | | 试件数量 | 备注 |
|---|---|---|---|---|---|
| | | 混凝土 | 喷混凝土 | | |
| 1 | 立井、暗井 | 每浇筑 20～30m 或 20m 以下的独立工程 | 每 20～30m | 不少于 1 组 | 1. 每组试件 3 块，喷混凝土芯样每组 5 块<br>2. 混凝土所用的骨料、水泥、配合比及工艺变化时，应另行取样<br>3. 在标准条件下养护 |
| 2 | 斜井、平硐、巷道 | 每浇筑 20～30m 或 20m 以下的独立工程 | 每 30～50m | 不少于 1 组 | |
| 3 | 硐室 | 每浇筑 $1000m^3$ 以上 | | 不少于 5 组 | |
| | | 每浇筑 $500～1000m^3$ | | 不少于 3 组 | |
| | | 每浇筑 $500m^3$ 以下 | | 不少于 2 组 | |
| 4 | 其他独立工程 | | $100m^3$ 以下 | 不少于 1 组 | |
| 5 | 设备基础、地坪、道床、水沟、沟槽、台阶 | 每浇筑 $100m^3$ 或 $100m^3$ 以下的独立工程 | | | |

新规范是根据《建筑工程质量检验统一标准》的“验评分离、强化验收、完善手段、过程控制”原则，将其与施工具体要求分离，集中了验收部分的内容，并根据近年来井巷工程施工技术的发展和新的成熟技术应用，增删或变更了部分内容，按照《建筑工程质量检验统一标准》的规定和办法编制了井巷工程的检验验收规范性要求。

(2) “规范”新增或修订的内容

1) 锚索和大弧板技术

20 世纪 80 年代末，因锚索的支护能力强，被迅速推广到深部矿井高压软岩井巷，并取得了十分好的效果。如唐口、开滦、晋城等矿区，有的巷道深度超过千米，有的巷道围岩松软，井巷稳定问题长期没有解决，采用锚索技术后取得了明显改观。“规范”纳入了相关质量验收要求的内容，除相应原材料（包括注浆液配合比）外，被列入检验主控项目的有锚索锁定后的预应力、锚索的钻孔方向、有效埋置深度等内容。

大弧板支护采用半成品施工。“规范”规定，弧板本身的质量是该技术的关键，同时，壁板后的充填材料、垫板质量，以及充填严实性和弧板支护成型规格等也列为主控项目。

2) 对建成井筒总漏水量标准的修改

根据近年施工经验，重新确定了立井井筒验收时的漏水量验收标准（表 6.6-2）。

**立井井筒建成后的总漏水量　　　　表 6.6-2**

| 序号 | 项目 | | 总漏水量（$m^3/h$） | | 检验方法 |
|---|---|---|---|---|---|
| 1 | 普通法全井筒 | 井筒深≤600m | ≤6.0 | 不得有 $0.5m^3/h$ 以上集中出水孔 | 一昼夜实测 3 次井筒漏水量，取平均值，并观察检查 |
| | | 井筒深>600m | ≤10.0 | | |
| 2 | 钻井法施工的井筒段 | | ≤0.5 | 不得有集中出水孔和含砂的水孔 | |
| 3 | 冻结法施工的井筒段 | ≤400m | ≤0.5 | | |
| | | >400m，每百米漏水增加量≤$0.5m^3/h$ | $\leqslant 0.5\left(1+\frac{H-400}{100}\right)$ | | |

3）其他修改

根据煤矿特点，“规范”保留了“可缩性支架”的内容，并参照了淮北、淮南、阳泉、开滦、平顶山等主要矿、局的企业标准，增添和修改了部分指标和参数。

对冲积层或软岩井巷的掘进工程，考虑到施工实际过程和对工程安全、功能的影响程度，严格了掘进断面规格的最小断面偏差（下限尺寸）而放宽了最大断面偏差（上限尺寸）。

井巷混凝土施工中已采用有大型定型和非定型模板（尤其是立井工程）。“规范”对模板工程的定型模板应有出厂合格证明和说明书，施工单位自行设计、加工的非定型模板，应有出厂前的整体组装、调试、检测等工作，并由监理、建设、施工、加工等单位组织的验收，须要重复使用的模板在检修、整形后也要同样进行检查，并列入主控内容。

## 6.7 《矿业工程费用定额及管理办法》要点解读

一、矿业工程造价管理的目的和任务

（一）造价管理的目的及其地位

1. 矿业工程造价管理及其目的

矿业工程建设造价管理是指对矿业工程建设各阶段所编制的建设工程投资估算、设计概算、施工图预算、竣工结算的管理，以及按照工程量清单计价方式确定建筑安装工程承发包价格的行为进行规范管理。每个矿业工程项目的工程投资估算、设计概算、施工图预算的编制，都须要按照各类消耗量定额的办法编制；工程招投标阶段实行工程量清单计价，也需要参考各类工程消耗量定额编制。

矿业工程建设的造价管理的目的是规范矿业工程建设的工程计价行为，合理确定建设工程造价。矿业工程造价的确定应符合国家有关法律、法规和政策的规定，遵循市场经济规律和客观、公正、公平、诚信的原则，科学的预测建设期间变化因素，实行动态管理；不允许有随意压价、弄虚作假、高估冒算等不正当的计价行为。

通过管理使建设各阶段、各环节有效衔接，以达到合理确定、有效控制工程造价，充分发挥建设单位投资效益和施工企业的经济效益。

2. 造价管理工作的意义

矿业工程造价管理适用于矿业工程项目和从事矿业工程建设、设计、咨询、监理、审计等相关单位的。

合理的矿业工程造价，不仅是项目施工前的规划、设计、施工计划阶段的一项重要工作，还是工程项目进程中费用控制的重要手段，也是最终评价项目效益的重要依据。掌握造价管理的基本知识和方法，无论对于建设单位、施工单位、设计单位、监理单位以及相关行政管理部门，都是具有非常重要的意义。

（二）工程项目参与各方的造价管理职责

工程造价工作不仅造价机构有职责，项目的参与各方都有重要的职责内容。

1. 建设单价在工程造价管理中的职责

（1）做好建设项目的决策前期的造价工作，在完成设计任务书的同时，做好投资估算的编制，为国家有关部门进行项目决策提供可靠依据依据。

（2）认真搞好设计、施工、监理、设备购置等各项招标的工程造价工作，并通过签订承发包合同等，把工程造价管理落到实处。

(3) 按基本建设程序要求，准备好开工条件，及时提供编制工程造价所需的基础资料。

(4) 负责定期组织编制单位、施工单位、监理单位共同审查预算、工程结算。如有不同意见，由建设单位报请有关部门或工程造价管理部门协调解决。

(5) 在施工过程中建设单位应及时组织工程验收和有关数据的测定，办理工程变更、隐蔽工程等签证手续，保证造价工作在施工过程得到真实和有效的体现。

(6) 加强“工程建设其他费用”的管理，建设单位每年应完成编制、汇总“年度费用明细预算”等材料的工作。

(7) 在单项工程竣工验收投产后，建设单位负责组织设计、监理和施工单位编制竣工结算，做好投资效果分析。

2. 施工单位在工程造价管理中的职责

(1) 施工单位应通过工程造价手段，在强化项目费用等相关管理的基础上，做好项目管理工作；建立健全成本核算工作与管理制度、做好必要的经济核算台账，按企业定额(施工定额)对施工费用进行内部控制，努力降低成本，搞好工程造价管理的基础工作。

(2) 认真做好工程变更、涌水量实测、隐蔽工程量增减、材料代用等原始记录，建立单位工程年度结算台账，认真进行工程成本分析。

(3) 要按照当年实际完成工作量，依据建筑安装工程价差调整办法规定，编制好单位工程的年度结算，并送有关单位审定；做好工程竣工结算工作，为竣工结算和施工效益评价提供完整的基础资料。

3. 设计单位在造价管理中的职责

(1) 根据造价管理原则参与项目决策阶段的投资估算工作；在设计阶段，要保证在实现设计功能的前提下，确保单位工程造价不突破概算。预算造价超过概算时，必须分析原因，提出落实解决办法。

(2) 在施工过程中，设计单位应对重点项目实行经济负责人制度和派驻工地代表，参与工程造价全过程的管理。

(3) 单项工程竣工投产后，设计单位应会同建设单位积极参与投资效果分析。

## 二、矿业工程项目费用构成

### (一) 矿业工程项目费用构成的基本内容及意义

矿业工程项目费用是由建筑安装工程费用、设备及工器具购置费、工程建设其他费用，预备费、建设期贷款利息等构成，也可以叫做矿山工程造价构成。

在项目立项、设计、招投标、施工、结算等不同阶段，即进行编制投资估算、概算、预算以及编制招投标阶段工程量清单计价、竣工结算等内容中，矿业工程项目费用的具体构成内容不完全相同。

例如，按项目估算、概算按比例提取的工程预备费(属预备费)项目，是指用于项目估算、概算所难以预料的工程和费用，包括诸如施工图设计所增加的工程和费用、因地质条件变化，地基或基础需要处理和井巷工程施工中遇到的片邦冒顶等所发生的费用、因地质原因造成的局部巷道返修费用(不含巷道维修范围内的巷道正常维修)和井下巷道施工中探放水或工作面注浆等内容发生的费用等。

熟悉费用项目的构成的意义，不仅是掌握建设项目费用构成内容本身所必须，它可以熟悉费用的来源和出处，保证项目安全、顺利进行的条件，同时它还可以成为维护项目各方面利益的基本依据。例如，若施工单位同意在没有井筒检查钻资料的情况下施工井筒，则建设单位可能“省”下了投资，而施工单位却“获得”了井筒施工的风险。

因此，矿业构成项目费用的构成，无论对于所有项目的参与者，都有重要的意义。

以下以《煤炭建设工程造价编制与管理办法》为例，介绍以上几项费用划分及计价、管理办法。

（二）建筑安装工程费

矿业工程的建筑安装工程费包括：井巷工程、露天剥离工程、地面建筑工程和安装工程费用。建筑安装工程费用的计价模式可分为定额计价和工程量清单计价两种。

现行矿业工程煤炭建筑安装工程费由直接工程费、间接费、计划利润和税金四部分组成。矿业工程项目中的其他专业内容，如矿区公路、铁路、110kV 输变电工程等，其费用构成和划分原则仍按有关专业部门规定执行。

1. 直接费

（1）直接工程费。直接工程费指施工过程中耗费于构成工程实体的各项费用以及有助于工程实体形成的井巷工程辅助费、特殊凿井（冻结、注浆）工程费用，这些费用均划分为人工费、材料费、施工机械使用费三部分。

（2）措施费。措施费指为完成矿业工程施工，发生于该工程施工前和施工过程中的非工程实体项目的费用。措施费针对性较强，就具体工程项目而言，需根据现场施工条件加以确定是否发生。由于措施费的内容难以具体消耗定额确定，其费用一般按直接费用的一定比例（费率）来计取。措施费包括技术措施费和组织措施费。

2. 间接费

（1）企业管理费。企业管理费指建筑安装施工企业组织施工生产和经营管理所需费用，如管理人员工资差旅、固定资产使用费、工具使用费、劳动保险费、工会经费、税金等。

（2）规费。规费指政府和有关部门规定必须交纳的费用等。

3. 计划利润

措施工企业完成工程项目计入造价的利润，依据工程类别的不同，利润率也有差别。

4. 税金

指按国家税法规定的营业税、城市维护建设税和教育费附加等。

（三）工程建设其他费用

工程建设其他费用是指应列入建设项目总概算的除建筑安装工程费和设备购置费、预备费、建设期间贷款利息以外的固定资产其他费用、无形资产费用和其他资产费用，包括有二十余项内容，如建设单位管理费、建设用地费、可行性研究费、研究试验费、勘察设计费、环境影响评价费和劳动安全卫生影响评价费、工程保险费、探矿权和采矿权转让费、井筒地质检查钻探费、矿井井位确定费、维修费等。

（四）预备费

预备费包括工程预备费和工程造价调整预备费。

1. 工程预备费

工程预备费指在可行性研究投资估算、初步设计概算内难以预料的工程和费用，包括在初步设计范围内设计所增加的内容、施工图设计修改的内容、地基需用处理或井冒顶片邦的内容、地质原因返工巷道的部分、井巷施工中的探放水和工作面注浆、材料代用等。

2. 工程造价调整预备费

工程造价调整预备费指建设项目在建设期间内由于价格等变化引起工程造价变化的预测预留费用。根据项目费用前三项内容及工程预备费的和与价格指数、年限计算。

三、工程量清单计价编制与工程承、发包计价

（一）工程量清单编制模式的意义和要求

1. 工程量清单编制模式的意义

工程量清单计价是在建设工程的招投标工作中，招标人按照统一的工程量清单项目及计算规则提供拟建工程工程量清单，并承担其相应风险；投标人依据工程量清单、拟建具体工程的施工方案、根据自身实际情况结合市场因素并考虑风险后自主报价的工程造价计价模式。

工程量清单计价模式是国家为适应市场经济的发展，改变国家对于工程造价的管理体制，使其从原先统一的定额制体系转向适应市场体制的重要步骤，是一种规范建设市场秩序，促进建设市场发展、推进市场招投标体制健康发展的配套措施，是促进建设市场有序竞争和健康发展的一种有效的价格方法，它将有对利用工程量清单计价进行工程招投标同时，对政府转变管理工程造价的职能，也将起到积极的作用。实行工程量清单计价，还对确定工程合同价款、确定分部分项综合单价、签定施工合同，保证工程价款的支付、办理工程价款结算起到重要作用。

2. 编制工程量清单的要求

建设工程工程量清单计价活动必须遵循客观、公正、公平的原则。工程量清单计价适用于招标标底和投标报价编制。

工程量清单计价编制的主要内容包括工程量清单编制和工程量清单计价两部分，其编制依据和计价行为应遵循相应的计价规则和指南。

工程量清单应由具有编制招投标文件能力的招标人编制，或可请具有相应资质的中介机构进行编制。工程量清单及其计价格式中所有要求签字、盖章的地方，必须按规定签字、盖章。编制工程量清单及清单计价各种表格应采用相应的统一形式并按规定要求填写。

工程量清单编制及计价活动必须遵守相应的规范、规定，招标人编制工程量清单必须按规定的统一项目编码、项目名称、计量单位和工程量计算规则进行编制，不得因情况不同而变动。投标人则应根据招投标关于编制工程量清单的要求，按照招标文件的编码进行编制相应的工程量清单。

（二）工程承、发包计价规定

承发包计价包括编制施工图预算、招标标底、投标报价和签订合同价等活动。

承发包价格的编制可以采用工料单价（预算定额或消耗量定额）法和综合单价法（工程量清单计价）计价两种。

承、发包价格的编制应由具有资格的招、投标单位或委托具有相应资质的中介机构，按照国家有关部门规定和各行业建设工程的各类工程消耗量定额、工程量清单计价规则及

其配套的费用定额和有关文件规定进行编制。

对于全部使用国有投资或国有投资占控股或者主导地位的煤炭建设工程必须实行招标投标，采用工程量清单计价确定承、发包价格。

四、工程价款结算的编制

（一）工程款结算的内容和要求

1. 工程价款结算的内容

工程价款结算是指对建设工程的发承包合同价款进行约定和依据合同约定进行工程预付款、工程进度款、工程年度结算及工程竣工结算，其中年度结算，是施工企业办理工程价款结算，统计工作量和考核施工成本的依据；竣工结算是指工程竣工后，各年度结算的汇总。是考核建设工程投资效果，编制财务决算，进行投资分析的依据，也是竣工验收报告的重要组成部分。

2. 结算要求

年度结算和竣工结算由建设单位组织施工单位等共同编制。其中由建设单位直接支付的费用，如设备工器具购置费、工程建设其他费用等，由建设方编制；建筑安装工程单位工程结算，由施工单位编制，建设单位审查并汇总。单项工程总结算，由建设方会同设计、监理和施工单位根据单位工程竣工结算，按生产环节汇总。

各地方工程造价管理部门，应加强对各建设项目的工程价款结算监管力度，定期抽查，并提出修改意见。

（二）工程价款结算编制依据与方法

1. 结算依据

工程价款结算编制应依据工程承包合同、设备及工器具订货合同及其他有关协议书；经批准的施工图预算或工程投标报价书；设计变更通知书；井下涌水量实测资料；施工现场工程变更签证资料；人工、材料、机械、设备和其他各项费用调整的依据；隐蔽工程检查验收记录；有关定额、费用调整的补充规定；以前年度的结算等文件、材料进行。

2. 工程价款结算编制方法

（1）工程结算应按合同约定办理，合同未作约定或约定不明的，发、承包双方应依据有关规定与文件协商处理。

（2）工程价款结算编制应由承包（总承包）人编制，直接由发包人或委托具有相应资质的工程造价咨询机构进行审查。发承包人双方签字、盖章后有效。

（3）工程造价人员应经常深入现场，了解和掌握工程变更，大宗材料供应及其价格情况等，为结算积累和收集必要的原始资料，确保结算的准确性和客观性。

（4）年度结算的各项标准，必须符合国家有关规定及合同约定。跨年度施工的单位工程，竣工结算的各项取费标准，需按各年度的规定分别计算。

（5）因地质等原因造成现行定额或综合单价不适用时，双方协商可编制补充定额或综合单价，报煤炭工业地区工程造价管理站审核后调整结算。

# 网上增值服务说明

为了给注册建造师继续教育人员提供更优质、持续的服务，应广大读者要求，我社提供网上免费增值服务。

增值服务主要包括三方面内容：①答疑解惑；②我社相关专业案例方面图书的摘要；③相关专业的最新法律法规等。

**使用方法如下：**

1. 请读者登录我社网站（www.cabp.com.cn）“图书网上增值服务”板块，或直接登录（http：//www.cabp.com.cn/zzfw.jsp），点击进入“建造师继续教育网上增值服务平台”。

2. 刮开封底的防伪码，根据防伪码上的ID及SN号，上网通过验证后下载相关内容。

3. 如果输入ID及SN号后无法通过验证，请及时与我社联系：

E-mail：jzs_bjb@163.com

联系电话：4008-188-688；010-58934837（周一至周五）

防盗版举报电话：010-58337026

网上增值服务如有不完善之处，敬请广大读者谅解并欢迎提出宝贵意见和建议，谢谢！